כתבי האקדמיה הלאומית הישראלית למדעים

PUBLICATIONS OF THE ISRAEL ACADEMY OF SCIENCES AND HUMANITIES

SECTION OF SCIENCES

———

FLORA PALAESTINA

EQUISETACEAE TO UMBELLIFERAE

by

MICHAEL ZOHARY

ERICACEAE TO ORCHIDACEAE

by

NAOMI FEINBRUN–DOTHAN

FLORA PALAESTINA

PART ONE · PLATES

EQUISETACEAE TO MORINGACEAE

BY

MICHAEL ZOHARY

JERUSALEM 1966

THE ISRAEL ACADEMY OF SCIENCES AND HUMANITIES

ISBN 965—208—000—4
ISBN 965—208—001—2

First Published in 1966
Second Printing, 1981
Printed in Israel
Jerusalem Academic Press

CONTENTS

PLATES

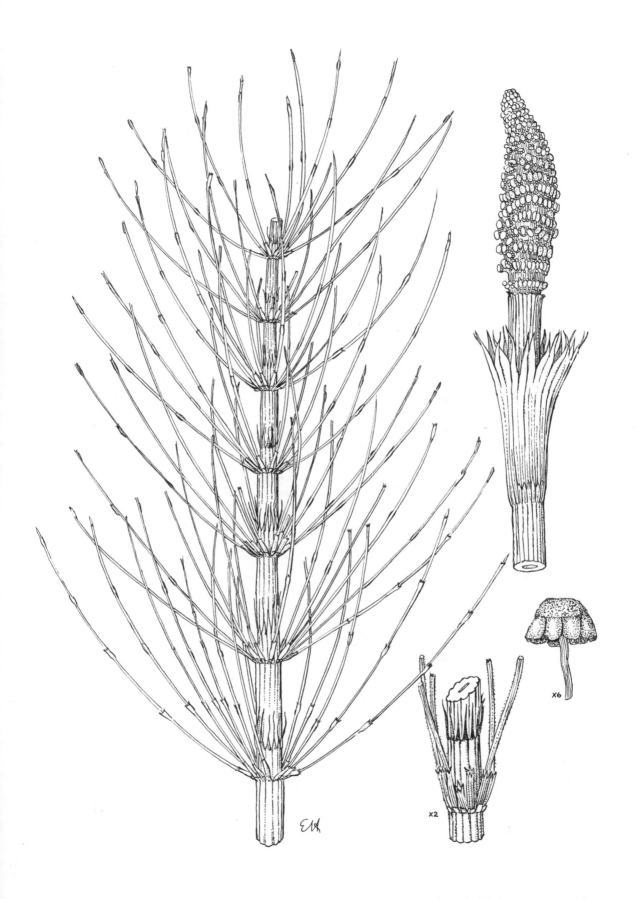

1. Equisetum telmateia Ehrh. שבטבט גדול

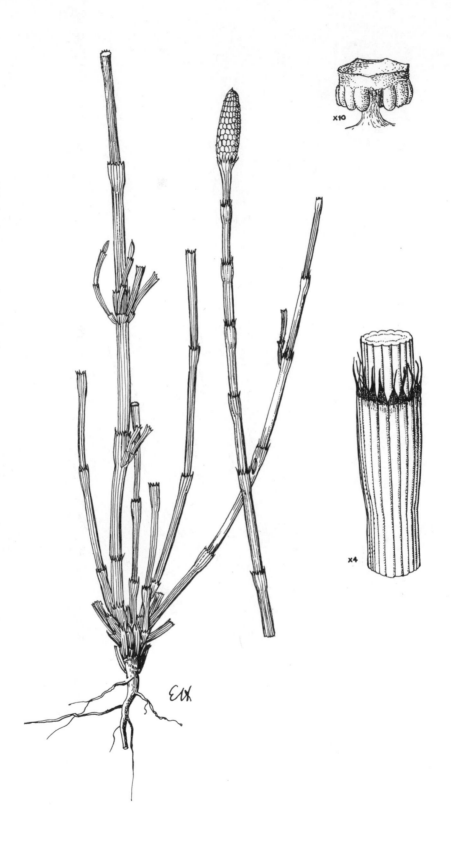

X10

X4

X13

2. Equisetum ramosissimum Desf.   שְׁבַטְבַּט עָנֵף

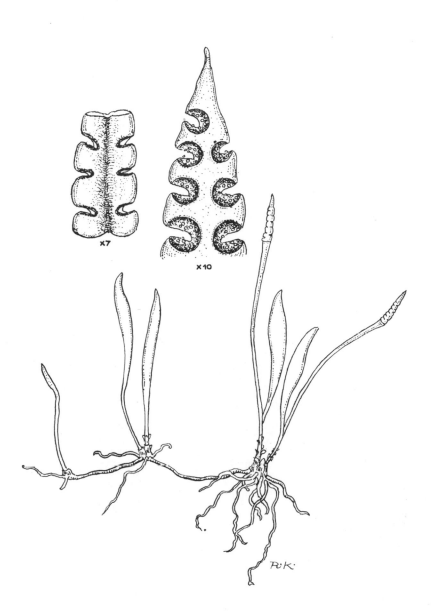

3. Ophioglossum lusitanicum L.   לְשׁוֹן־אֶפְעֶה קְטַנָּה

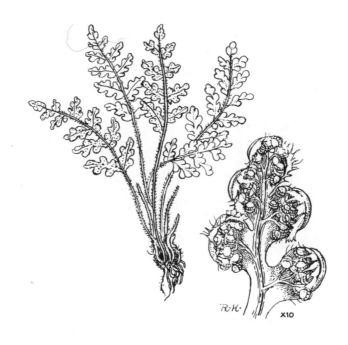

4. Cheilanthes fragrans (L.) Swartz שְׁרַכְרַךְ רֵיחָנִי

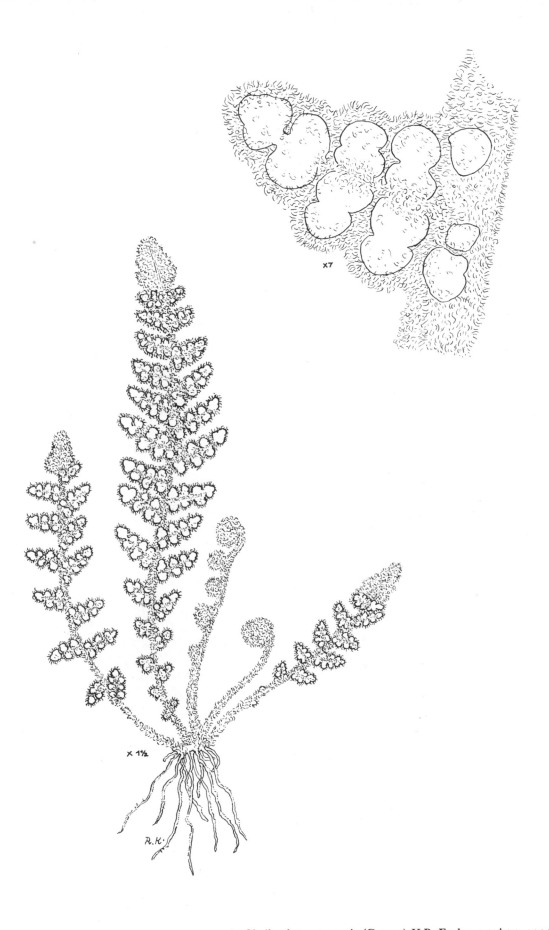

5. Cheilanthes catanensis (Cosent.) H.P. Fuchs שְׁרַכְרַךְ הַסְּלָעִים

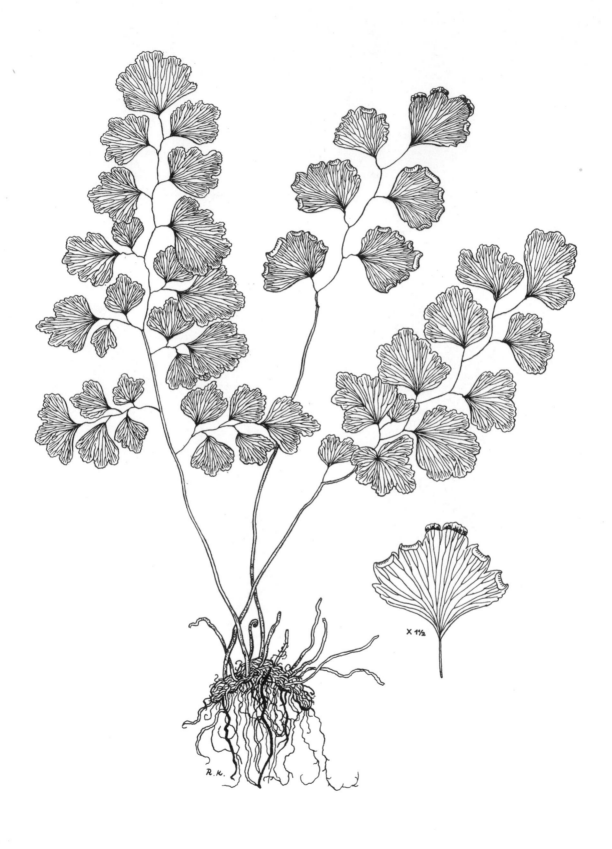

X 1½

6. *Adiantum capillus-veneris* L.   שַׂעֲרוֹת שׁוּלַמִּית

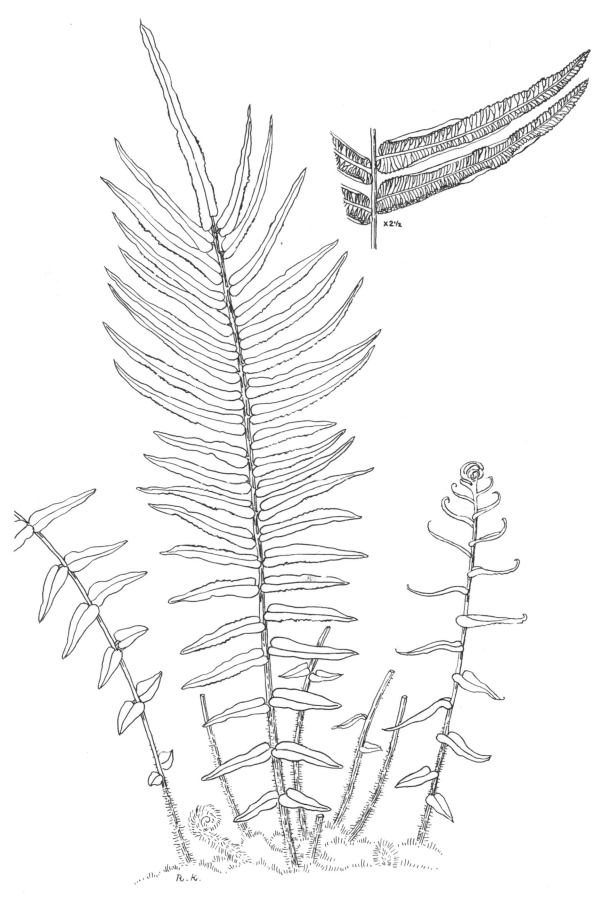

7. Pteris vittata L. אִבְרָה אֲרֻכַּת-עָלִים

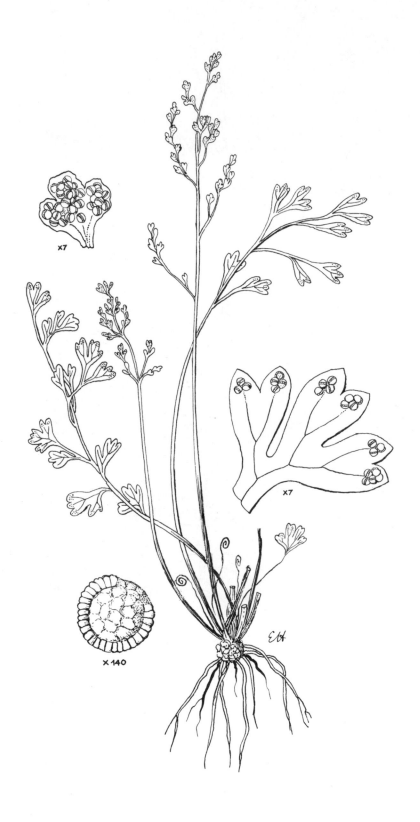

X7

X7

X 140

8. Anogramma leptophylla (L.) Link   חֲשְׁפוֹנִית עֲדִינָה

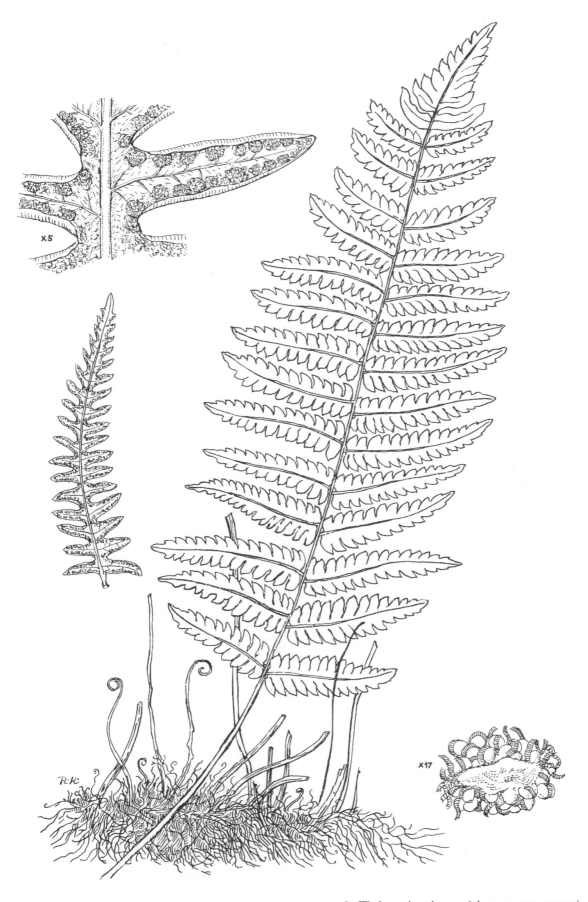

9. Thelypteris palustris Schott שַׁרְכִּית הַבִּצָּה

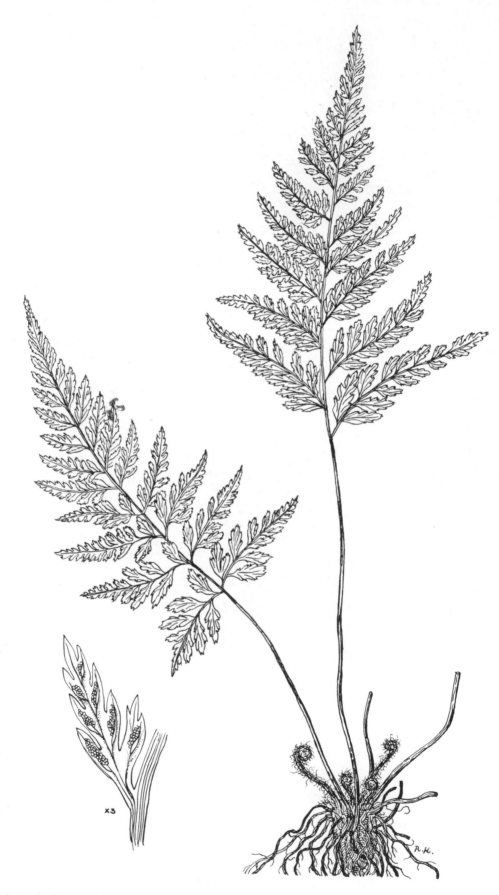

10. Asplenium adiantum-nigrum L. אַסְפְּלֶנְיוּם שָׁחוֹר

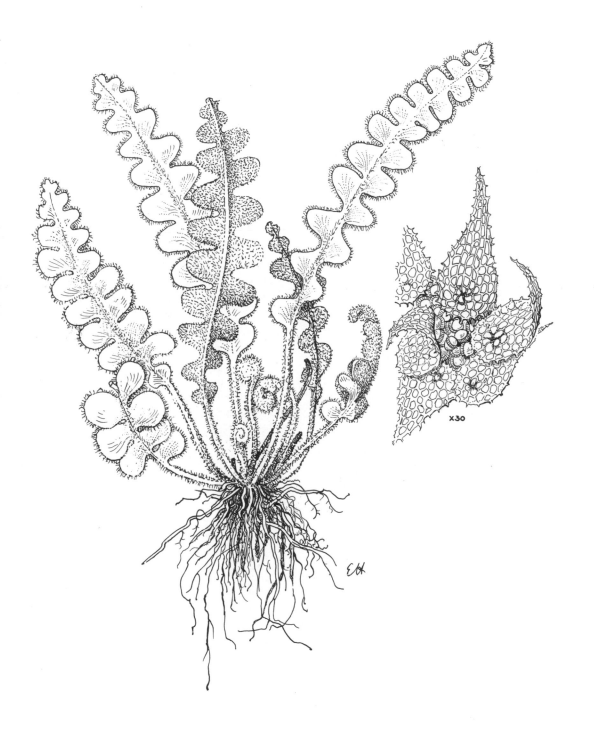

11. Ceterach officinarum Lam. et DC. דַּנְדַּנָּה רְפוּאִית

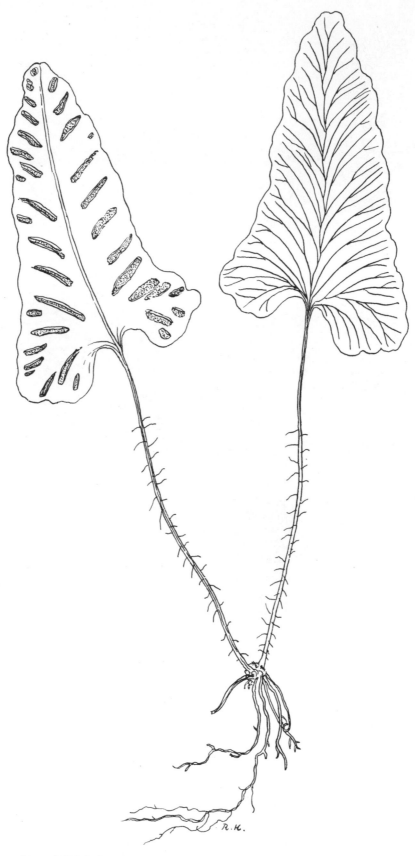

12. *Phyllitis sagittata* (DC.) Guinea et Heywood   גְּרִזִית נָאָה

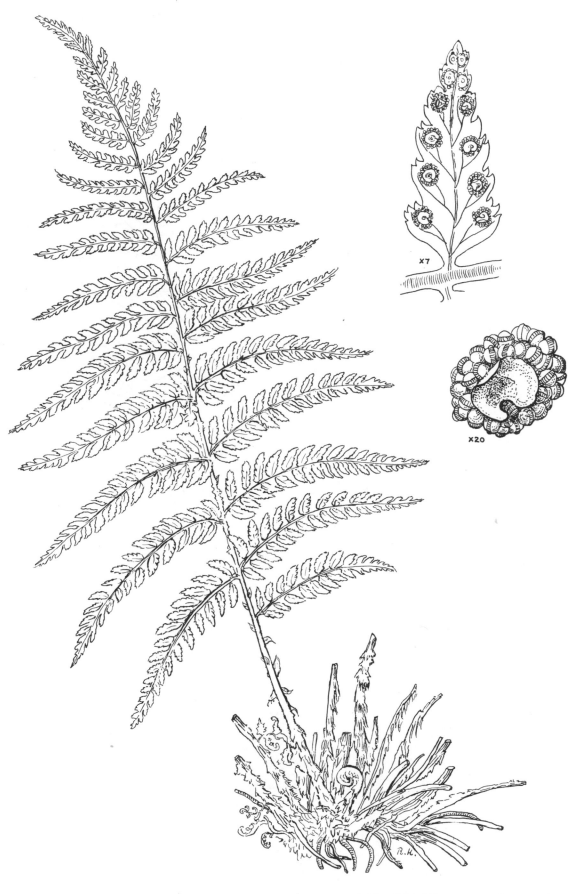

13. Dryopteris villarii (Bellardi) H. Woynar שְׁרַכְיָה אֲשׁוּנָה

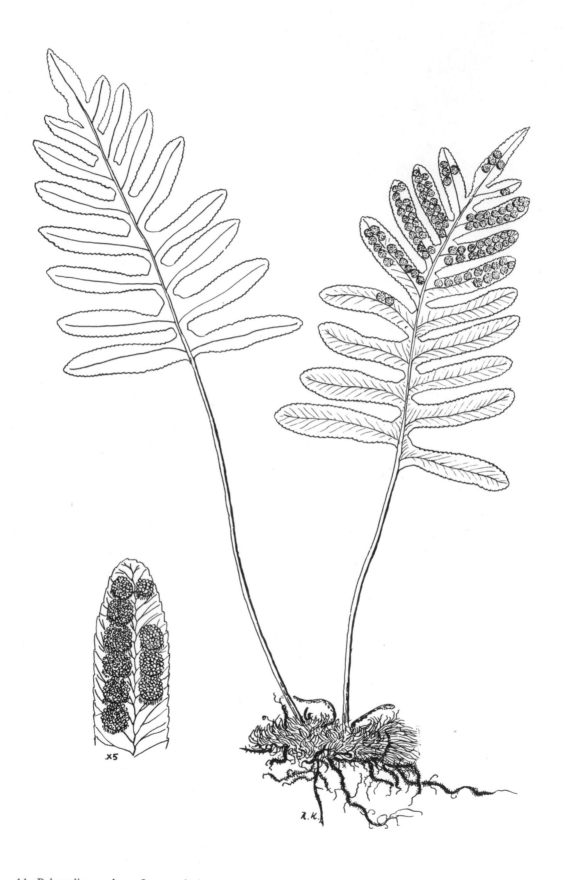

14. Polypodium vulgare L.   רַב־רֶגֶל פָּשׁוּט

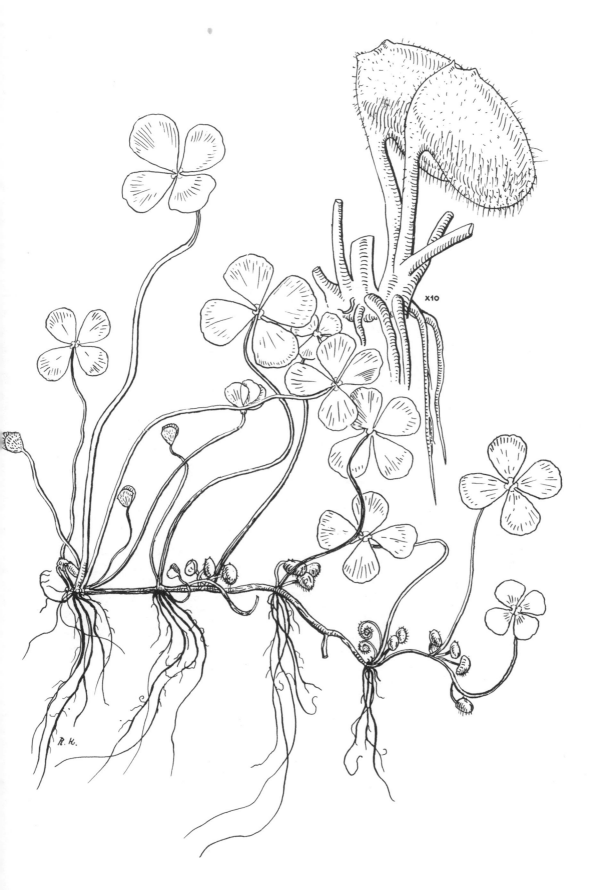

x10

15. Marsilea minuta L. מַרְסִילֵאָה זְעִירָה

16. Pinus halepensis Mill. אֹרֶן יְרוּשָׁלַיִם

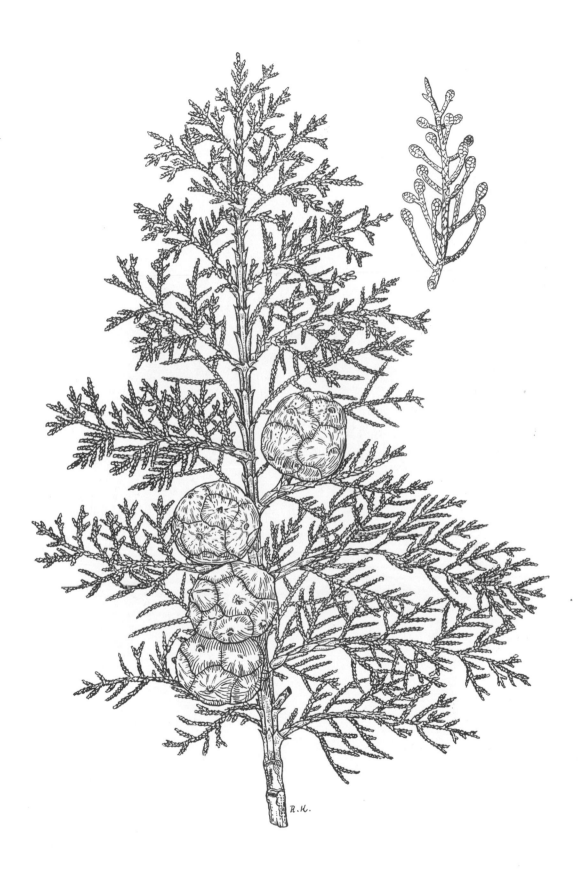

17. Cupressus sempervirens L.　בְּרוֹשׁ מָצוּי

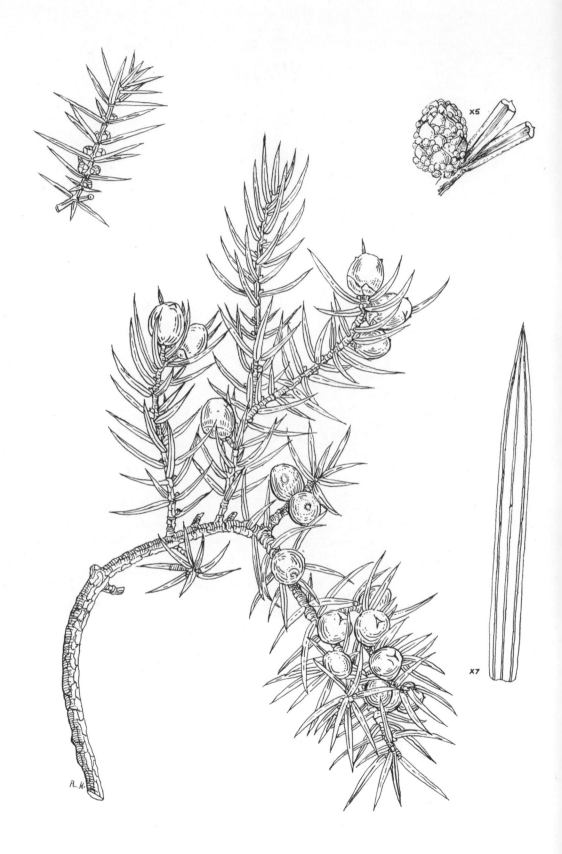

18. Juniperus oxycedrus L.   עַרְעָר אַרְזִי

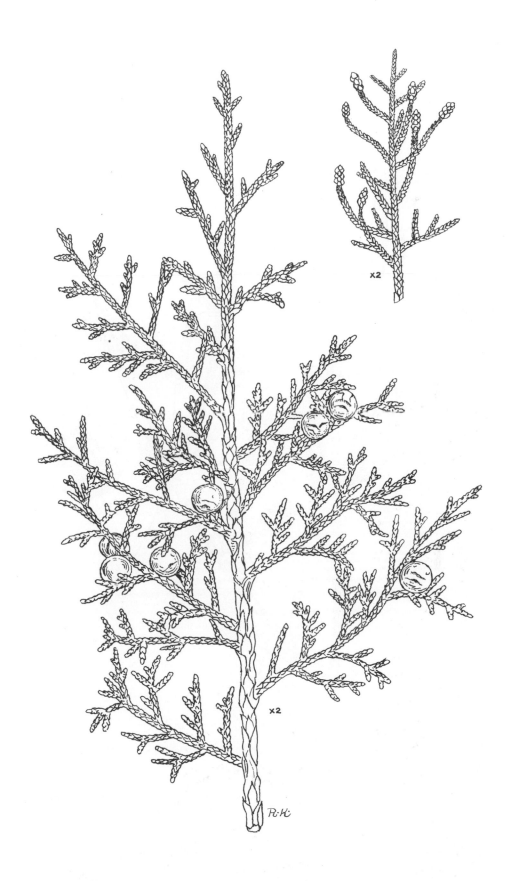

19. Juniperus phoenica L. עַרְעָר אָדֹם

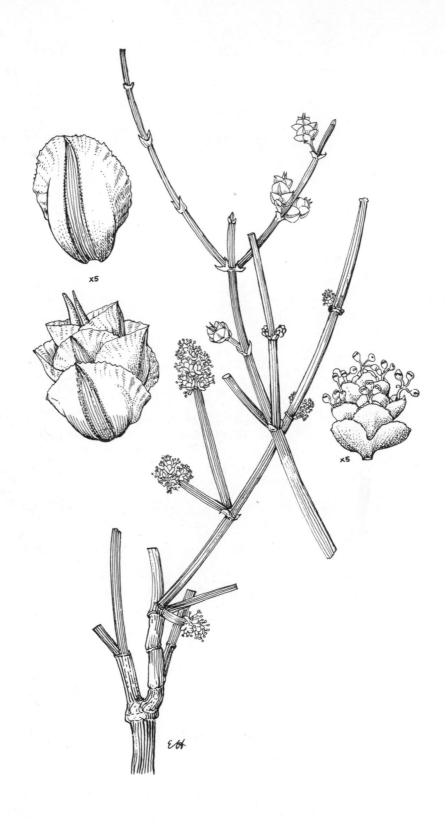

20. Ephedra alata Decne. שַׂרְבִיטָן מְכֻנָּף

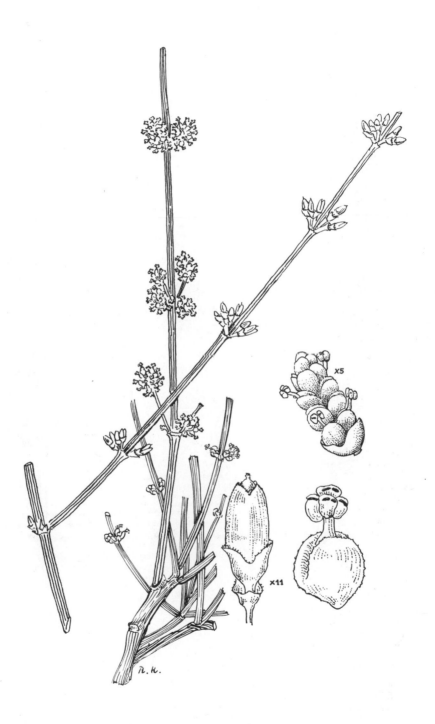

21. Ephedra alte C.A.Mey. שַׁרְבִּיטָן רִיסָנִי

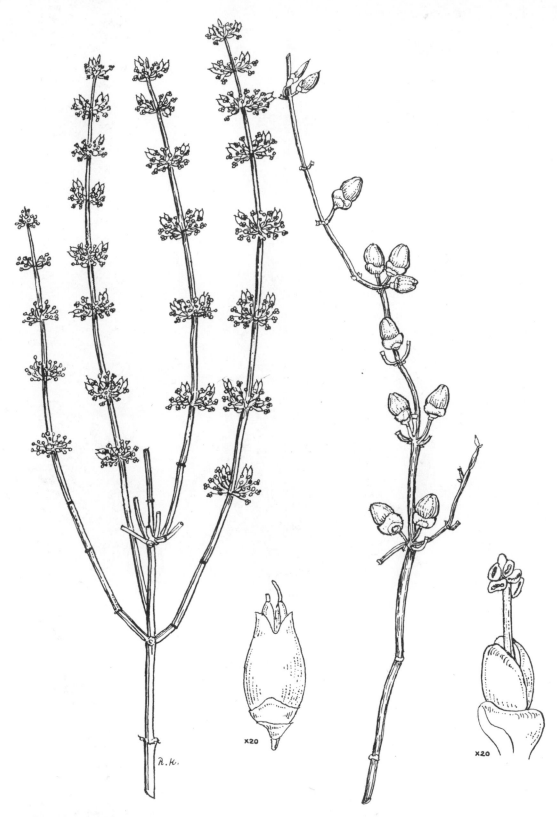

22. Ephedra campylopoda C.A.Mey. שַׁרְבִּיטָן מָצוּי

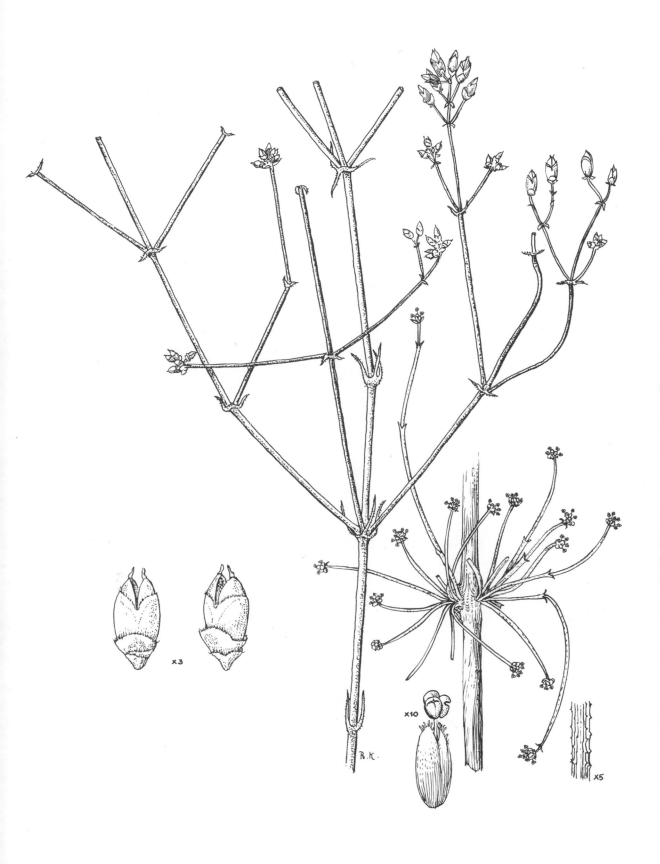

23. Ephedra peduncularis Boiss. שַׁרְבִּיטָן הָעֲרָבָה

24. Salix acmophylla Boiss.   עֲרָבָה מְחֻדֶּדֶת

25. Salix alba L.   עֲרָבָה לְבָנָה

26. Salix pseudo-safsaf A. Camus et Gomb.   עֲרָבָה מְדֻמָּה

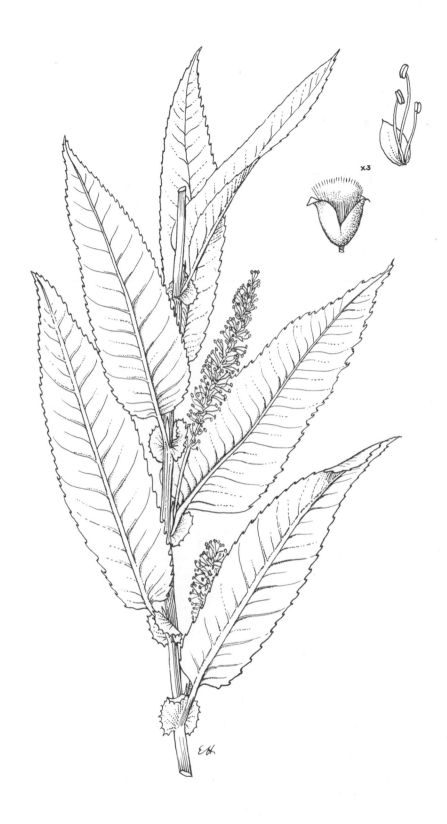

27. Salix triandra L. עֲרָבַת שְׁלשֶׁת־הָאַבְקָנִים

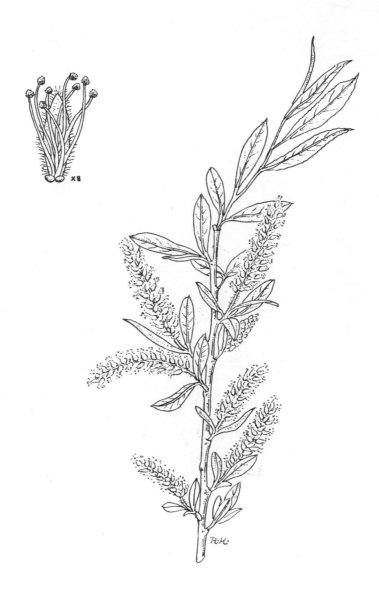

28. Salix acmophylla x alba ‏עֲרָבָה מְחֻדֶּדֶת לְבָנָה‎

29. Populus euphratica Oliv.   צַפְצֶפֶת הַפְּרָת

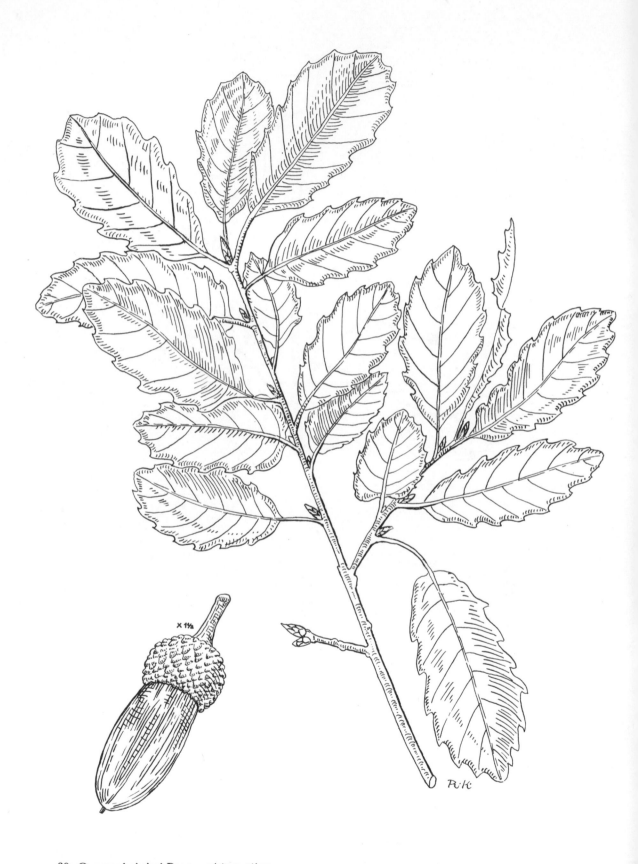

30. Quercus boissieri Reut. אַלּוֹן הַתּוֹלָע

31. Quercus ithaburensis Decne. אַלּוֹן הַתָּבוֹר

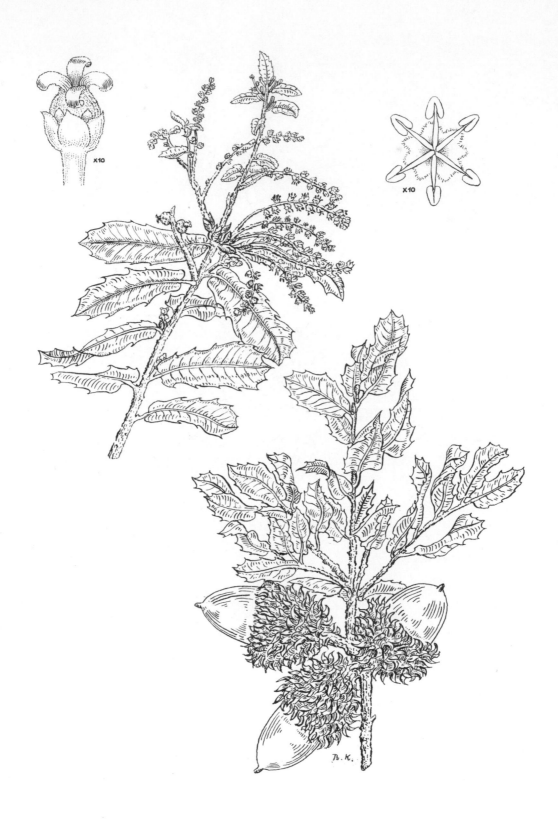

32. Quercus calliprinos Webb אַלוֹן מָצוּי

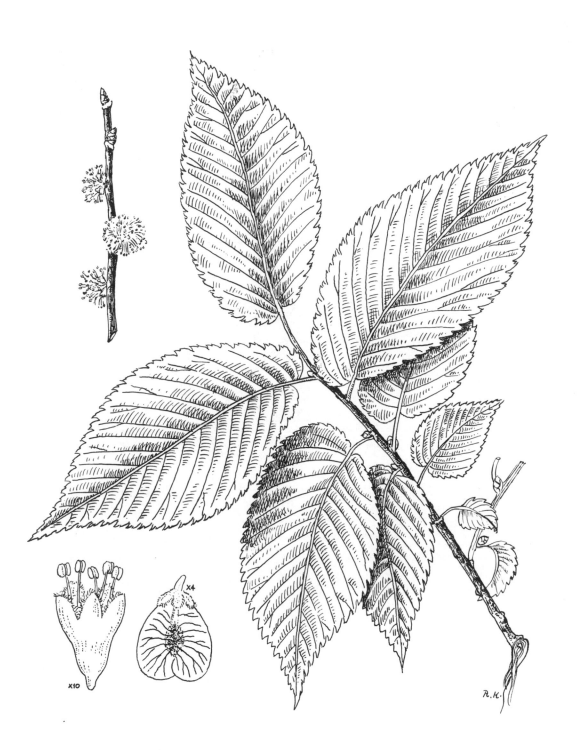

33. **Ulmus canescens Melv.** אולמוס שָׂעִיר

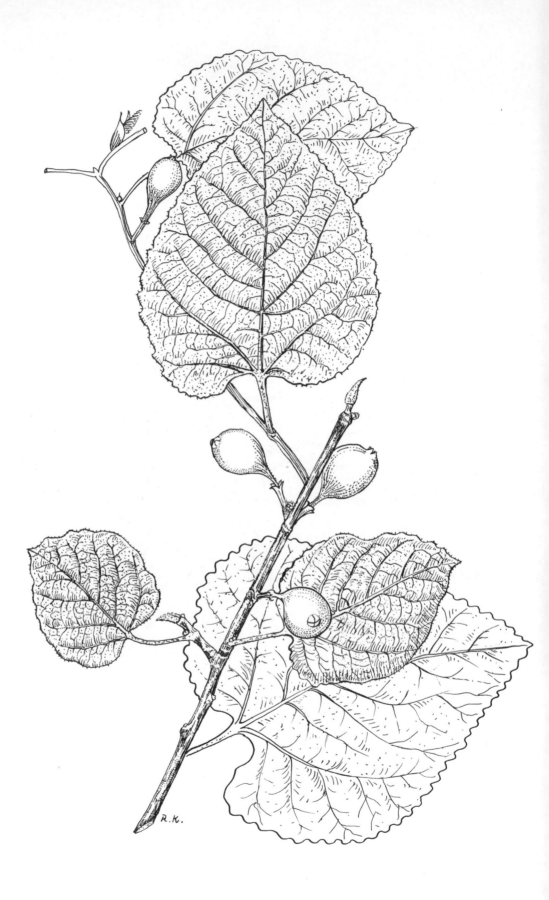

34. Ficus pseudo-sycomorus Decne.   פִיקוּס בַּת־שִׁקְמָה

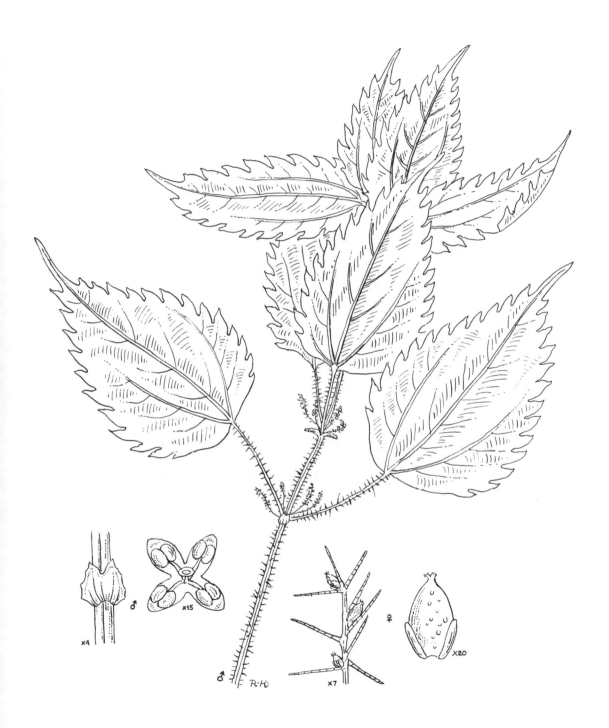

35. Urtica hulensis Feinbr.   סִרְפַּד הַחוּלָה

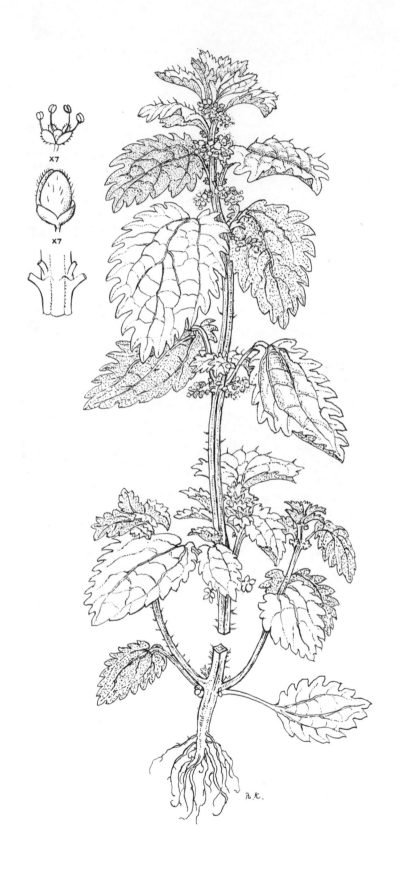

36. Urtica urens L.   סִרְפָּד צוֹרֵב

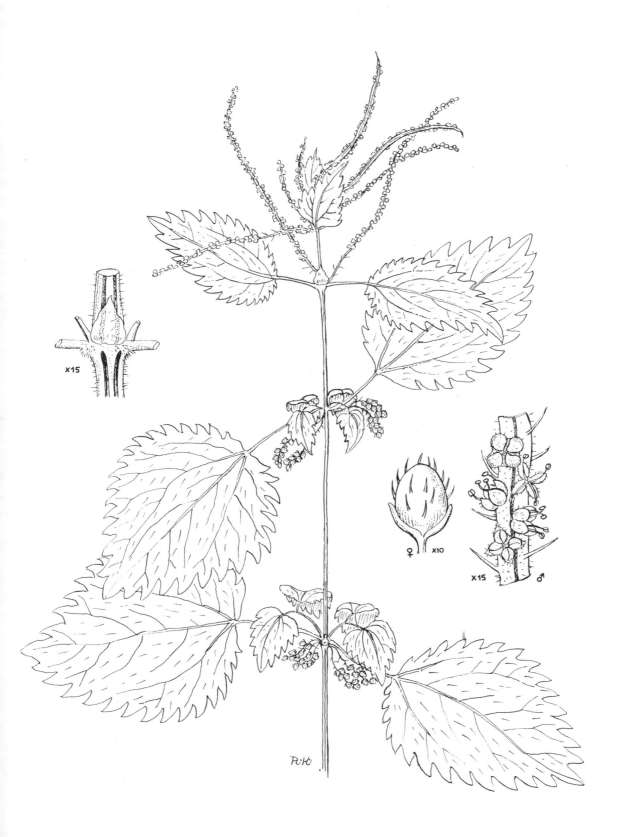

37. Urtica dubia Forssk. סִרְפַּד קְרוּמִי

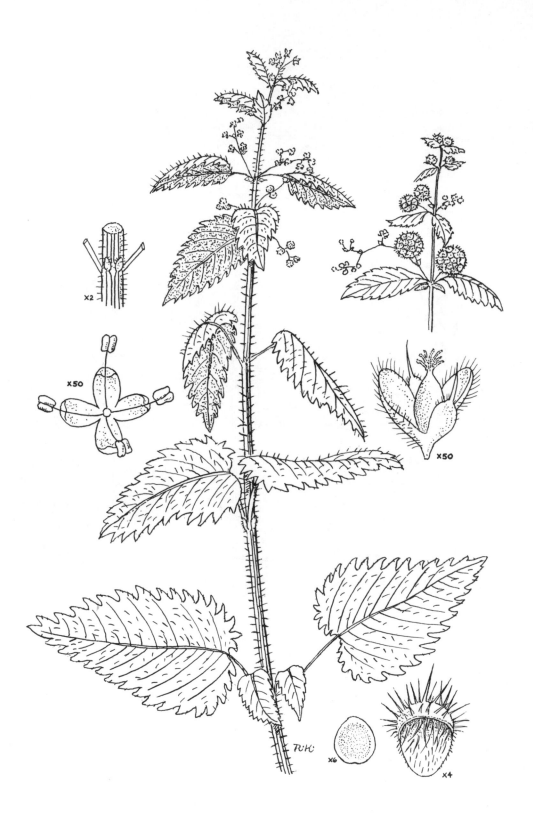

38. Urtica pilulifera L. סִרְפַּד הַכַּדּוּרִים

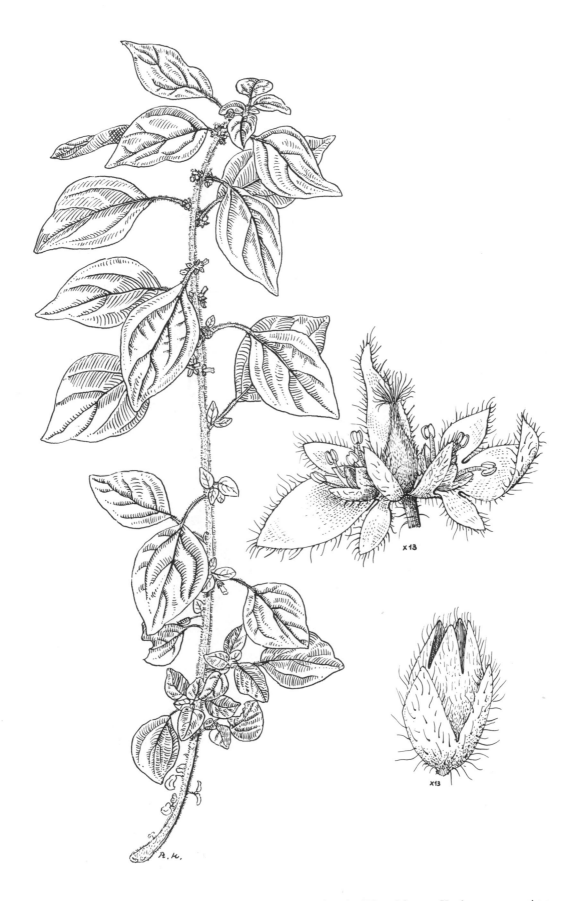

39. Parietaria diffusa Mert. et Koch כַּתְלִית יְהוּדָה

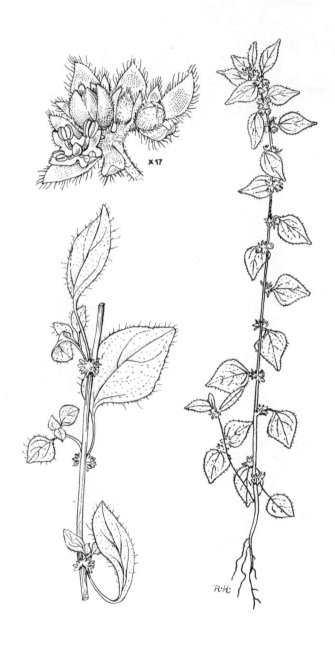

40. Parietaria lusitanica L.   כַּתְלִית פּוֹרְטוּגָלִית

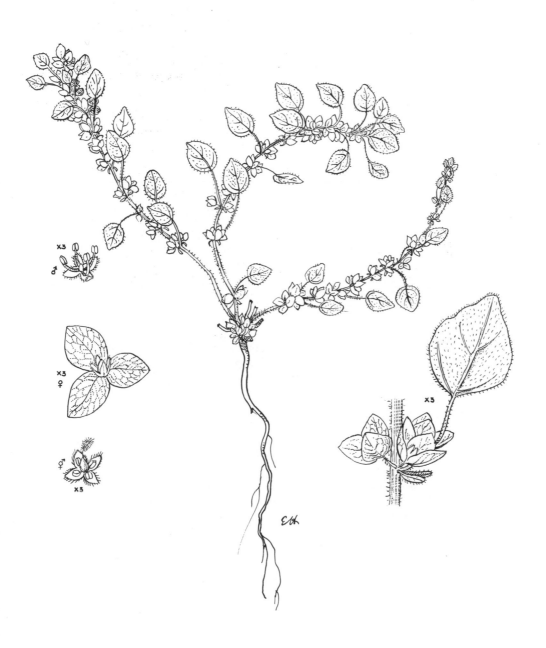

41. Parietaria alsinifolia Del.   כַּתְלִית זְעִירָה

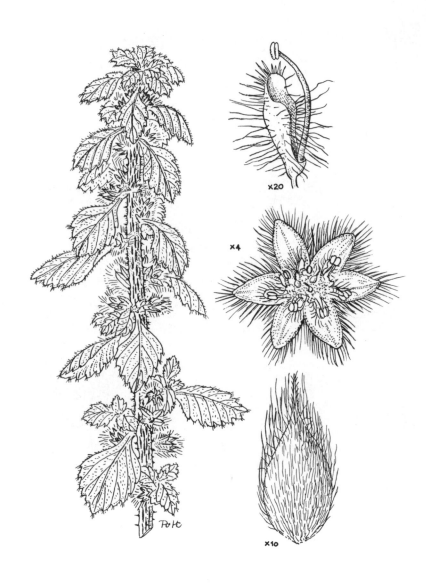

42. Forsskaolea tenacissima L. פוֹרְסְקָלֵיאָה שְׁבִירָה

43. Osyris alba L. שִׁבְטָן לָבָן

44. Thesium bergeri Zucc.　חֲלוּקָה הֲרָרִית

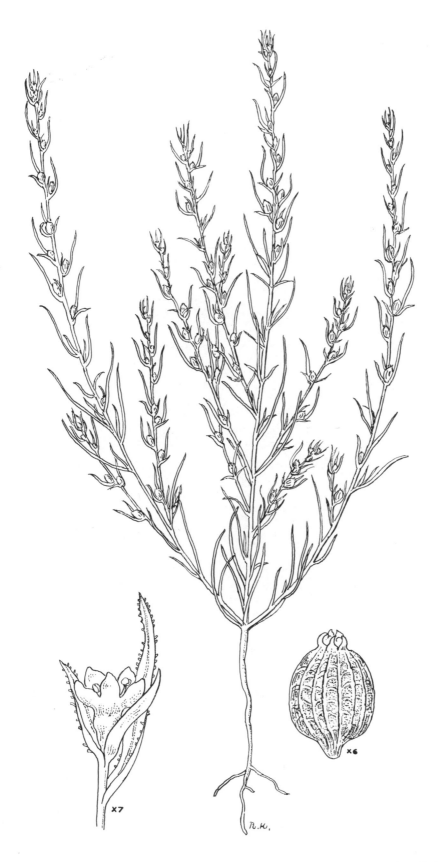

45. Thesium humile Vahl   חֲלוּקָה נַנָּסִית

46. Loranthus acaciae Zucc. הַרְנוּג הַשִּׁטִּים

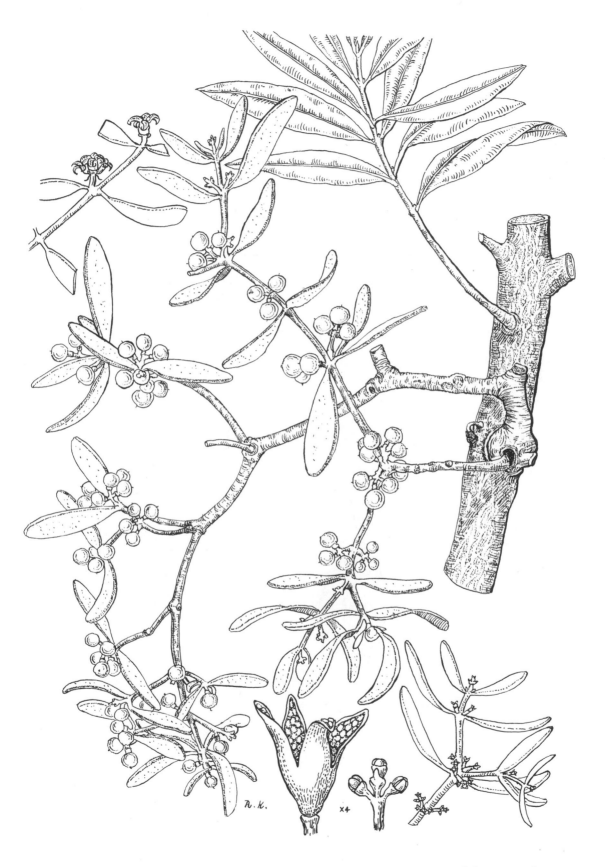

47. Viscum cruciatum Sieb. דִּבְקוֹן הַזַּיִת

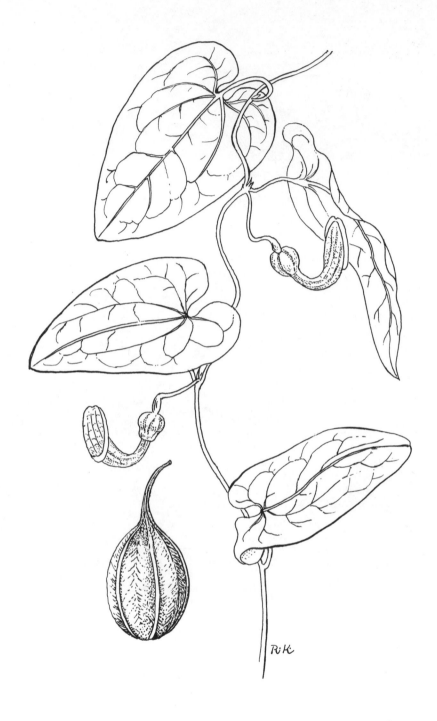

48. *Aristolochia sempervirens* L. סַפְלוּל הַחֹרֶשׁ

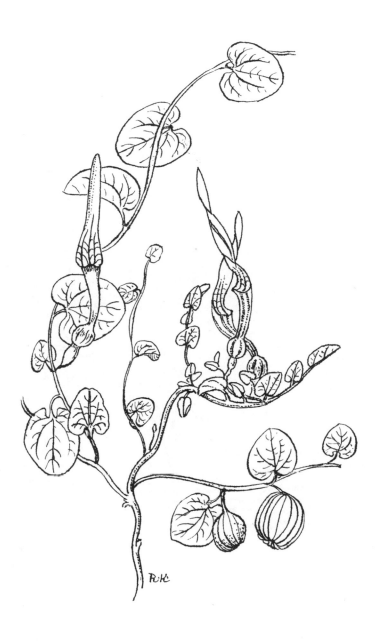

49. Aristolochia parvifolia Sibth. et Sm. סַפְלוּל קָטָן

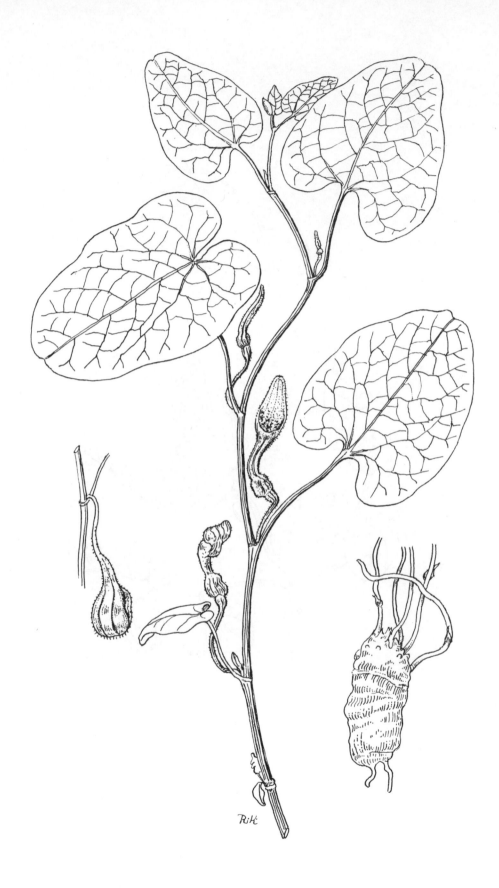

50. Aristolochia billardieri Jaub. et **Sp.**   סַפְלוּל הַגָּלִיל

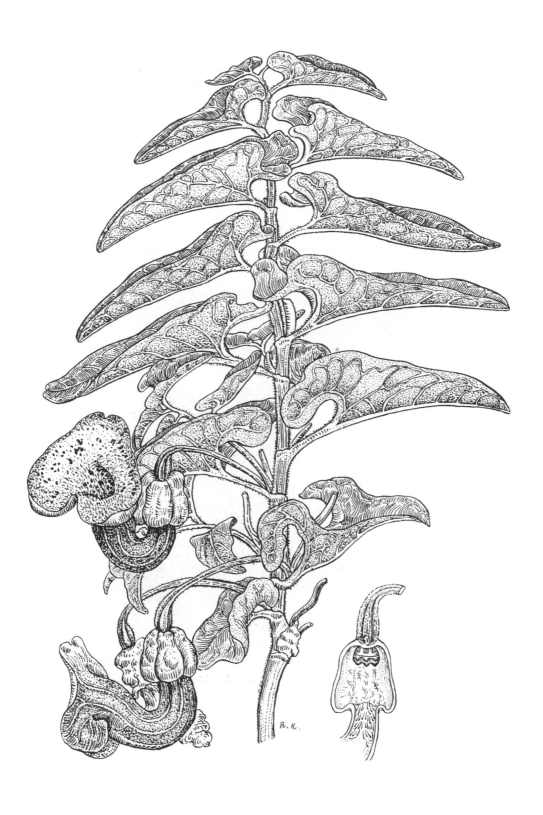

51. Aristolochia maurorum L. סַפְלוּל הַשָּׂדֶה

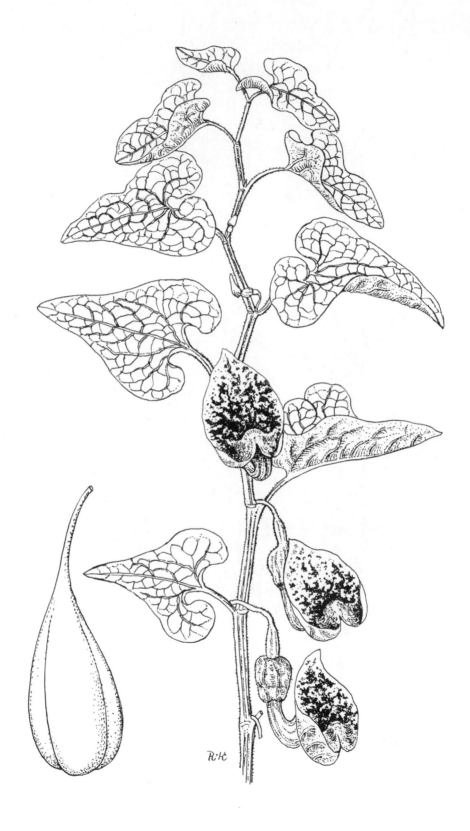

52. Aristolochia paecilantha Boiss. סַפְלוּל סַסְגוֹנִי

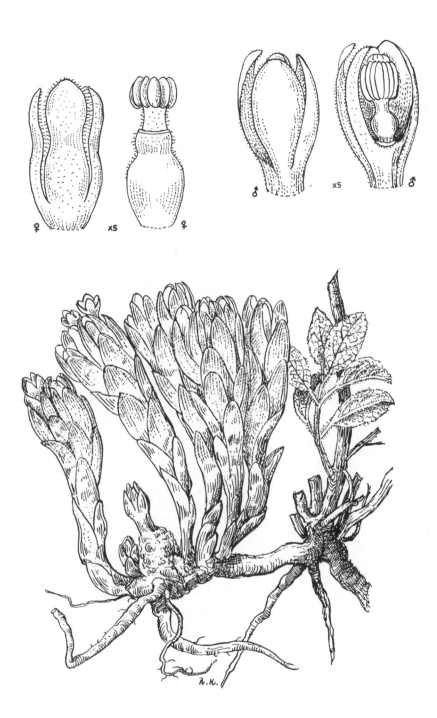

53. Cytinus hypocistis (L.) L. רִמּוֹנִית הַלֹּטֶם

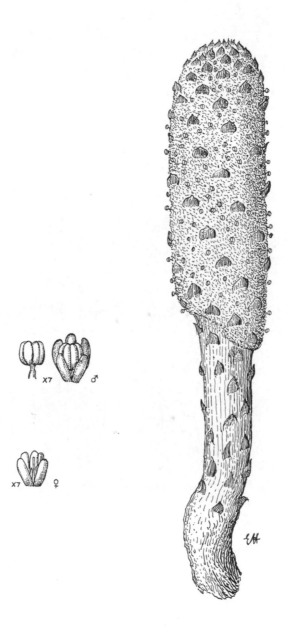

54. Cynomorium coccineum L. טֹפֶל אָדֹם

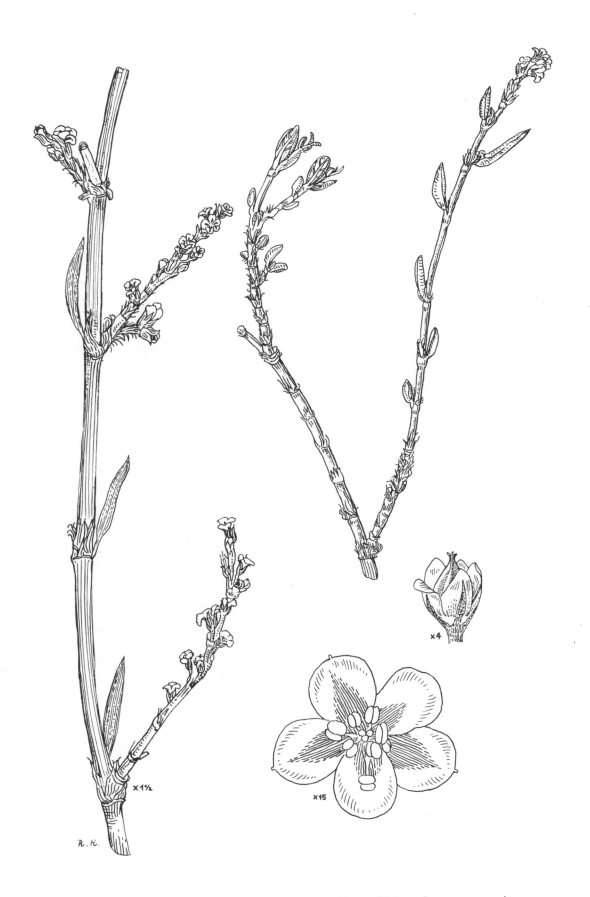

55. Polygonum equisetiforme Sibth. et Sm. אַרְכֻּבִּית שְׁבַטְבַּטִּית

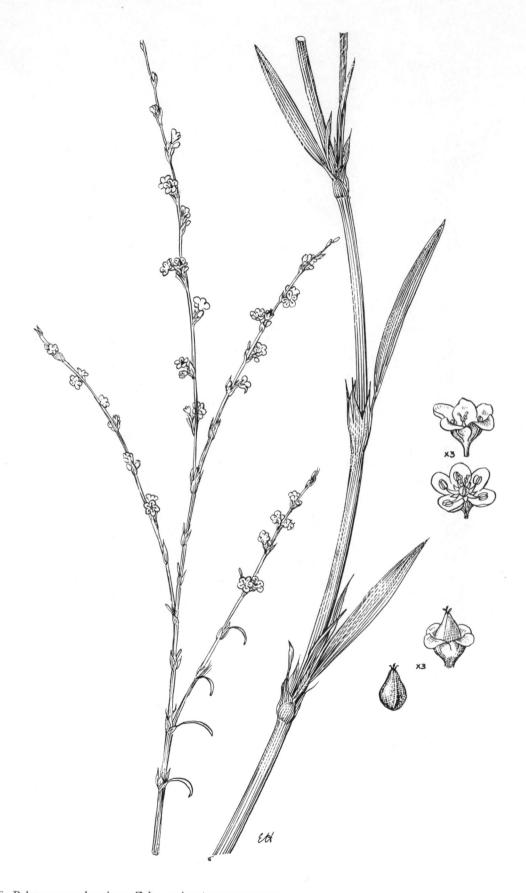

56. Polygonum palaestinum Zoh. אַרְכֻּבִּית אֶרֶצְיִשְׂרְאֵלִית

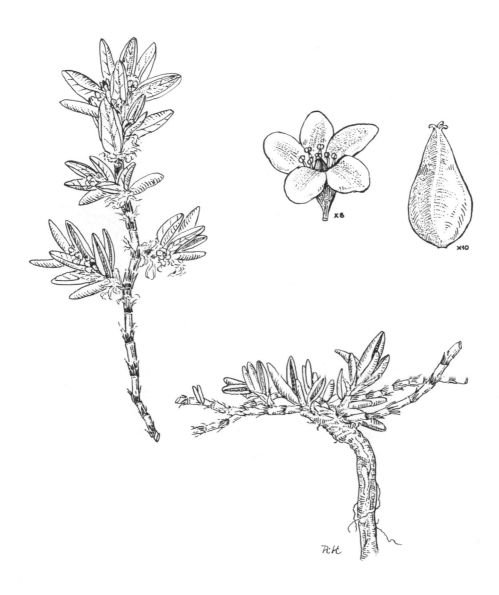

57. Polygonum maritimum L. אַרְכֻּבִּית הַחוֹף

58. Polygonum patulum M.B.   אַרְכֻּבִּית חַד־שְׁנָתִית

59. Polygonum arenastrum Bor.   אַרְכֻּבִּית הַצִּפֳּרִים

60. Polygonum lapathifolium L.   אַרְכֻּבִּית הַכְּתָמִים

61. Polygonum salicifolium Brouss. אַרְכֻּבִּית מְשֻׁנְשֶׁנֶת

x9

62. Polygonum acuminatum Kunth   אַרְכֻּבִּית מְחֻדֶּדֶת

A.K.

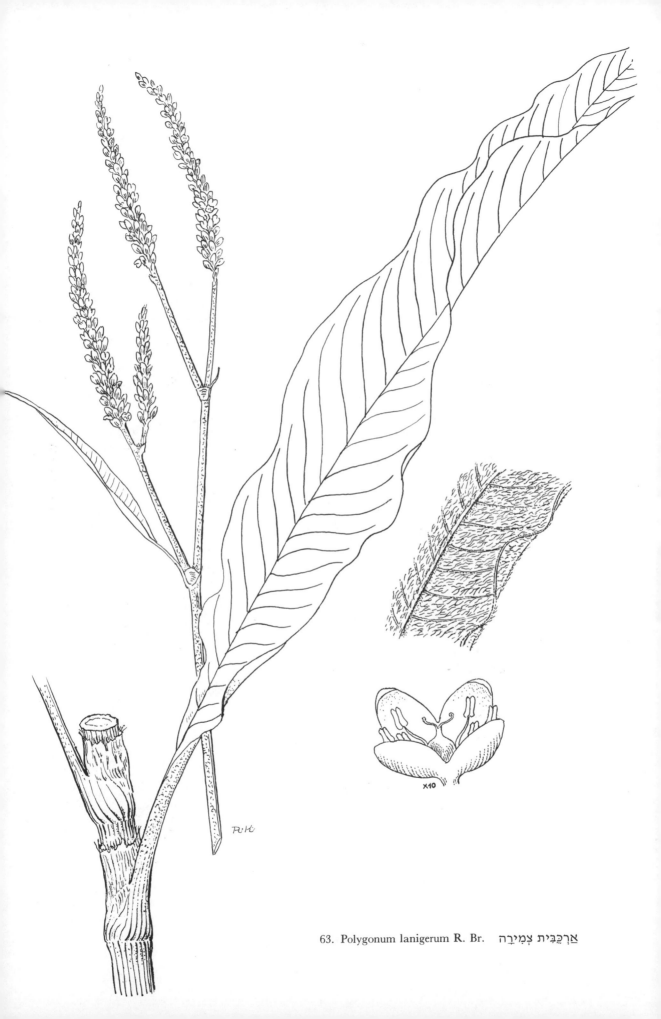

63. Polygonum lanigerum R. Br. אַרְכֻּבִּית צְמִירָה

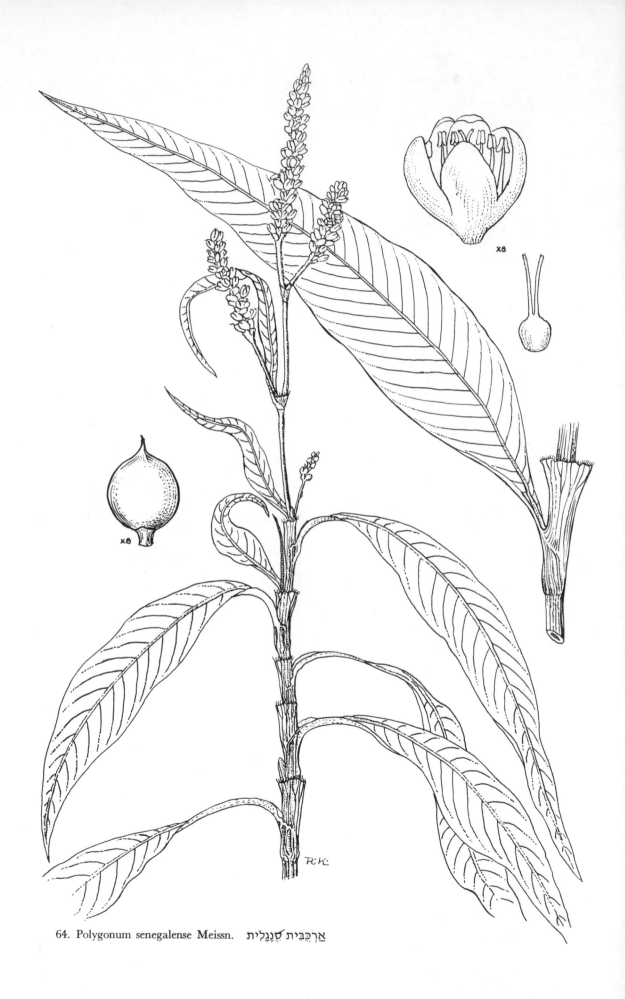

64. Polygonum senegalense Meissn. אַרְכֻּבִּית סֶנֶגָלִית

65. Rheum palaestinum Feinbr. רִבַּס הַמִּדְבָּר

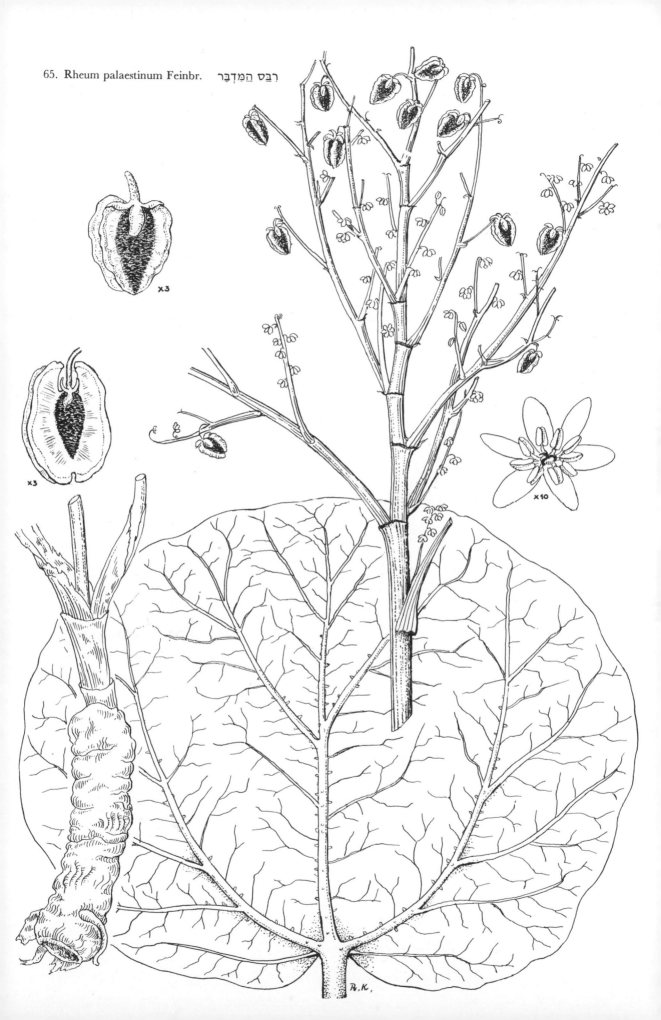

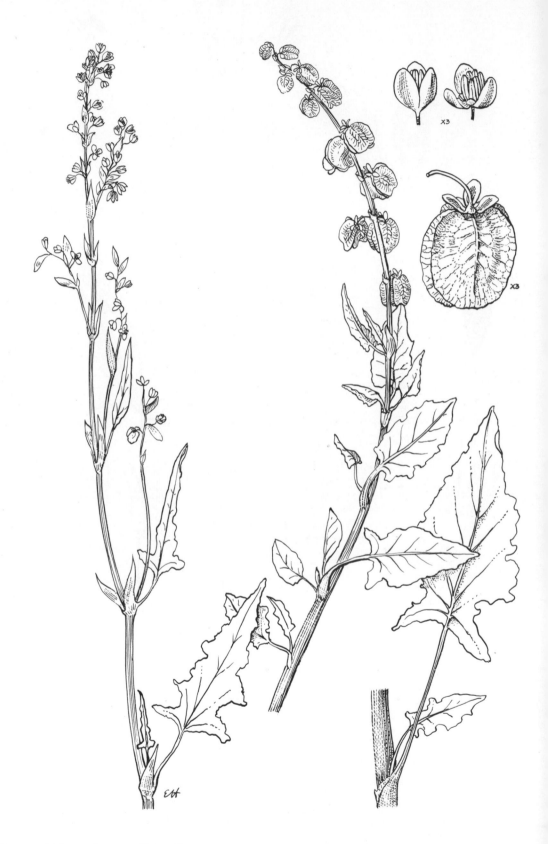

66. Rumex tingitanus L. חֻמְעָה מָרוֹקָנִית

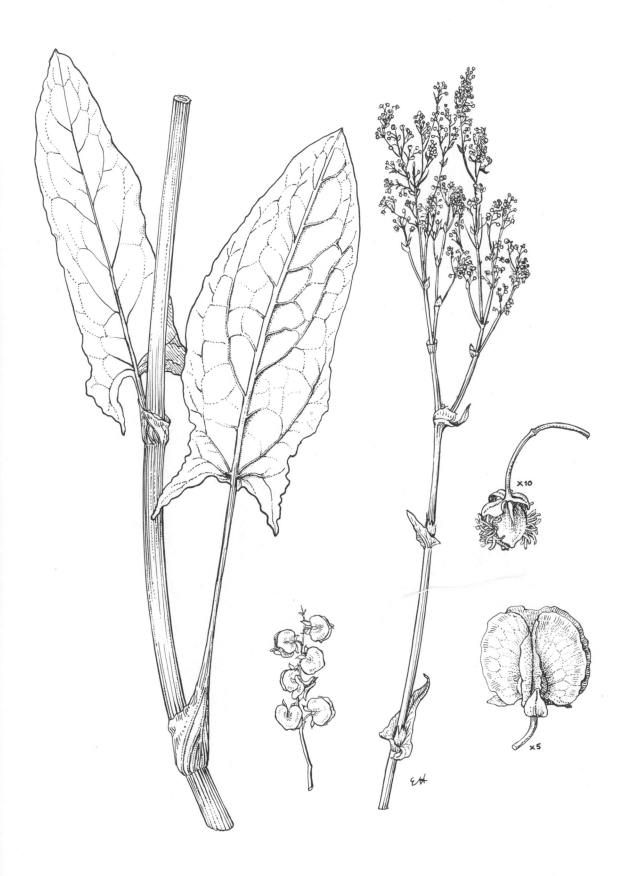

67. Rumex tuberosus L. חֻמְעַת הַפְּקַעַת

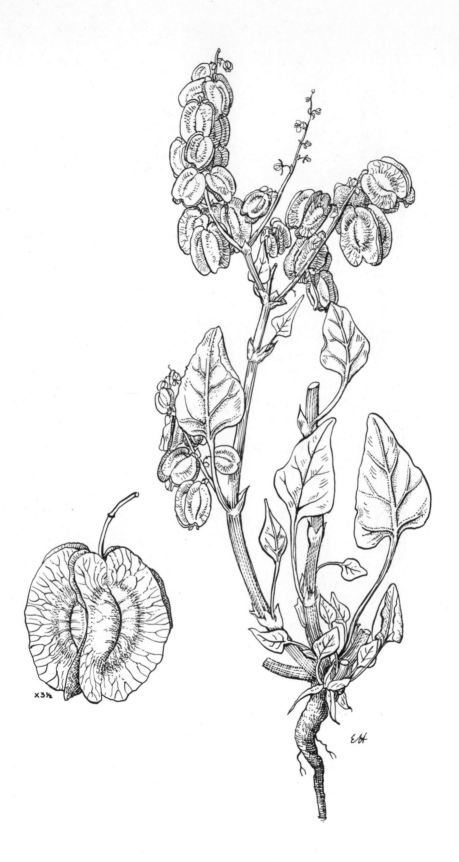

x3½

68. Rumex vesicarius L. חֻמְעָה מְשֻׁלְחֶפֶת

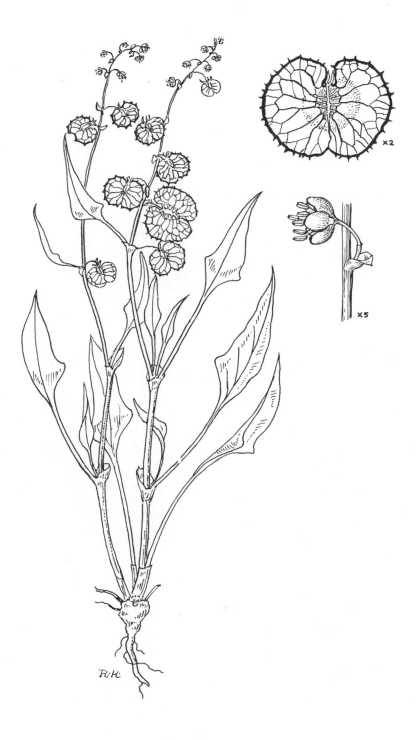

69. **Rumex cyprius** Murb. חֻמְעָה וְרֻדָּה

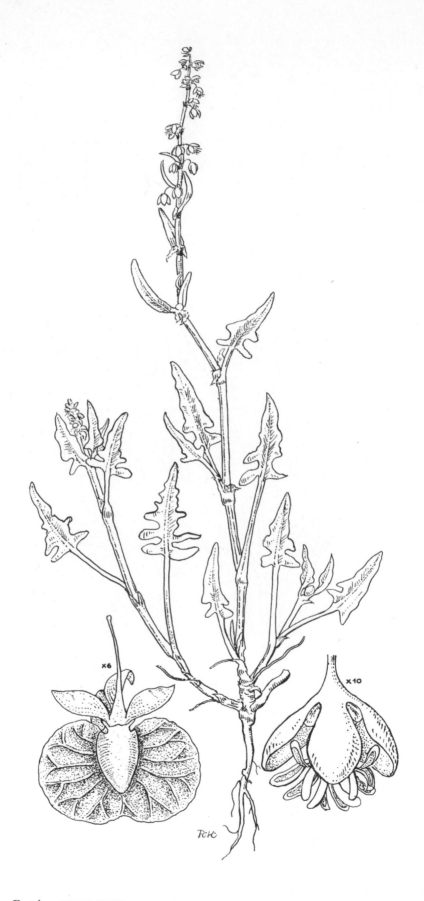

70. Rumex pictus Forssk. חֻמְעָה מְגֻיֶּדֶת

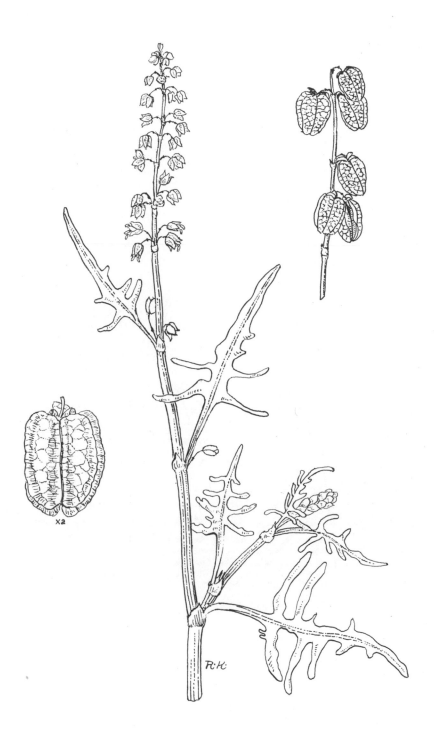

71. Rumex occultans Sam. חֻמְעָה עֲטוּיָה

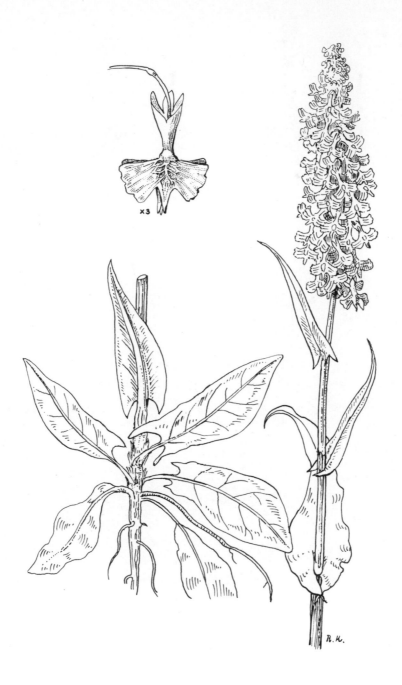

72. Rumex rothschildianus Aarons. חֻמְעַת הָאֲוִירוֹן

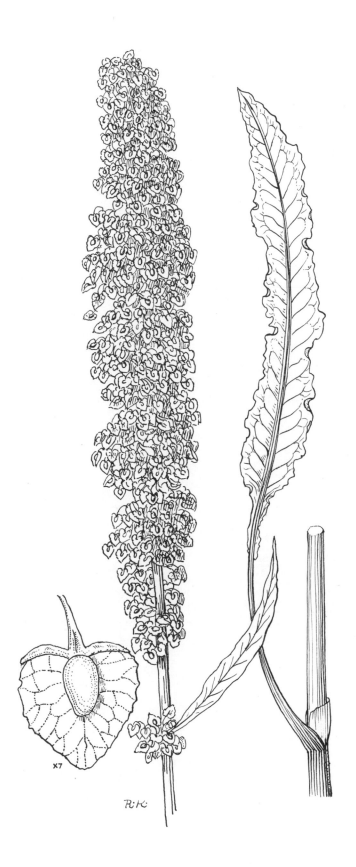

73. Rumex crispus L. חֻמְעָה מְסֻלְסֶלֶת

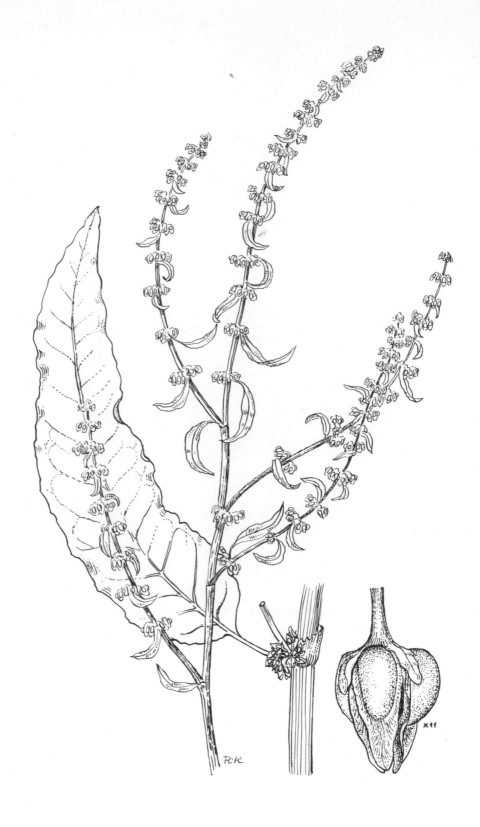

74. Rumex conglomeratus Murr. חֻמְעָה מְגֻבֶּבֶת

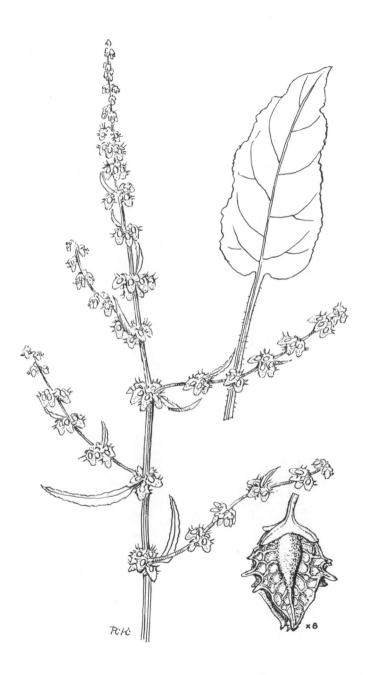

75. Rumex pulcher L. חֻמְעָה יָפָה

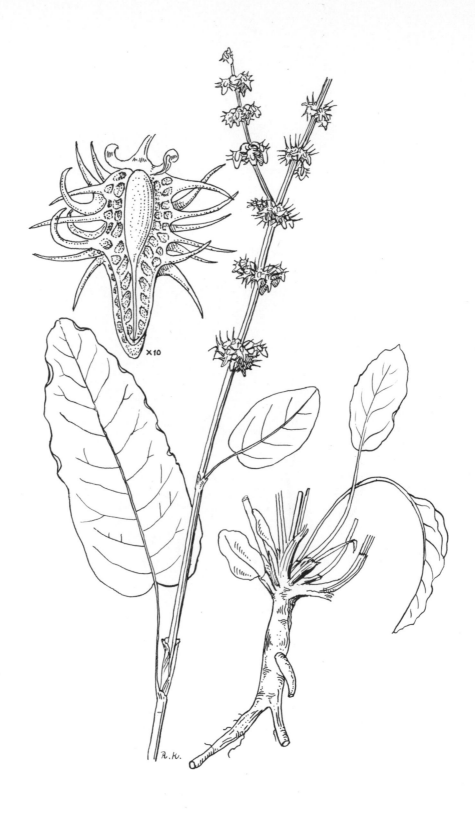

76. Rumex cassius Boiss. חֻמְעַת הַחֹרֶשׁ

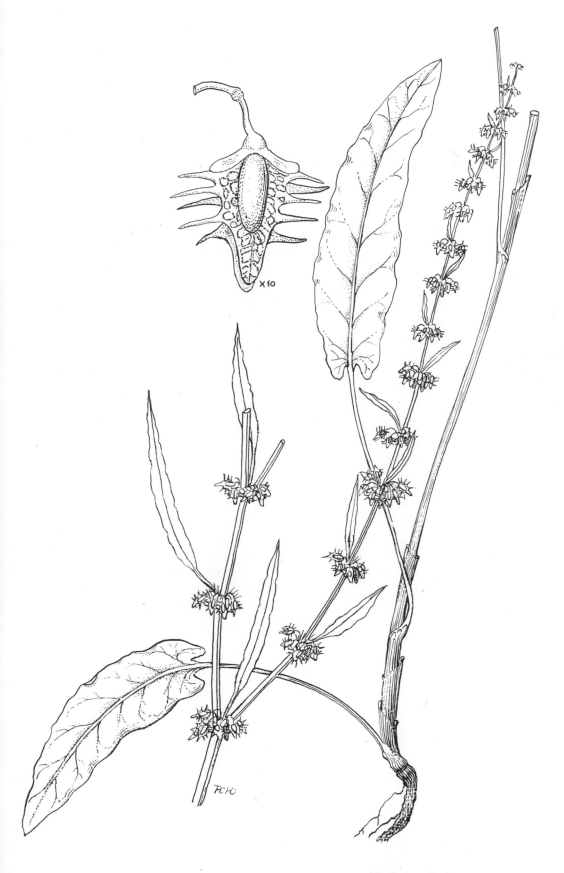

77. Rumex dentatus L. חֻמְעָה מְשֻׁנֶּנֶת

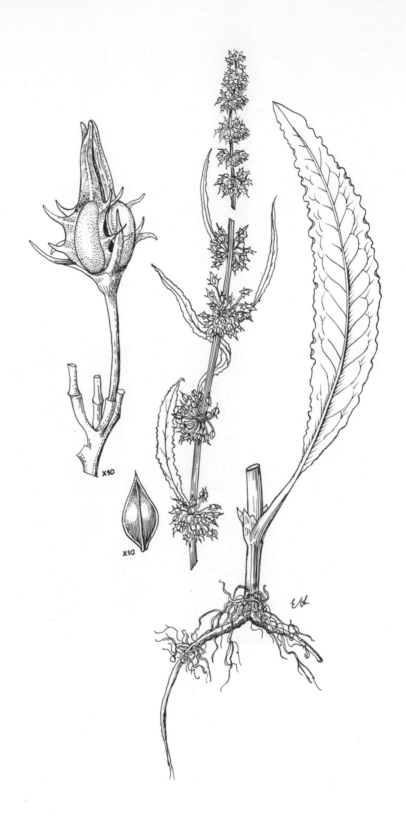

78. Rumex maritimus L. חֻמְעַת הַחוֹף

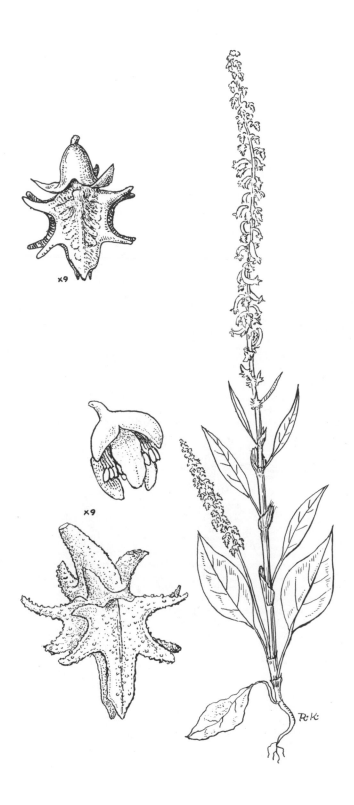

79. Rumex bucephalophorus L. חֻמְעַת ראש־הַסּוּס

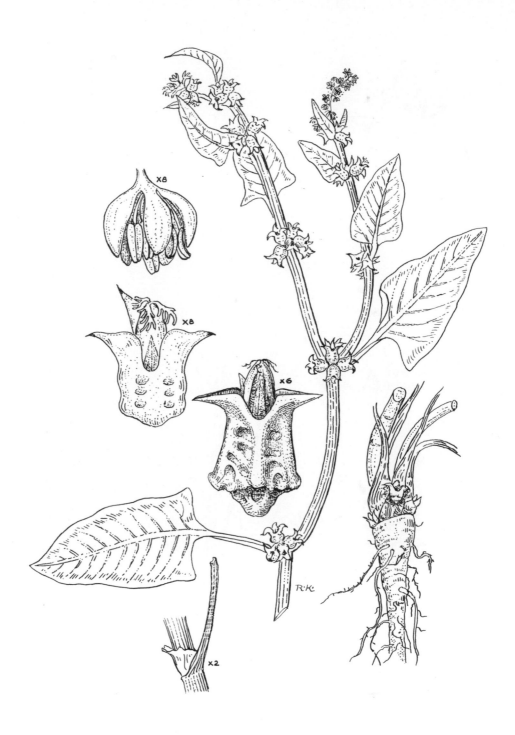

80. Emex spinosa (L.) Campd. אֲמִיךְ קוֹצָנִי

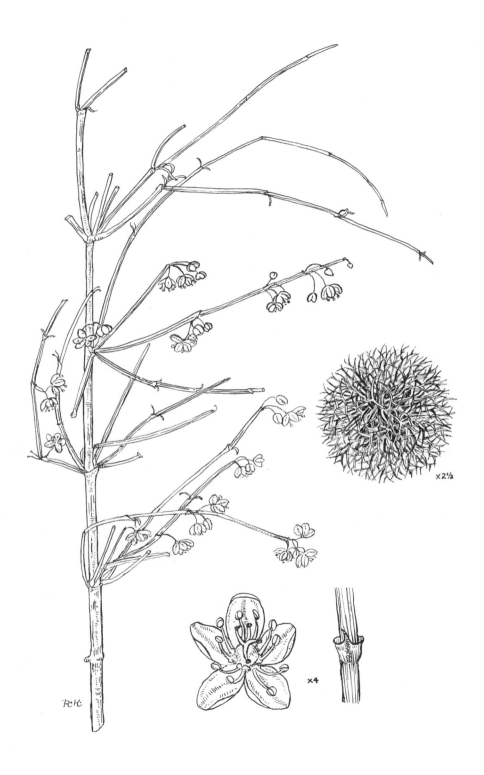

81. Calligonum comosum L'Hér. שַׁבְטוּט מְצֻיָּץ

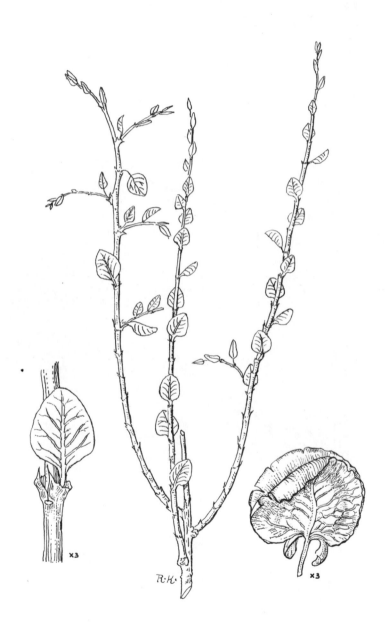

82. Atraphaxis spinosa L. גְּפוּף קוֹצָנִי

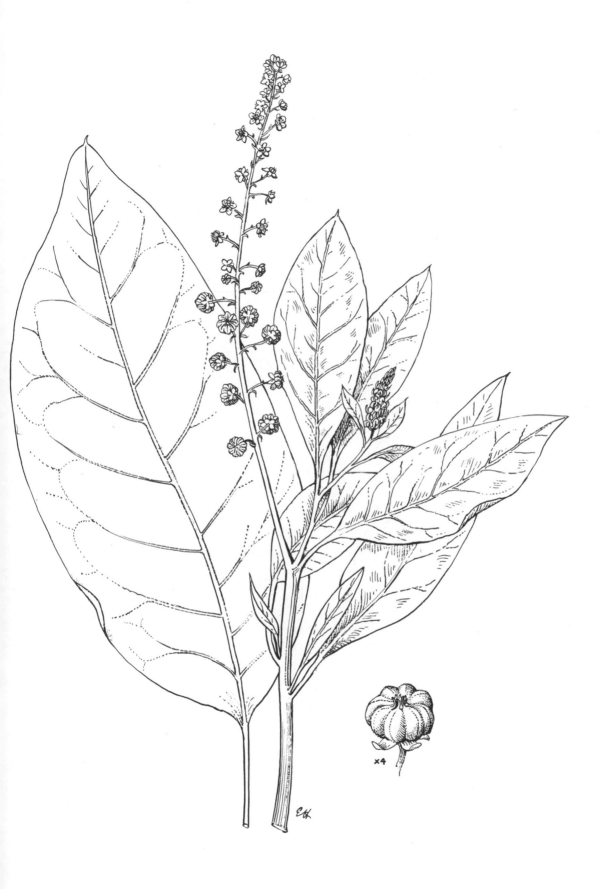

83. Phytolacca americana L. פִיטוֹלַקָּה אֲמֶרִיקָנִית

×4

84. Commicarpus africanus (Lour.) Dandy בַּלוּטָנִית אַפְרִיקָנִית

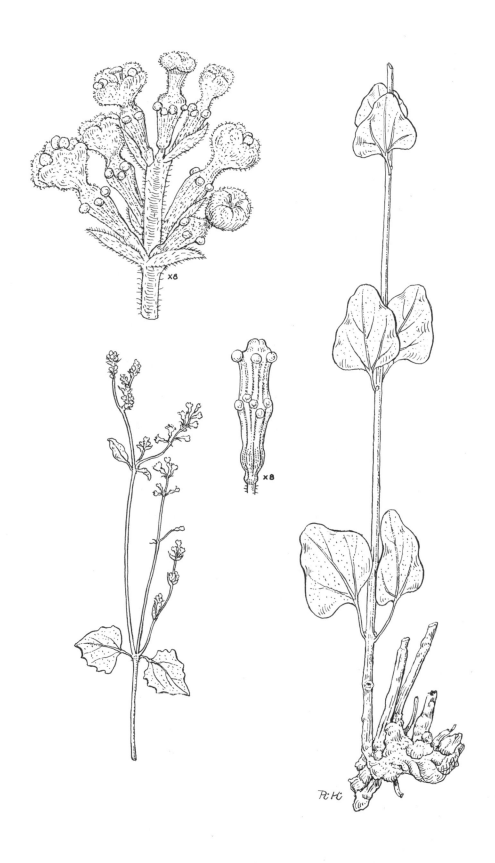

85. *Commicarpus verticillatus* (Poir.) Standl.   בַּלּוּטָנִית הַדּוּרִים

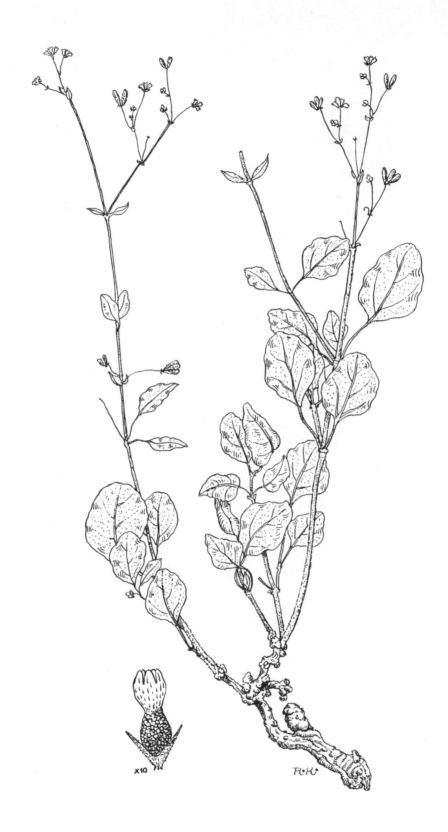

86. Boerhavia repens L. בּוּרַבְיָה זוֹחֶלֶת

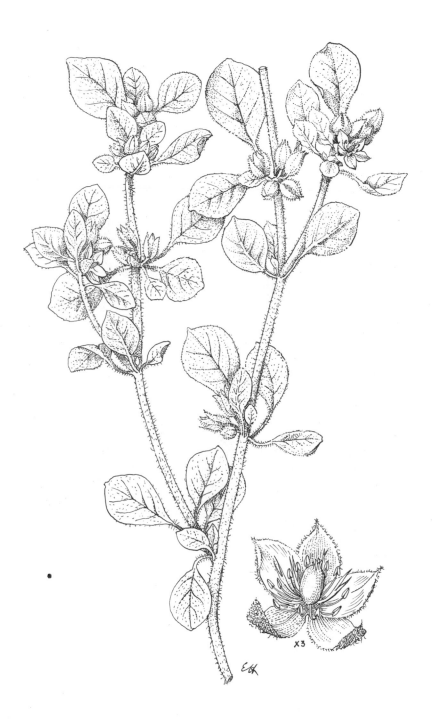

87. Glinus lotoides L. var. lotoides אפְרוּרית מְצוּיָה

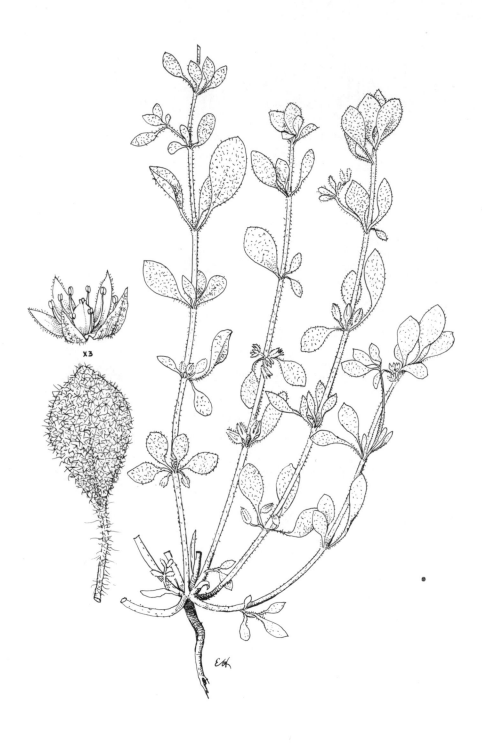

88. Glinus lotoides L. var. dictamnoides (Burm. f.) Maire אַפְרוּרִית מְצוּיָה חַסְרַת־כּוֹתֶרֶת

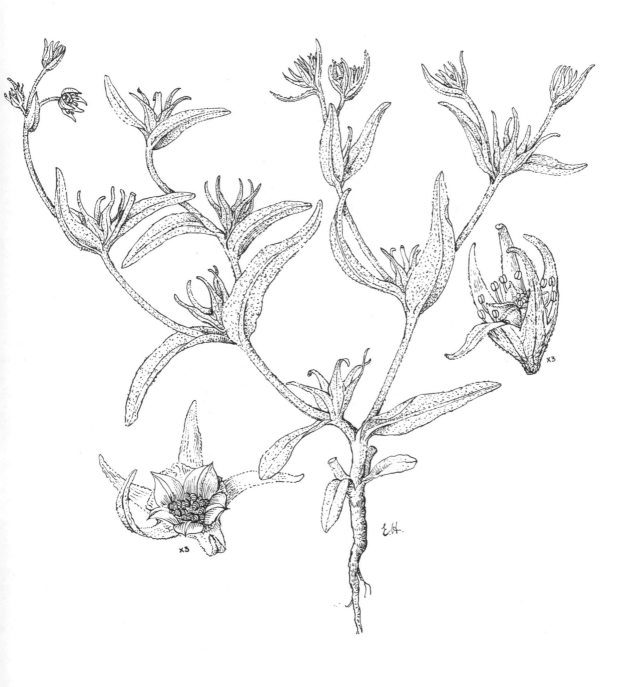

89. Aizoon hispanicum L. חַיְעַד סְפָרַדִּי

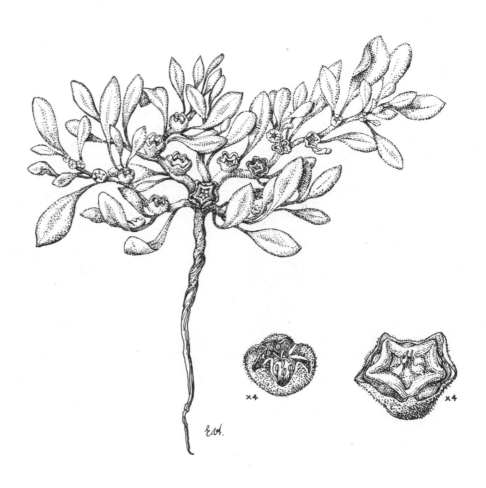

90. Aizoon canariense L. חַיְעַד קָנָרִי

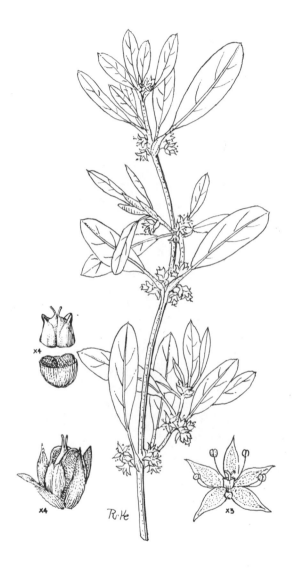

91. Trianthema pentandra L. שְׁלַשִׁי מְחֻמָּשׁ

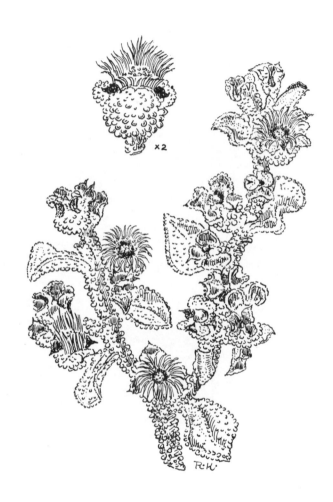

92. Mesembryanthemum crystallinum L. אָהָל הַגְּבִישִׁים

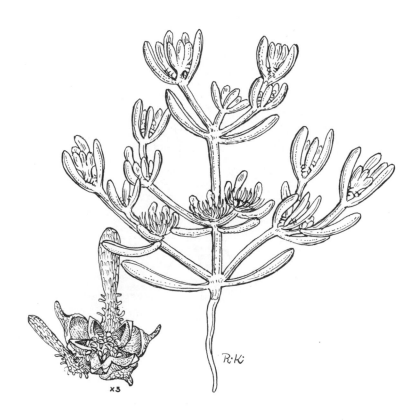

93. **Mesembryanthemum nodiflorum L.** אָהָל מָצוּי

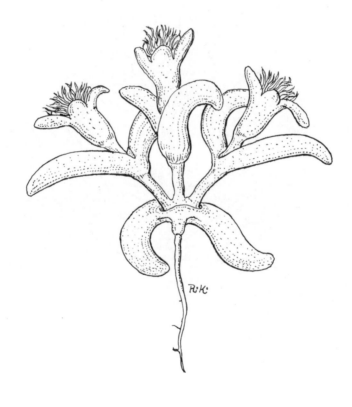

94. Mesembryanthemum forsskalii Hochst. אָהָל מְגֻשָּׁם

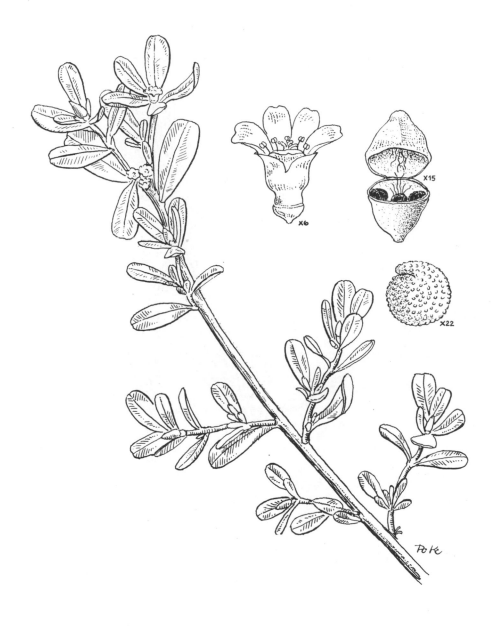

95. Portulaca oleracea L. רְגֵלַת הַגִּנָּה

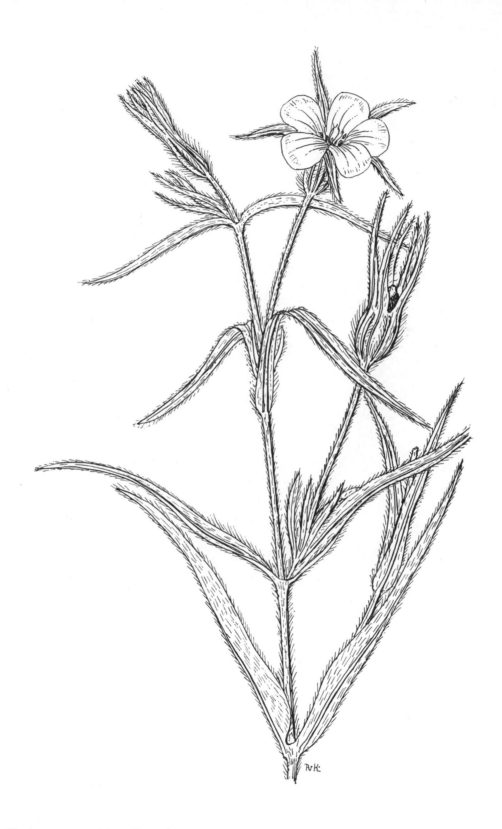

96. Agrostemma githago L. אַגְרוֹסְטֶמַּת הַשָּׂדוֹת

97. **Agrostemma gracile** Boiss.　אַגְרוֹסְטֶמָּה עֲדִינָה

98. Silene italica (L.) Pers.　צִפָּרְנִית אִיטַלְקִית

99. Silene longipetala Vent.   צִפָּרְנִית מְפֻשֶּׂקֶת

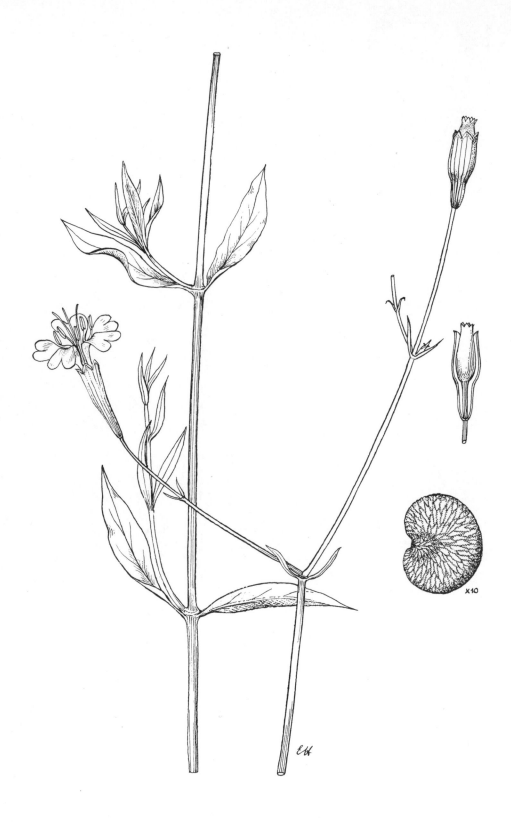

100. Silene swertiifolia Boiss. צִפָּרְנִית גְּדוֹלָה

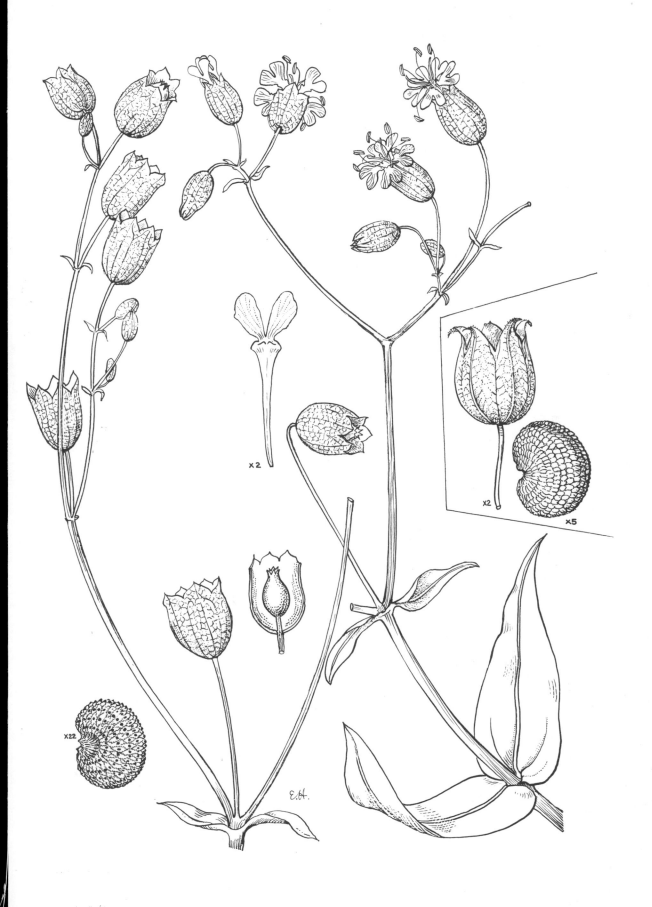

101. Silene vulgaris (Moench) Garcke צִפָּרְנִית נְפוּחָה　　102. Silene physalodes Boiss. צִפָּרְנִית מְצֻיֶּצֶת

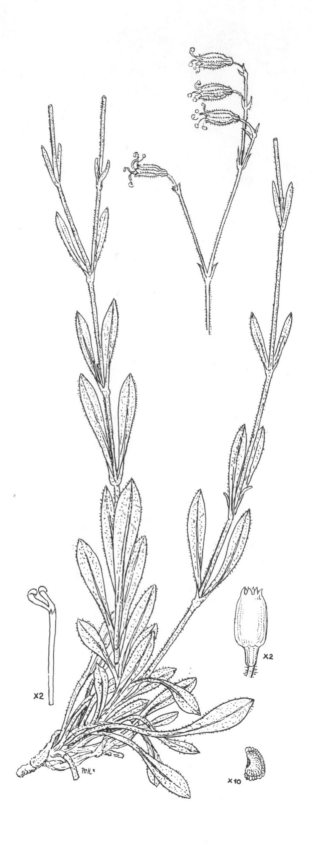

103. Silene grisea Boiss.   צִפָּרְנִית אֲפֹרָה

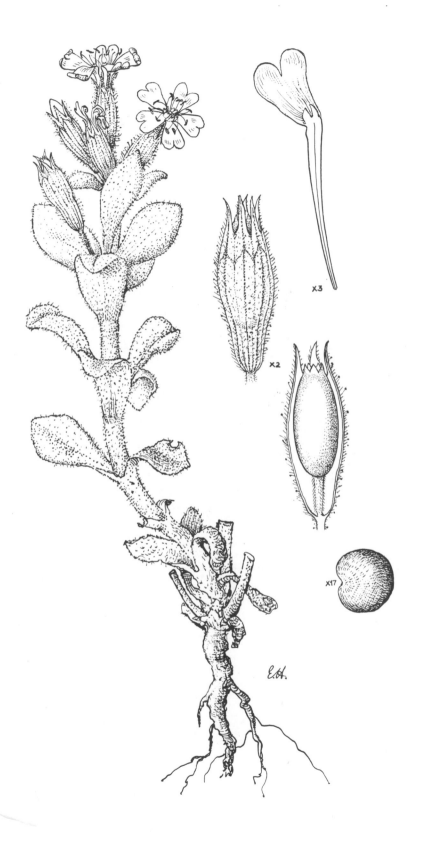

104. Silene succulenta Forssk.   צִפָּרְנִית בַּשְׂרָנִית

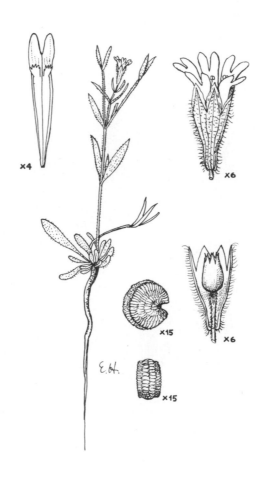

105. Silene hussonii Boiss. צִפָּרְנִית חוּסוֹן

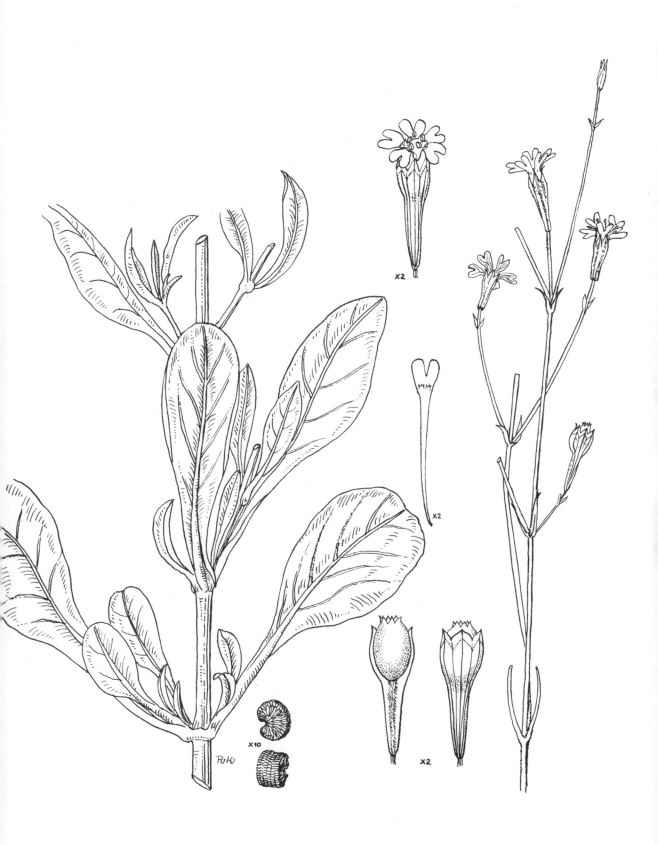

106. Silene reinwardtii Roth צִפָּרְנִית מְצֻיֶּרֶת

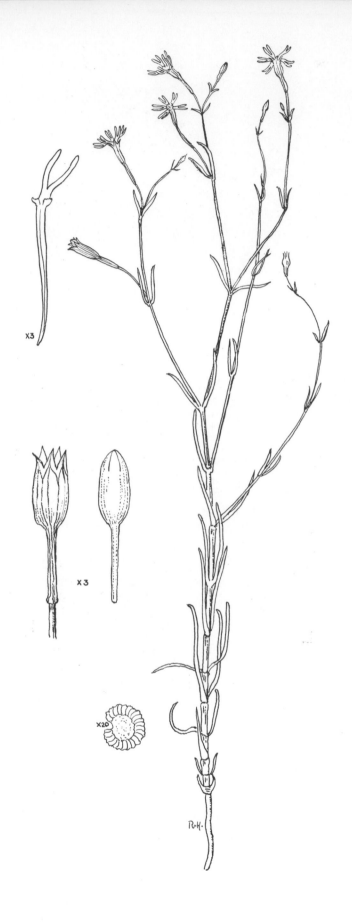

107. Silene linearis Decne. צִפָּרְנִית דַּקִּיקָה

108. Silene modesta Boiss. et Bl. צִפָּרְנִית חוֹפִית

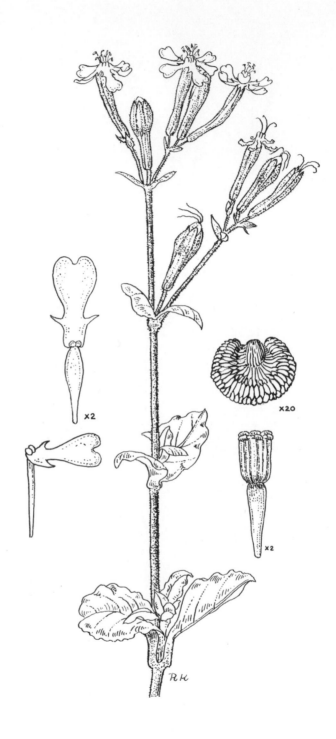

109. Silene aegyptiaca (L.) L.f.   צִפָּרְנִית מִצְרִית

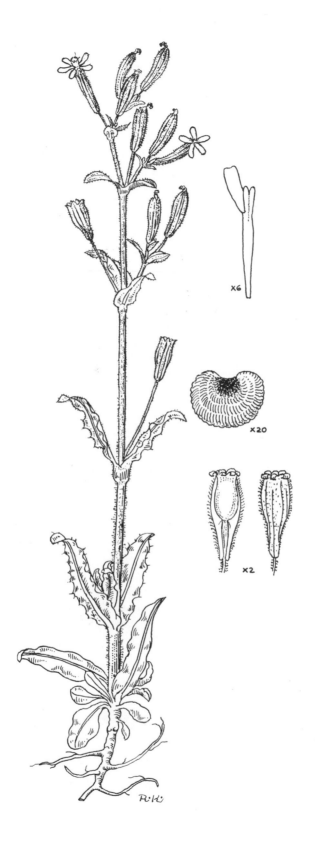

110. Silene fuscata Link   צִפָּרְנִית שְׁחוּמָה

111. Silene rubella L. ‎צִפָּרְנִית אַדְמוּמִית

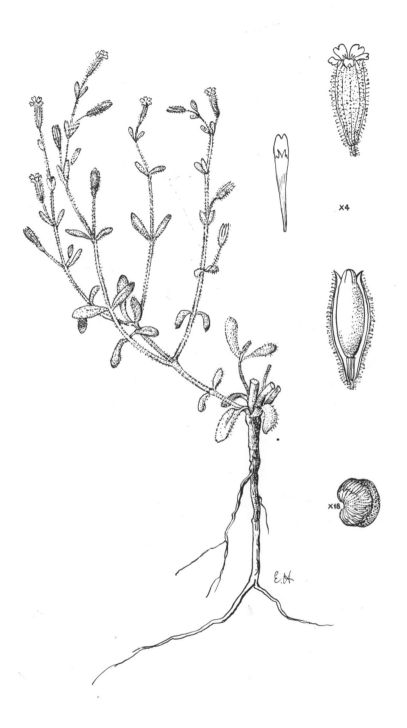

112. Silene sedoides Poir.   צִפָּרְנִית זְעִירָה

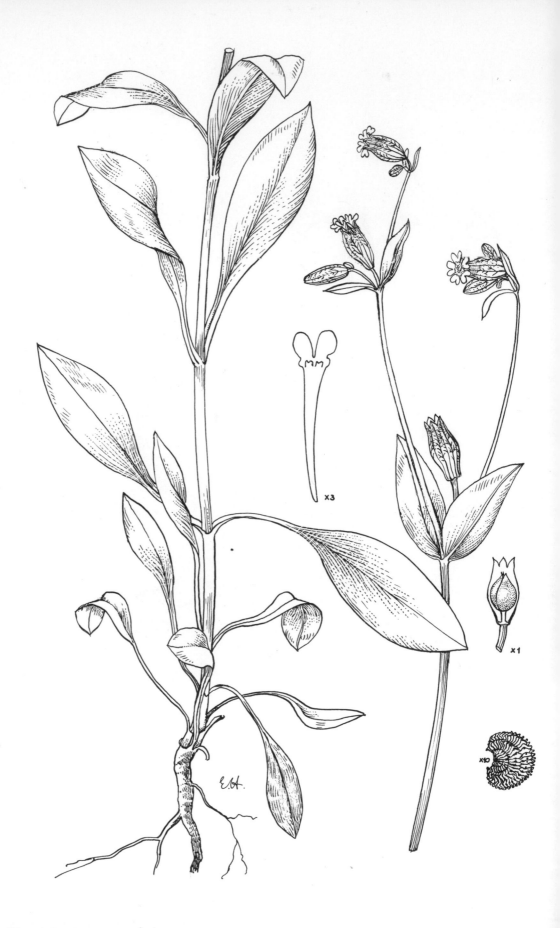

113. Silene behen L. צִפָּרְנִית כַּרְסָנִית

114. Silene muscipula L.   צִפֹּרְנִית דְּבִיקָה

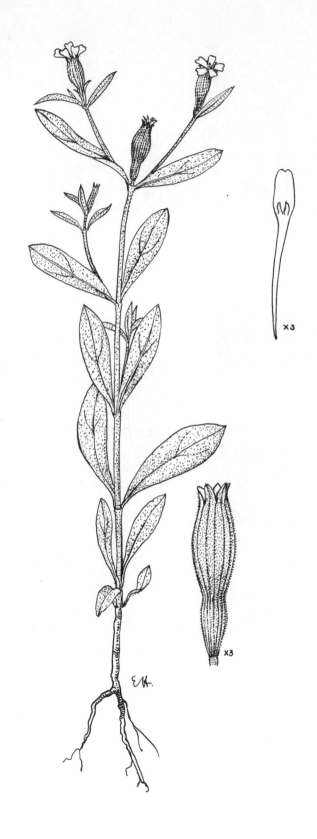

115. Silene crassipes Fenzl צְפָרְנִית עֲבַת־עֹקֶץ

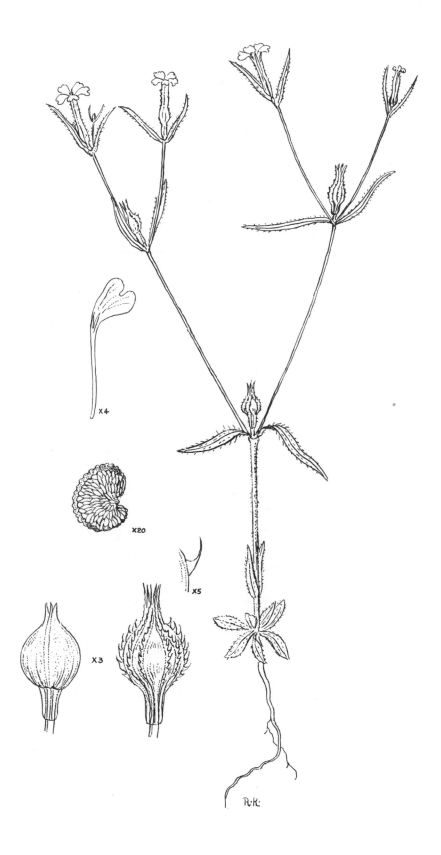

116. Silene papillosa Boiss. צִפָּרְנִית שָׁרוֹנִית

117. Silene telavivensis Zoh. et Plitm.   צִפָּרְנִית תֵּל־אֲבִיבִית

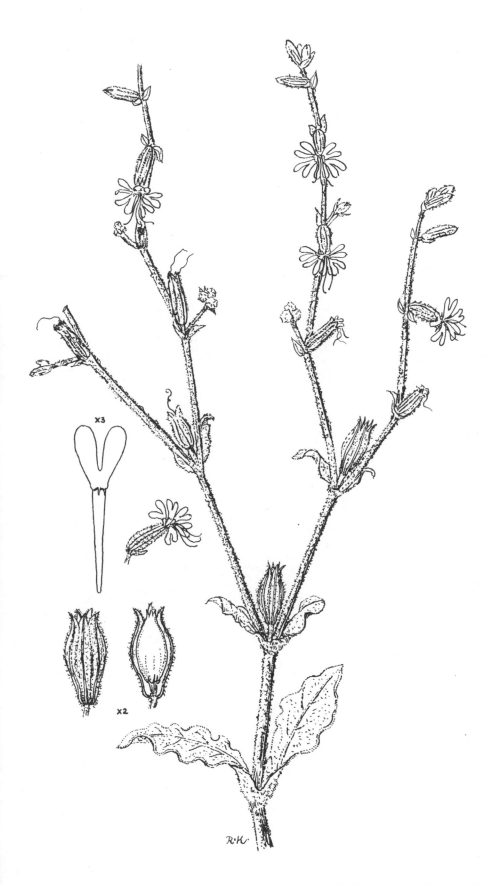

118. Silene trinervis Banks et Sol. צִפֹּרְנִית עֲנֻפָּה

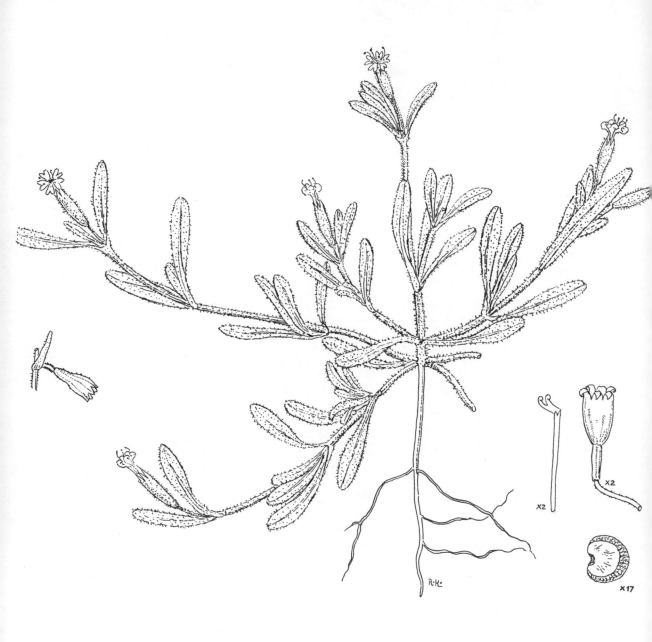

119. Silene villosa Forssk. צִפֹּרְנִית הַחוֹלוֹת

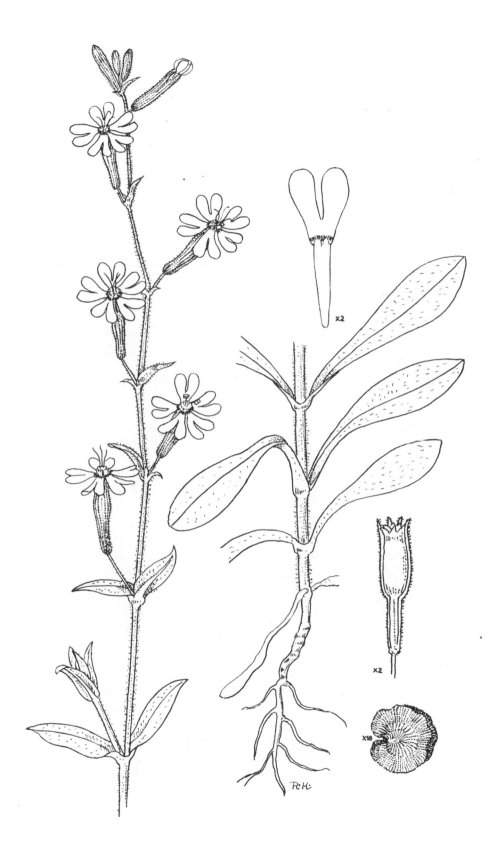

120. Silene damascena Boiss. et Gaill. צִפָּרְנִית דַּמַּשְׂקָאִית

121. **Silene** palaestina Boiss. צִפָּרְנִית אֶרֶצ־יִשְׂרָאֵלִית

122. Silene arabica Boiss. var. viscida (Boiss.) Zoh. צִפָּרְנִית עֲרָבִית זַן דָּבִיק

a. Silene arabica Boiss. var. arabica צִפָּרְנִית עֲרָבִית זַן טִיפּוּסִי

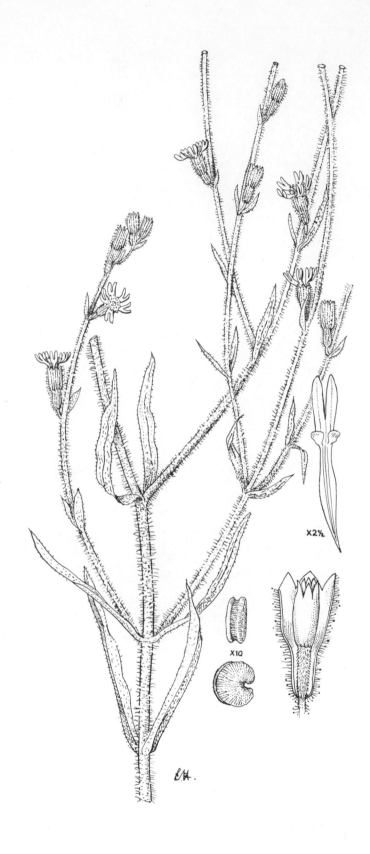

X2½

X10

123. Silene arabica Boiss. var. moabitica Zoh.   צִפָּרְנִית עֲרָבִית זַן מוֹאָבִי

124. Silene vivianii Steud. צִפָּרְנִית מִדְבָּרִית

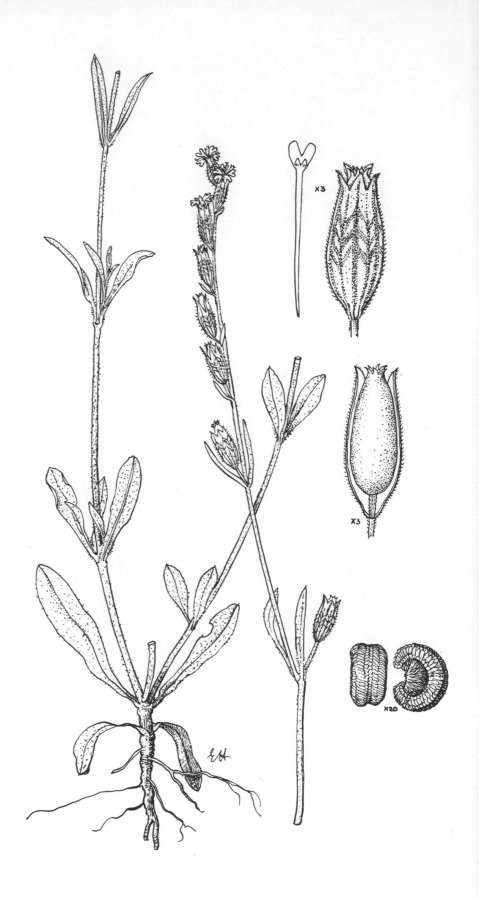

125. Silene nocturna L.   צִפָּרְנִית לֵילִית

126. Silene gallica L.   צִפָּרְנִית צָרְפָתִית

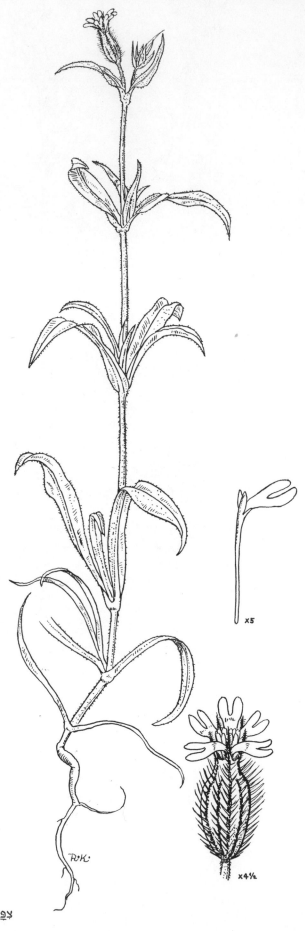

x5
x4½

127. Silene oxyodonta Barb. צִפָּרְנִית חַדַּת־שִׁנַּיִם

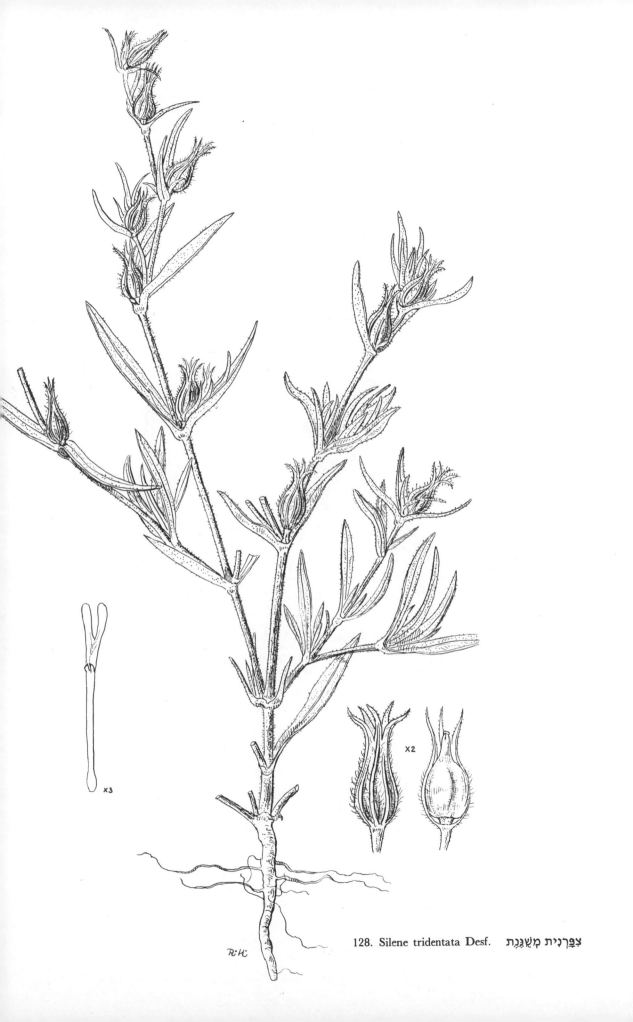

128. Silene tridentata Desf. צִפָּרְנִית מְשֻׁנֶּנֶת

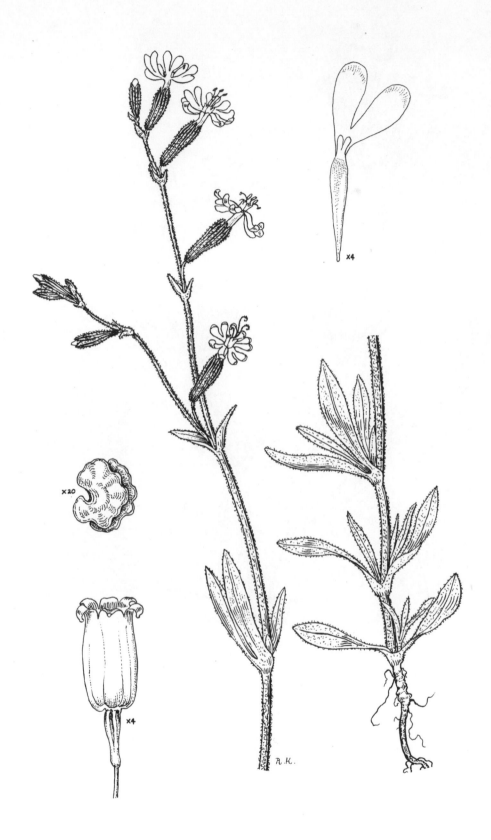

129. Silene colorata Poir. צִפָּרְנִית מְגֻוֶּנֶת

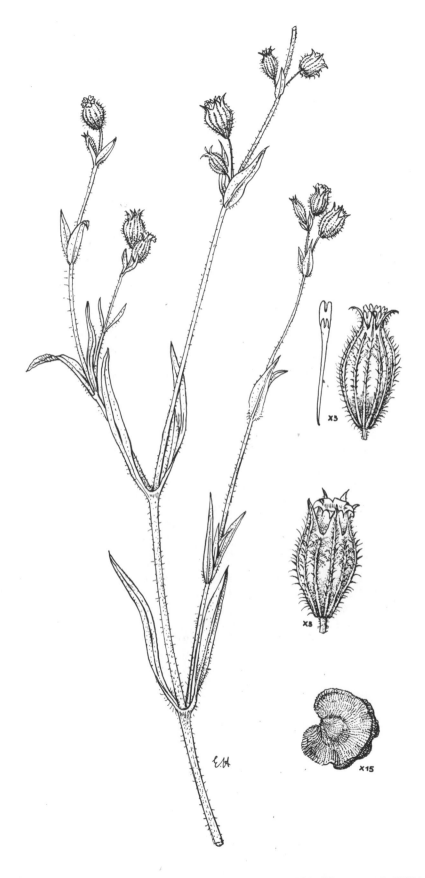

130. Silene apetala Willd. צִפָּרְנִית מְקֻפַּחַת

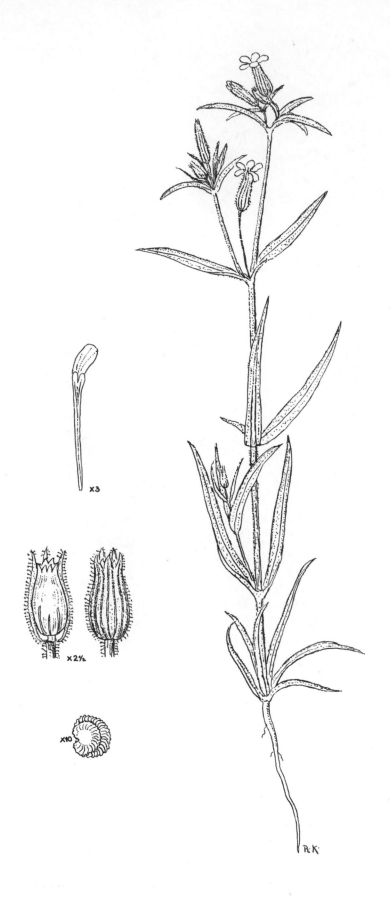

131. Silene coniflora Nees צִפָּרְנִית מְעֹרֶקֶת

132. Silene conoidea L. צִפָּרְנִית מְחֻרֶטֶת

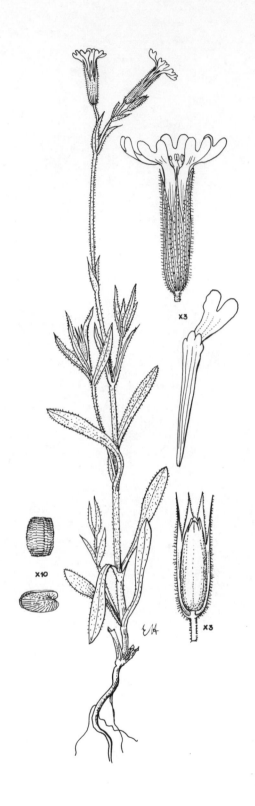

x3

x10

x3

133. Silene macrodonta Boiss.　צִפָּרְנִית גְּדוֹלַת־שִׁנַּיִם

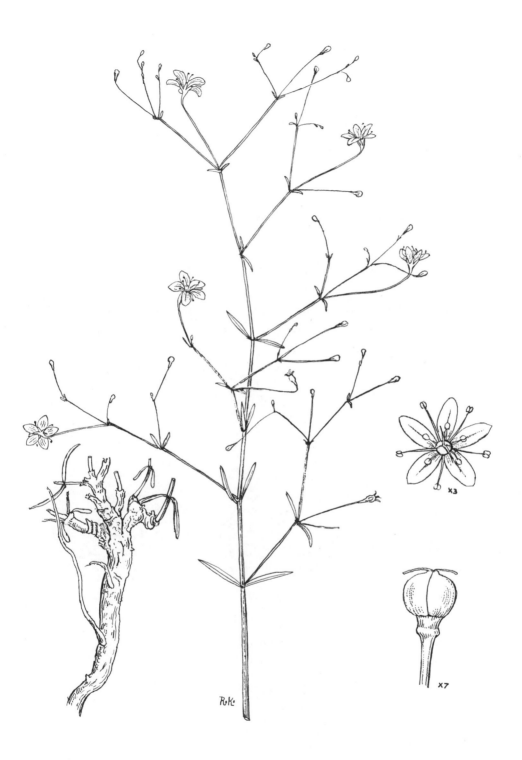

134. Gypsophila arabica Barkoudah גִּפְסָנִית עֲרָבִית

135. Gypsophila viscosa Murr.　גִּפְסָנִית דְּבִיקָה

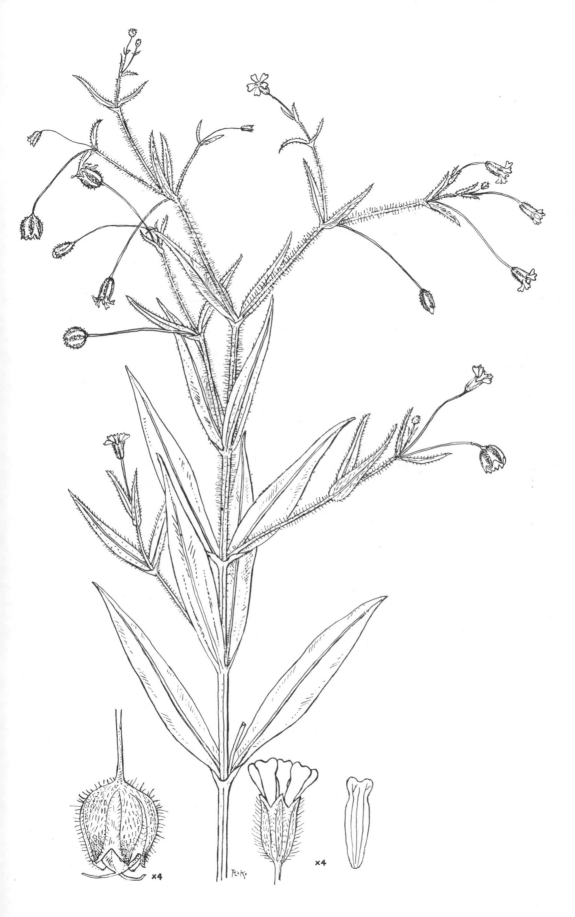

136. Gypsophila pilosa Huds.   גִּפְסָנִית שְׂעִירָה

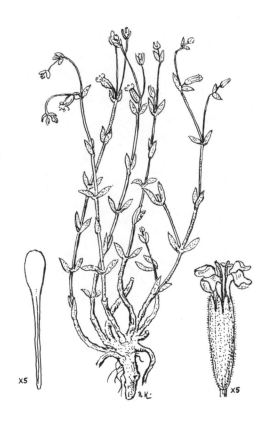

137. **Bolanthus filicaulis** (Boiss.) Barkoudah בּוֹלַנְתּוּס דַּק־גִּבְעוֹל

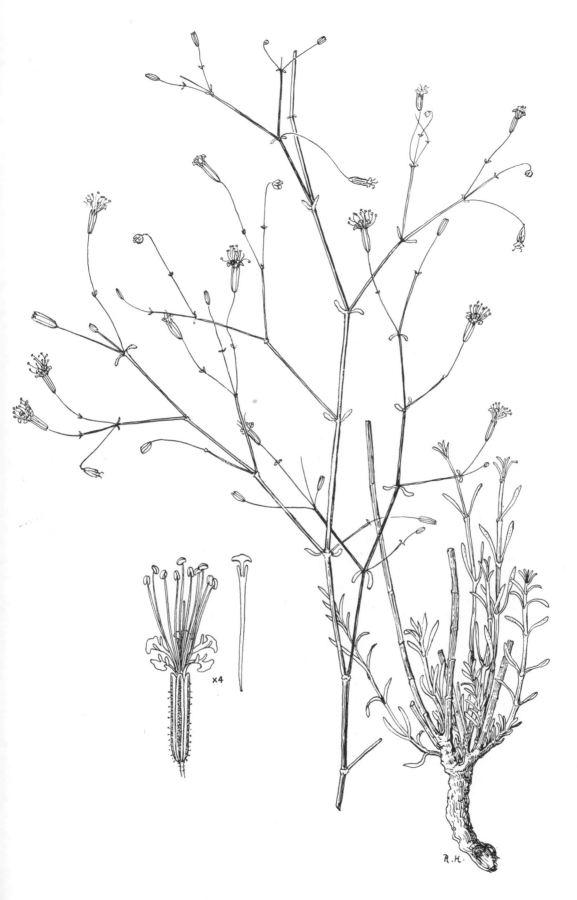

138. Ankyropetalum gypsophiloides Fenzl עַגְנָן נִימִי

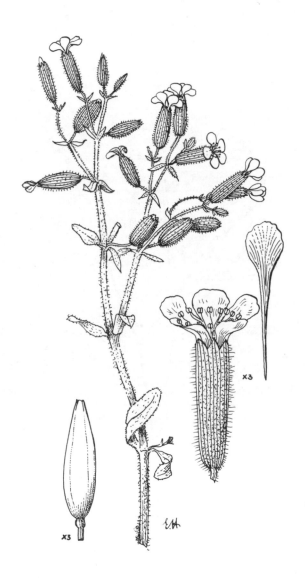

139. Saponaria mesogitana Boiss. בֹּרִית אֲדָמָה

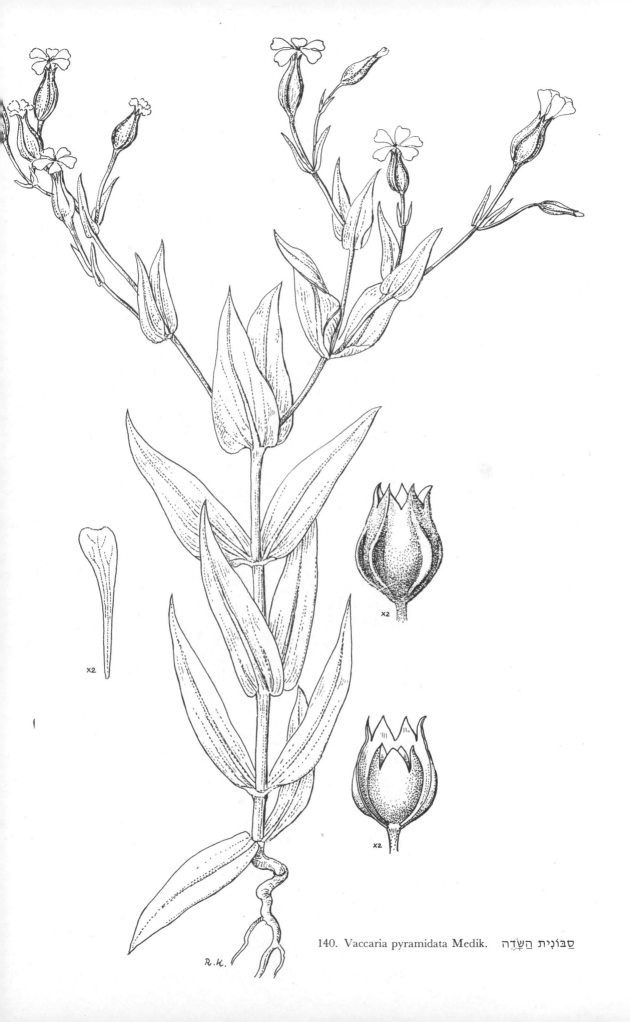

140. Vaccaria pyramidata Medik. סַבּוֹנִית הַשָּׂדֶה

a. Petrorhagia arabica (Boiss.) P. W. Ball et Heywood חָלוּק עֲרָבִי

141. Petrorhagia cretica (L.) P. W. Ball et Heywood חָלוּק עָבֶה

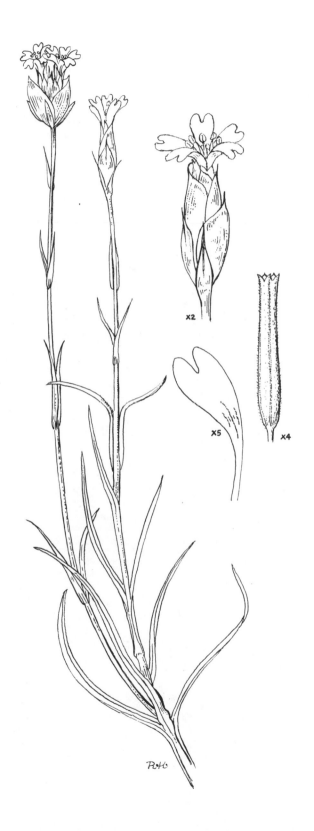

142. Petrorhagia velutina (Guss.) P. W. Ball et Heywood חָלוּק שָׂעִיר

143. Dianthus pendulus Boiss. et Bl. צִפֹּרֶן מְשֻׁלְשָׁל

X2

X2

X10

144. Dianthus strictus Banks et Sol. צִפֹּרֶן נָקוּד

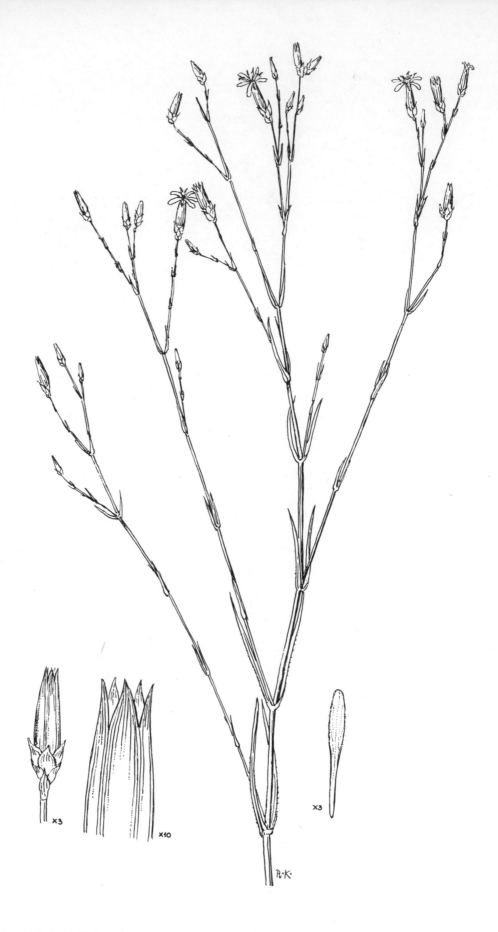

145. Dianthus polycladus Boiss. צִפֹּרֶן עָנָף

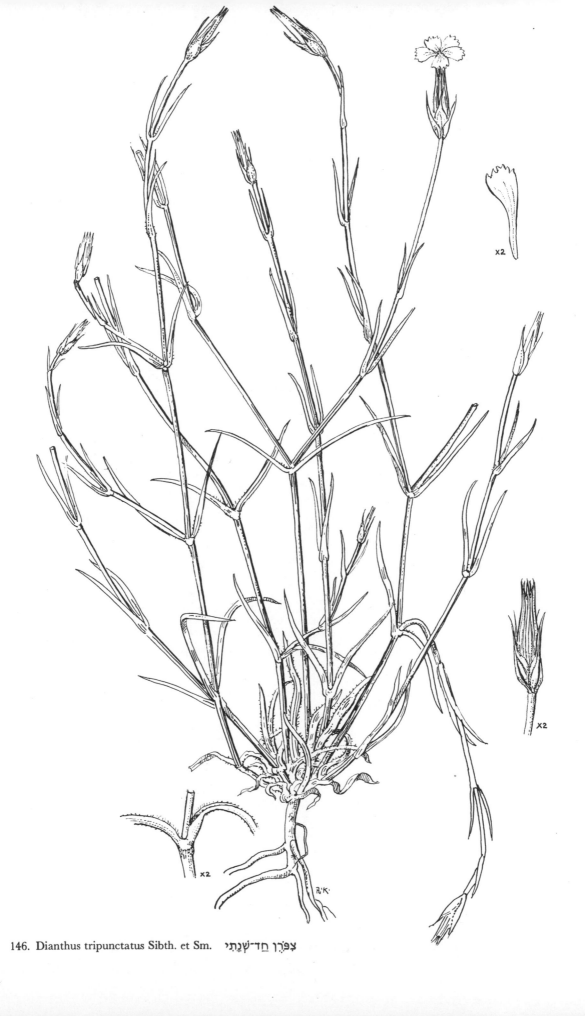

146. Dianthus tripunctatus Sibth. et Sm.   צִפֹּרֶן חַד־שְׁנָתִי

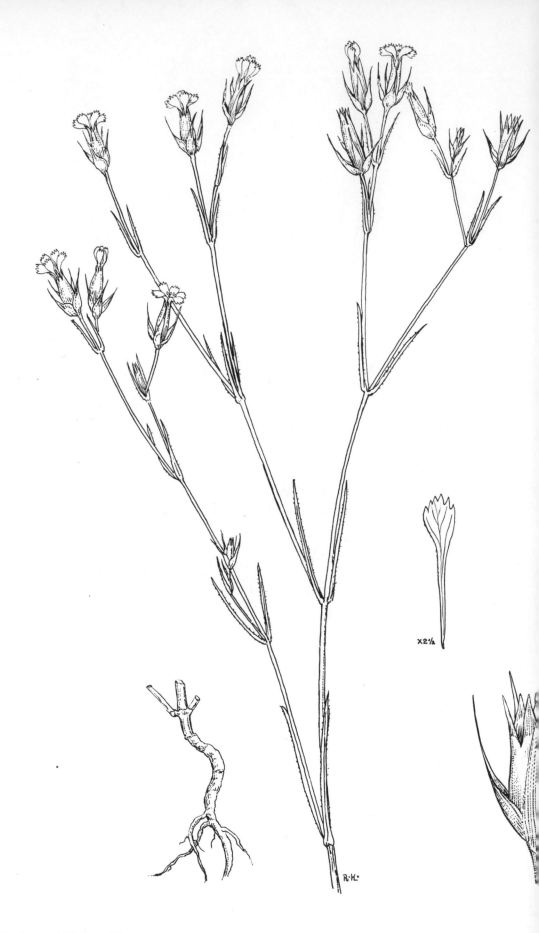

147. Dianthus cyri Fisch. et Mey. צִפֹּרֶן הַחֲדִים

148. **Dianthus judaicus** Boiss.   צִפֹּרֶן יְהוּדָה

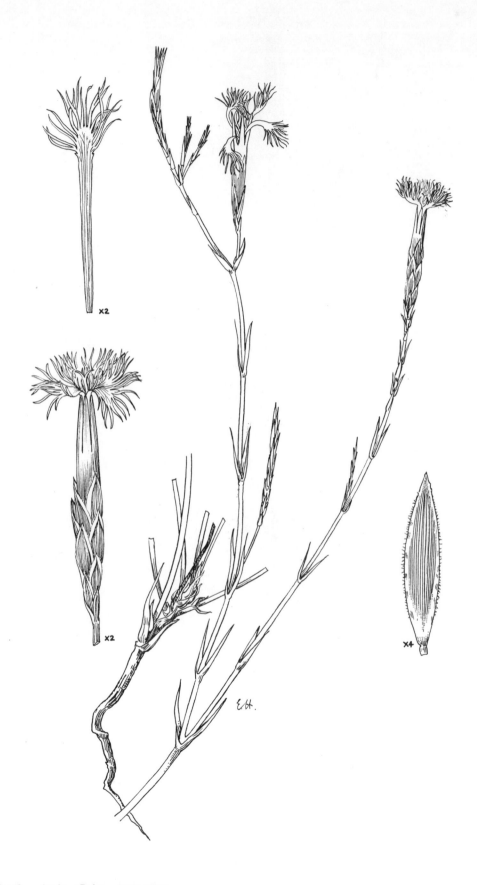

149. Dianthus sinaicus Boiss. צִפֹּרֶן סִינַי

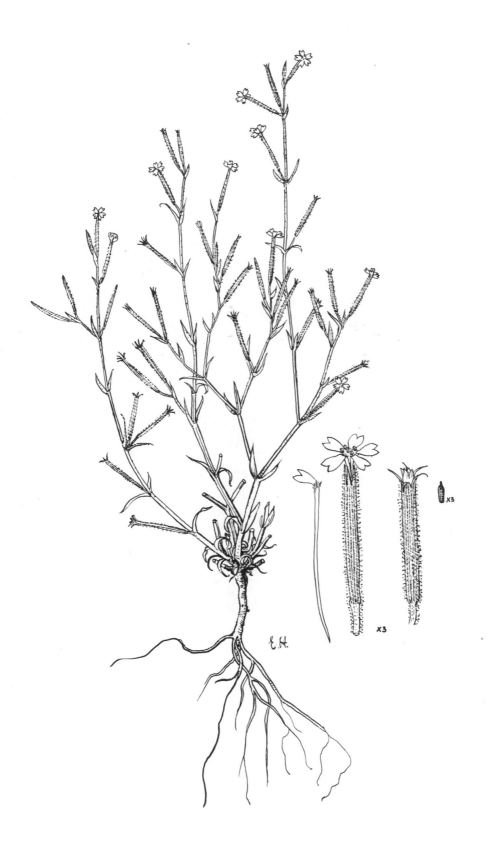

150. Velezia rigida L.   וֶלֶזְיָה אֲשׁוּנָה

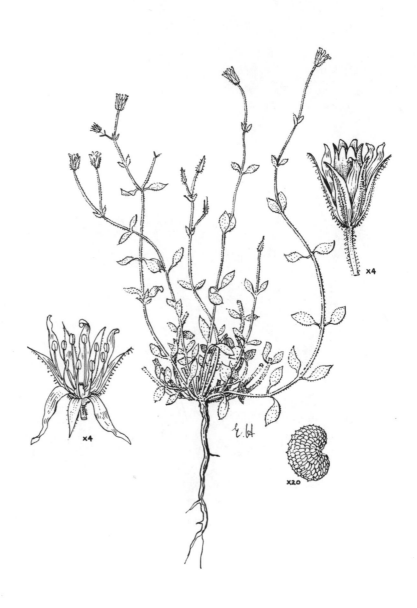

151. Arenaria deflexa Decne. אֲרֶנַרְיַת הַסְּלָעִים

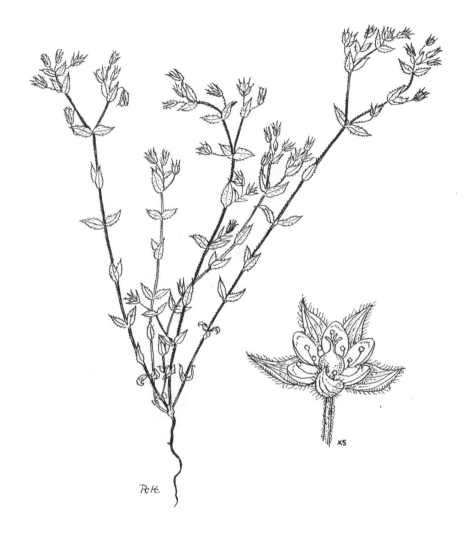

152. Arenaria leptoclados (Reichb.) Guss. אֲרֶנַרְיָה מְצוּיָה

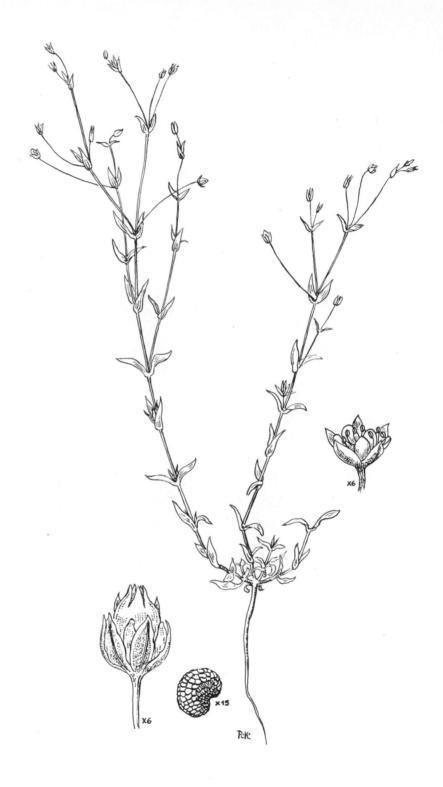

153. Arenaria tremula Boiss. אֲרֶנַרְיָה נִימִית

154. Minuartia mediterranea (Ledeb.) K. Maly צְלָלִית יָם־תִּיכוֹנִית

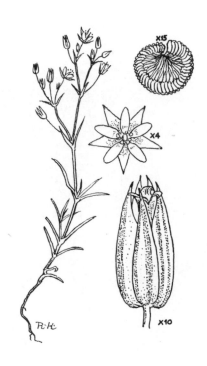

155. Minuartia hybrida (Vill.) Schischk. צִלָּלִית הַכִּלְאַיִם

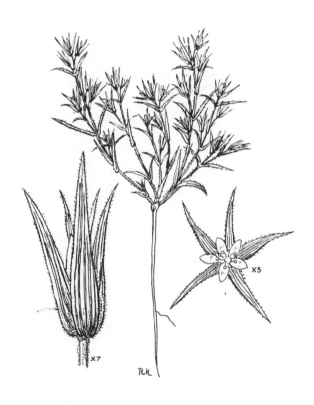

156. **Minuartia meyeri** (Boiss.) Bornm.   צְלָלִית מִזְרָחִית

157. Minuartia globulosa (Labill.) Schinz et Thell.   צְלָלִית הַחֹרֶשׁ

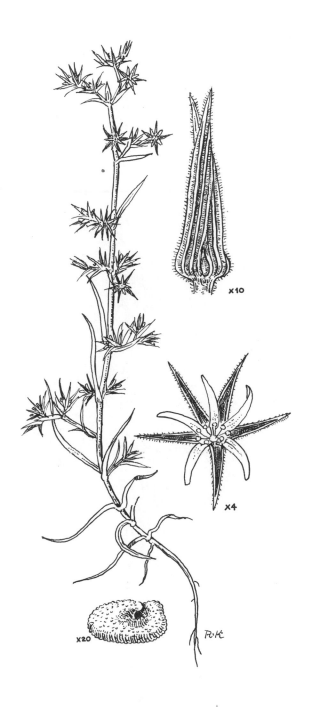

158. Minuartia decipiens (Fenzl) Bornm. צללית אשונה

159. Minuartia picta (Sibth. et Sm.) Bornm. צְלָלִית נָאָה

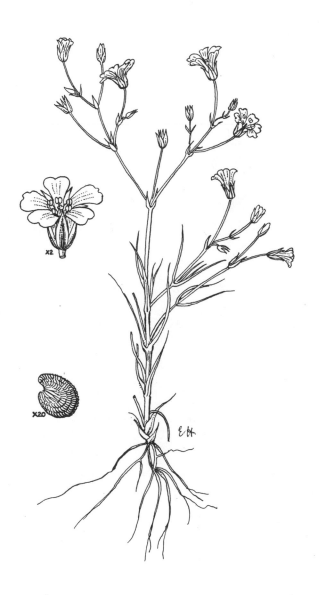

160. **Minuartia formosa** (Fenzl) Mattf.   צְלָלִית הֲדוּרָה

161. Bufonia virgata Boiss.   בּוּפוֹנְיָה אֲשׁוּנָה

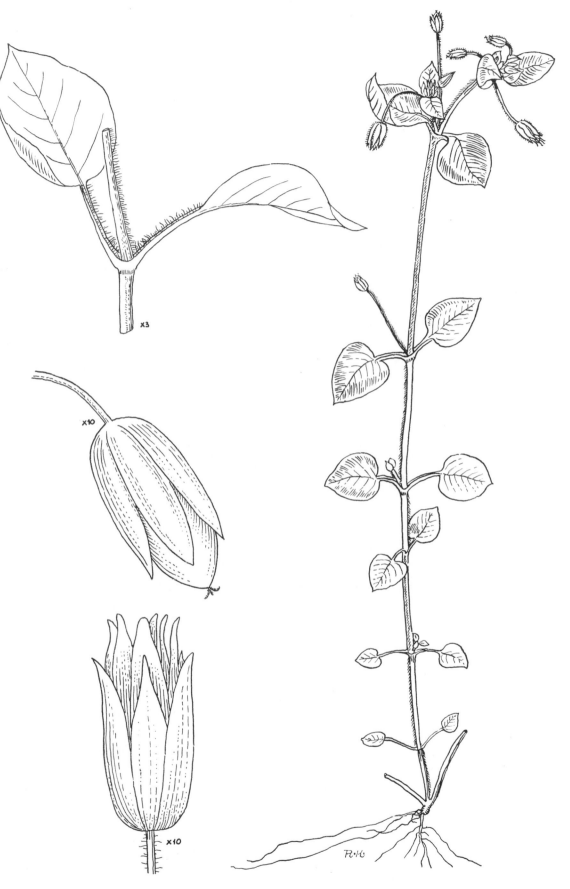

162. Stellaria media (L.) Vill.   כּוֹכָבִית מְצוּיָה

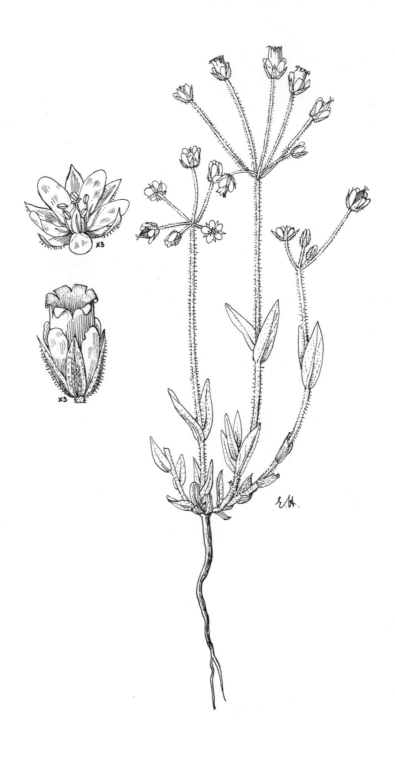

163. Holosteum glutinosum (M.B.) Fisch. et Mey.   סְכִיכוֹן מְשֻׁנָּן

164. Holosteum umbellatum L.   סְכִיכוֹן דָּבִיק

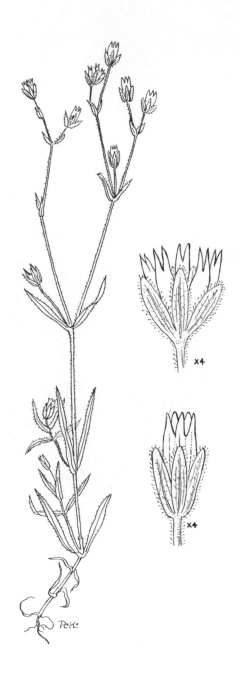

165. Cerastium dubium (Bast.) O. Schwarz   קַרְנוּנִית לְקוּיָה

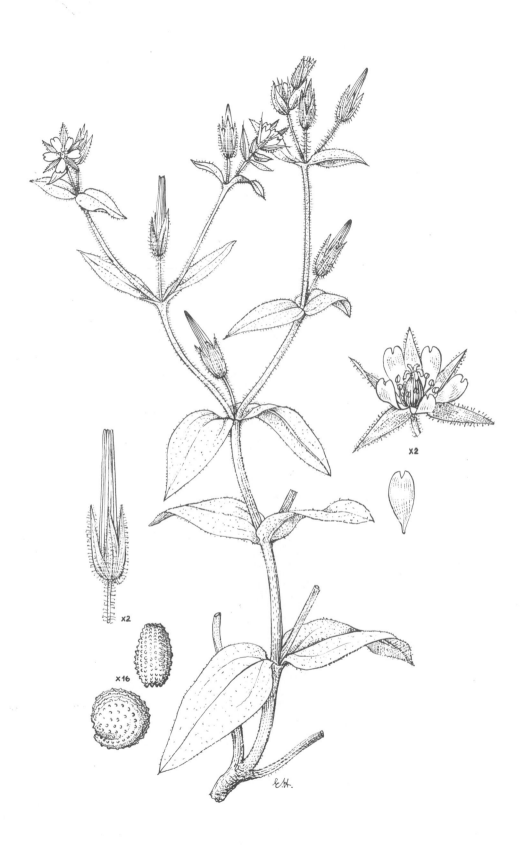

166. *Cerastium dichotomum* L. קַרְנוּנִית מְדֻקְרֶנֶת

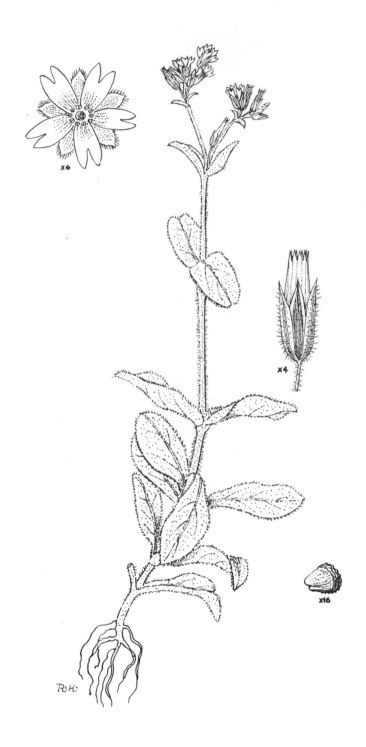

167. Cerastium glomeratum Thuill. קַרְנוּנִית דְּבִיקָה

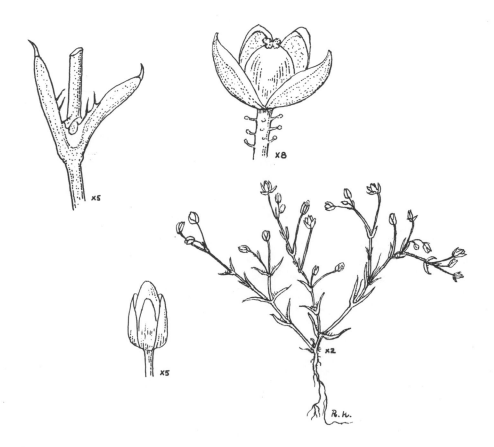

168. Sagina apetala Ard. סָגִינָה זְעִירָה

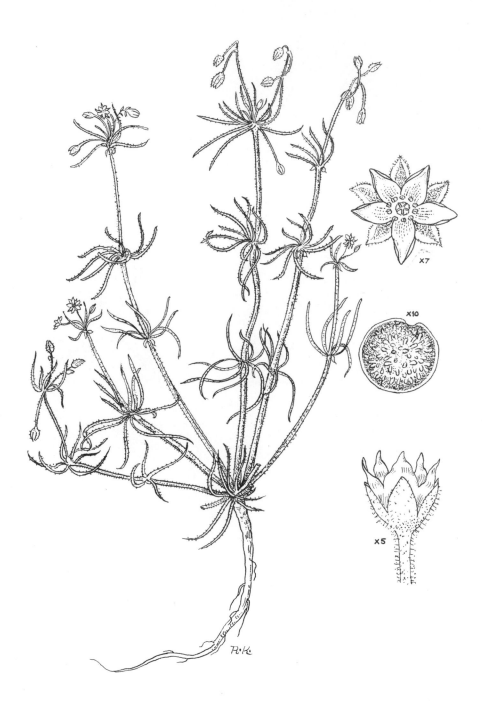

X7
X10
X5

169. **Spergula arvensis L.** אַסְפֶּרְגוּלַת הַשָּׂדֶה

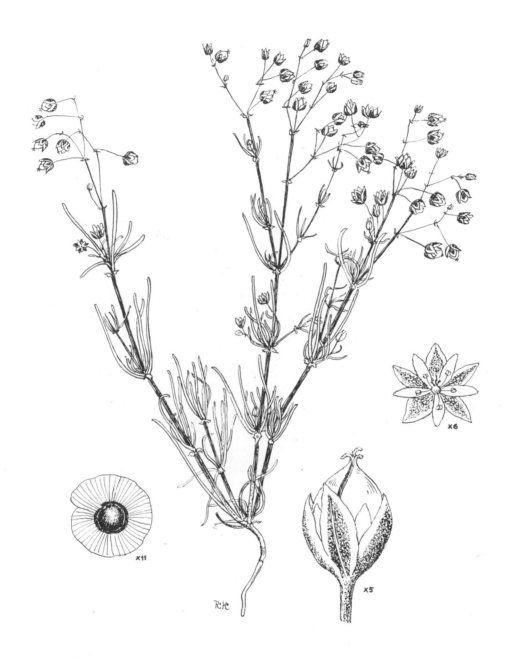

170. Spergula fallax (Lowe) Krause   אַסְפֶּרְגוּלָה רָפָה

171. **Spergularia** media (L.) C. Presl אַסְפֶּרְגּוּלַרְיָה מְלוּלָה

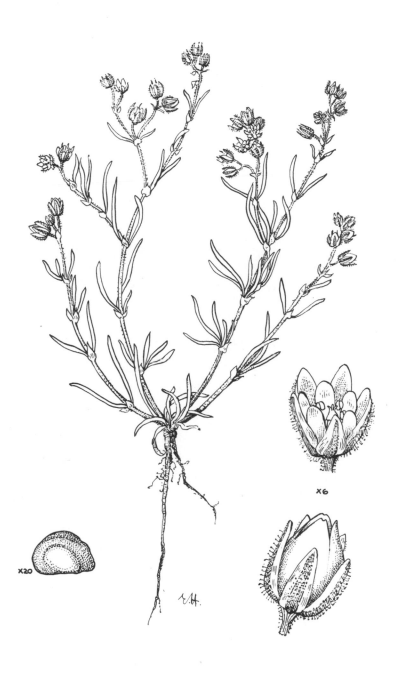

172. **Spergularia salina** J. et C. Presl אַסְפֶּרְגּוּלַרְיָה מְלוּחָה

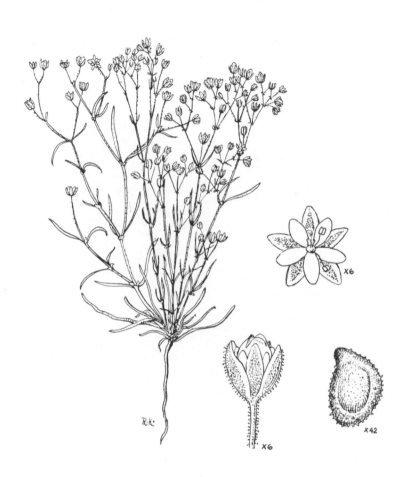

173. Spergularia diandra (Guss.) Heldr. et Sart. אַסְפֶּרְגוּלַרְיָה דוּ־אַבְקָנִית

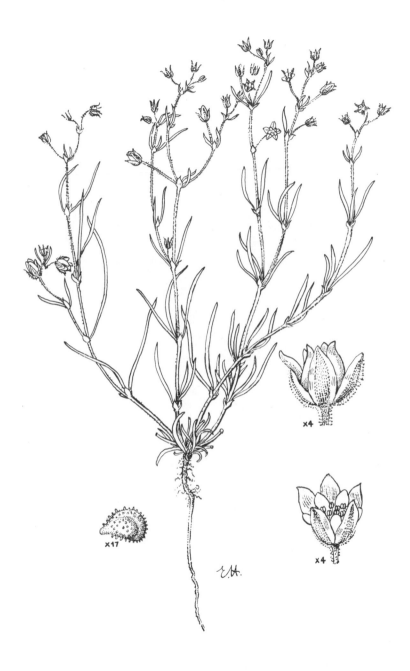

174. Spergularia rubra (L.) J. et C. Presl אַסְפֶּרְגוּלַרְיָה אֲדֻמָּה

175. Spergularia bocconii (Sol. ex Scheele) Aschers. et Graebn. אַסְפֶּרְגּוּלַרְיַת בּוֹקוֹן

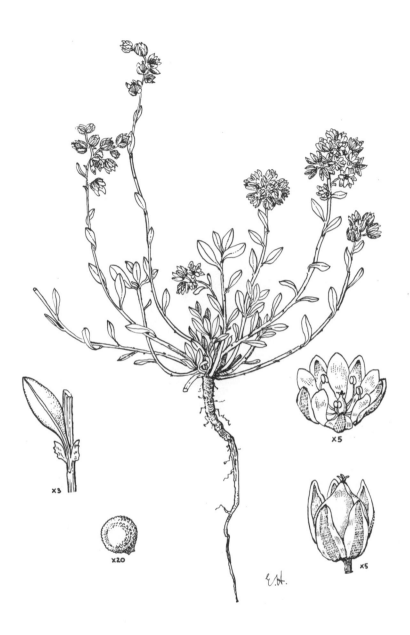

176. Telephium sphaerospermum Boiss. טֶלֶפְיוֹן כַּדּוּרִי

x12

177. Polycarpon tetraphyllum (L.) L.   רַב־פְּרִי מָצוּי

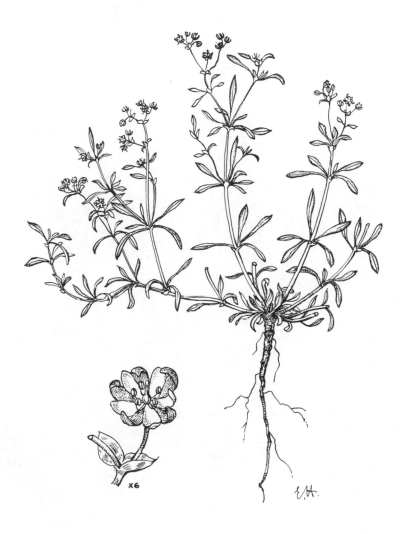

178. **Polycarpon succulentum** (Del.) J. Gay רב־פְּרִי בַּשְׂרָנִי

179. **Polycarpaea repens** (Forssk.) **Aschers.** et Schweinf. **פְּרְיָנִית** שְׂרוּעָה

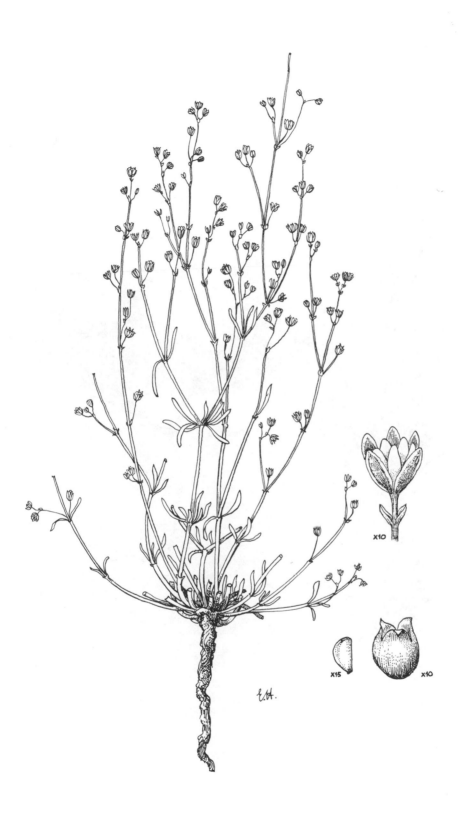

180. Robbairea delileana **Milne-Redhead** רוֹבַּירֶיאָה שְׂרוּעָה

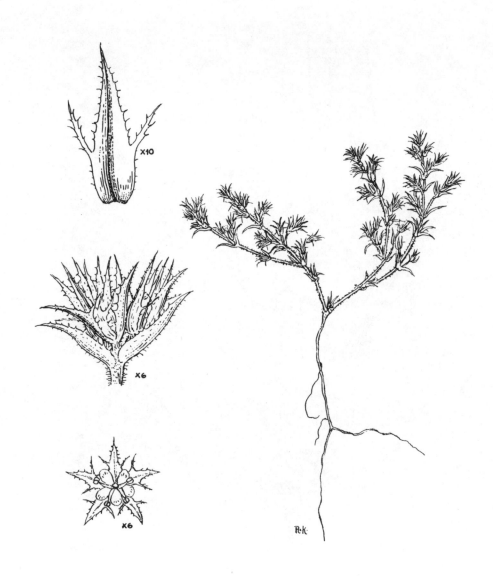

181. Loeflingia hispanica L.   לֶפְלִינְגְיָה סְפָרַדִּית

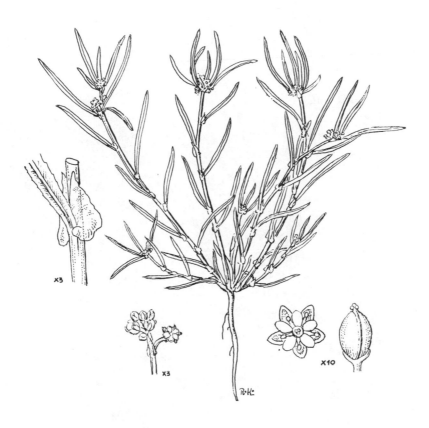

182. *Corrigiola litoralis* L. שְׂרוֹכָנִית הַחוֹף

183. Gymnocarpos decandrum Forssk. עַרְטָל מִדְבָּרִי

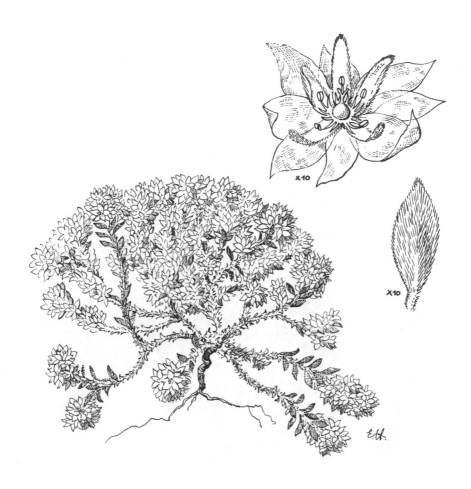

184. Paronychia palaestina Eig אַלְמָוֶת אֶרֶצְיִשְׂרְאֵלִי

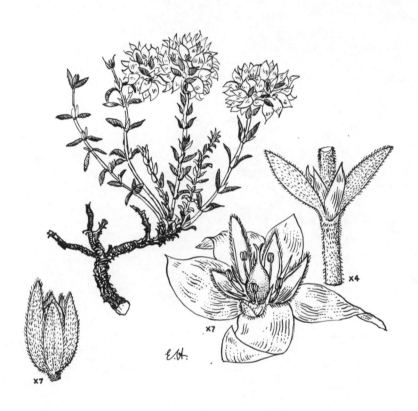

185. Paronychia sinaica Fresen. אַלְמוּת סִינַי

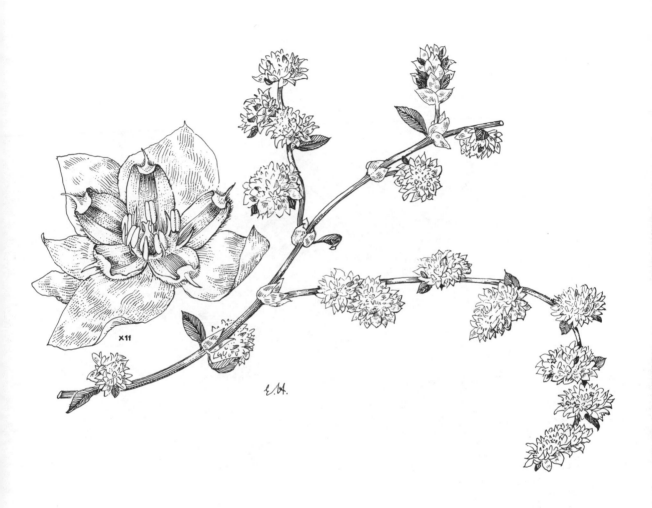

186. Paronychia argentea Lam. אַלְמוּת הַכֶּסֶף

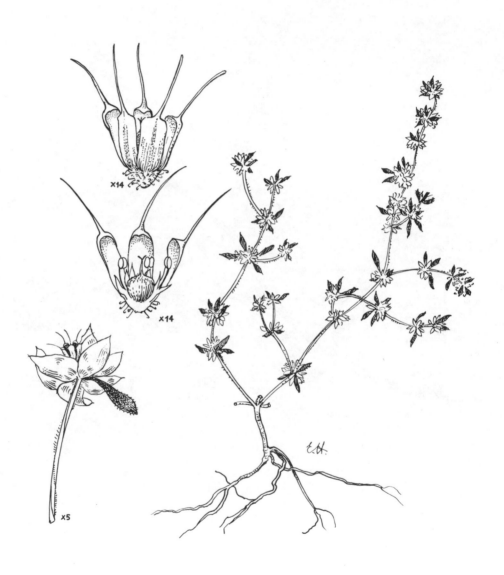

187. Paronychia arabica (L.) DC. אַלְמוּת עֲרָבִי

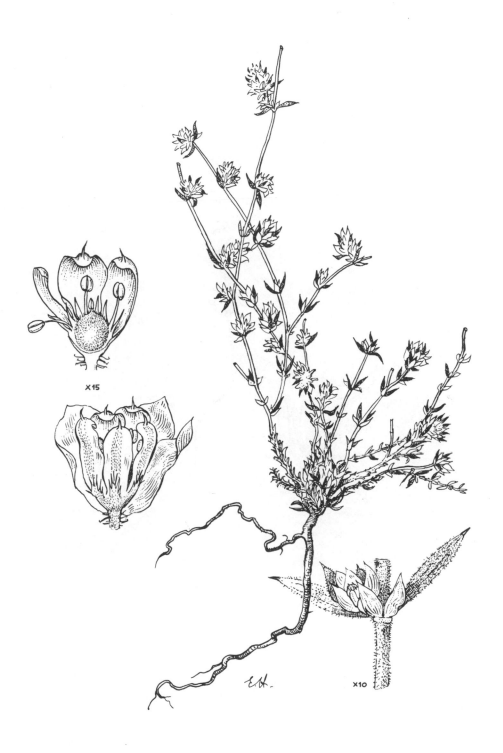

188. Paronychia desertorum Boiss. אַלְמֻוֹת עֲדַשְׁתִּי

189. **Paronychia** echinulata Chater   אַלְמָוֶת שִׂפְנִי

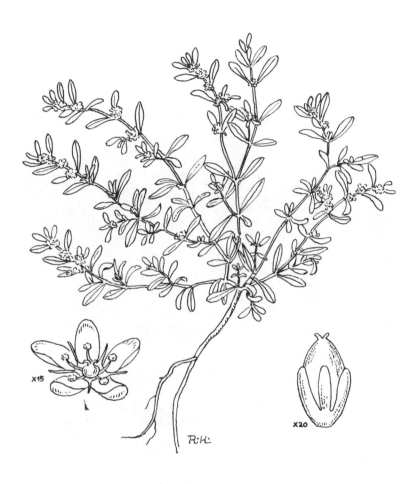

190. Herniaria glabra L.   דַּרְכָּנִית קֵרַחַת

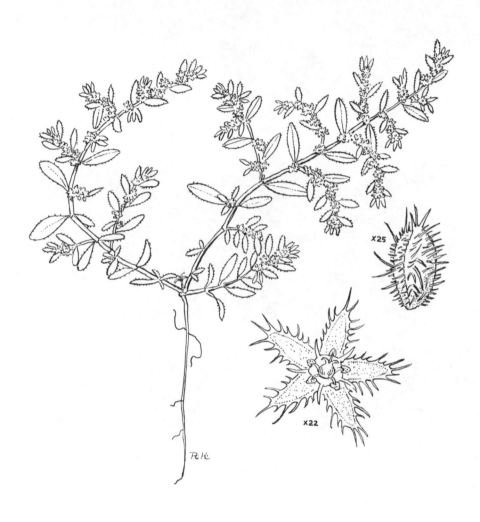

191. Herniaria hirsuta L. דַּרְכָּנִית שְׂעִירָה

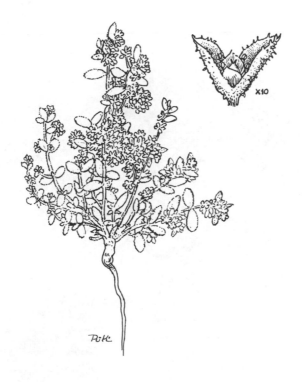

192. Herniaria hemistemon J. Gay דַּרְכָּנִית מְקֻפַּחַת

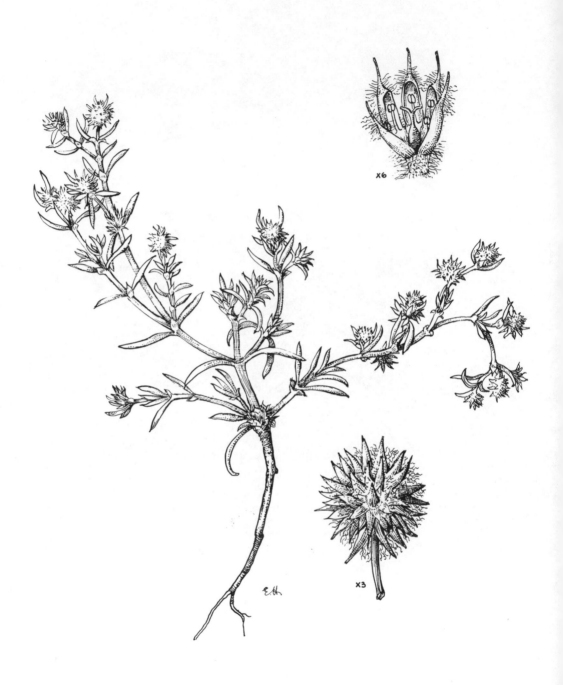

193. Sclerocephalus arabicus Boiss. רַב־גֻּלָּה עֲרָבִית

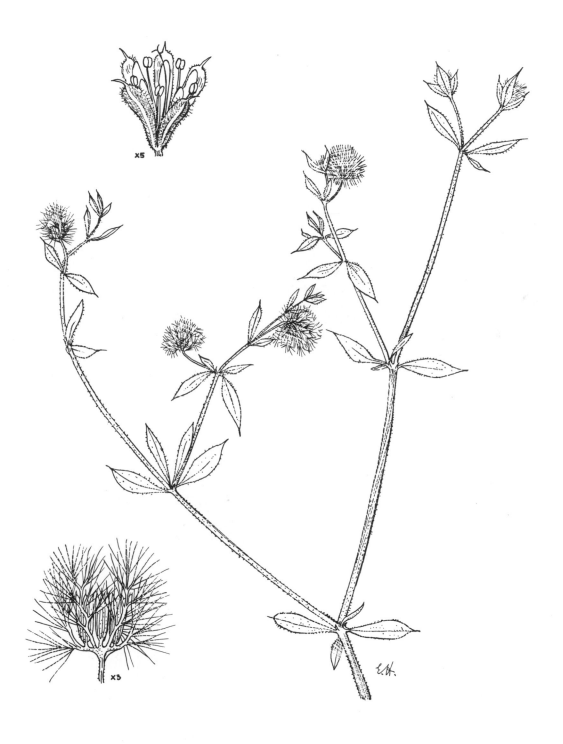

194. Cometes abyssinica **R**. Br. שָׁבִיט חֲבַשִׁי

195. Pteranthus dichotomus Forssk.   כַּנְפָן קוֹצָנִי

196. Beta vulgaris L.   סֶלֶק מָצוּי

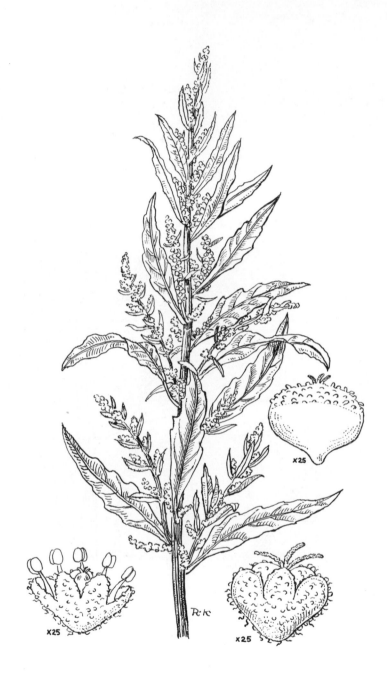

197. Chenopodium ambrosioides L. כַּף־אַוָּז רֵיחָנִית

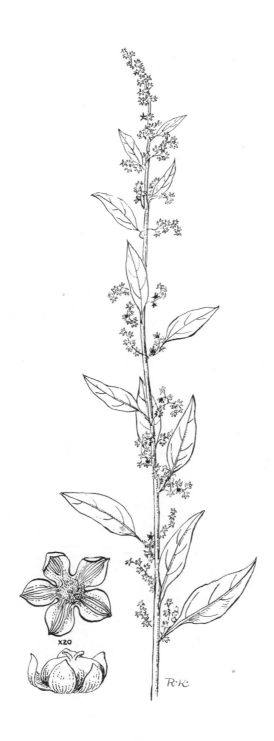

198. Chenopodium polyspermum L. כַּף־אֲוָז גְדוּשָׁה

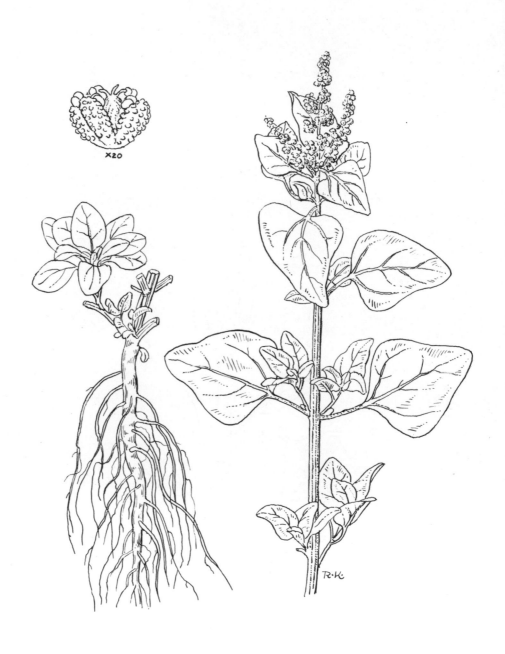

199. Chenopodium **vulvaria** L. כַּף־אַוָּז מַבְאִישָׁה

200. Chenopodium album L.   כַּף־אַוָּז לְבָנָה

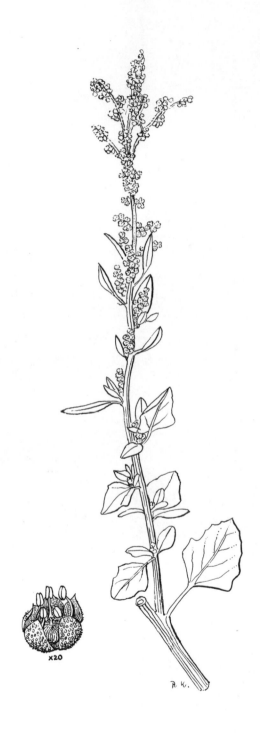

x20

201. Chenopodium opulifolium Schrad. כף-אוז הגנות

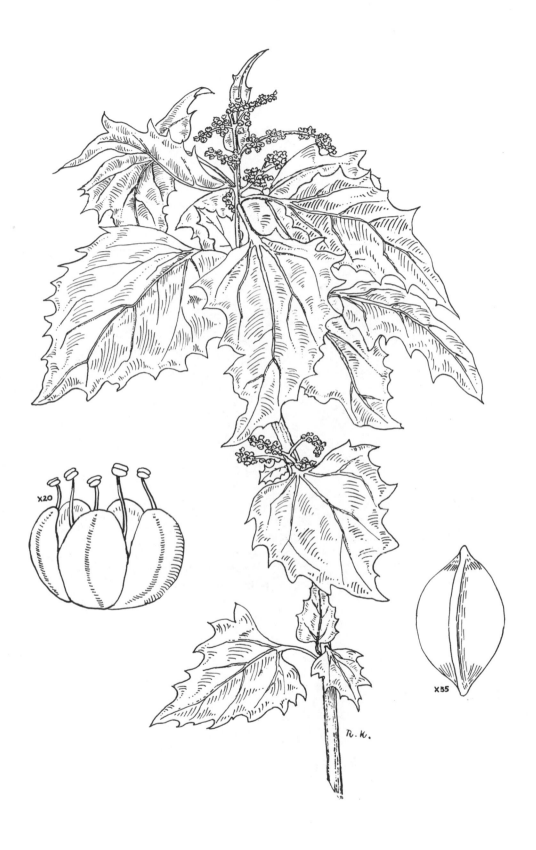

202. Chenopodium murale L. כַּף־אֲוָז הָאַשְׁפּוֹת

203. Chenopodium rubrum L.   כַּף־אַוָּז אֲדֻמָּה

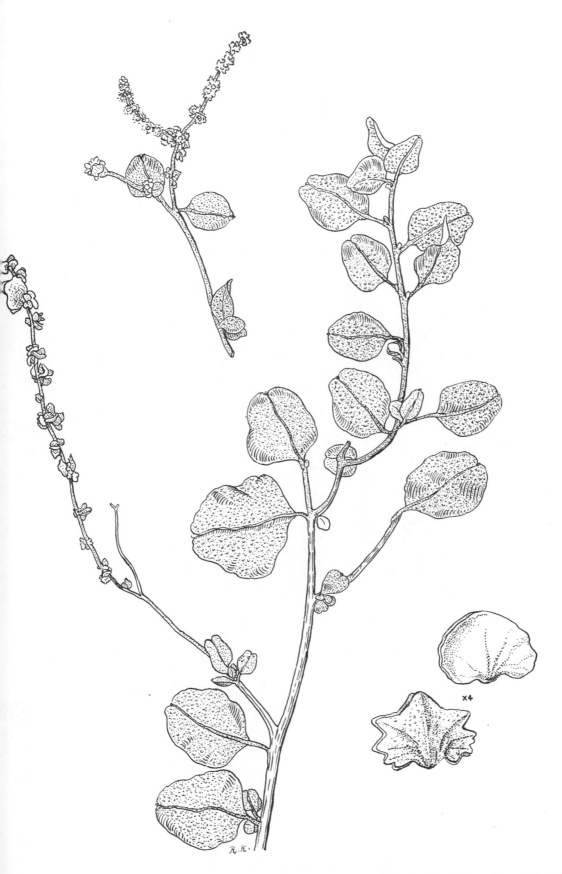

204. Atriplex halimus L. מַלּוּחַ קִפֵּחַ

205. Atriplex stylosa Viv.   מַלּוּחַ קְטַן־עָלִים

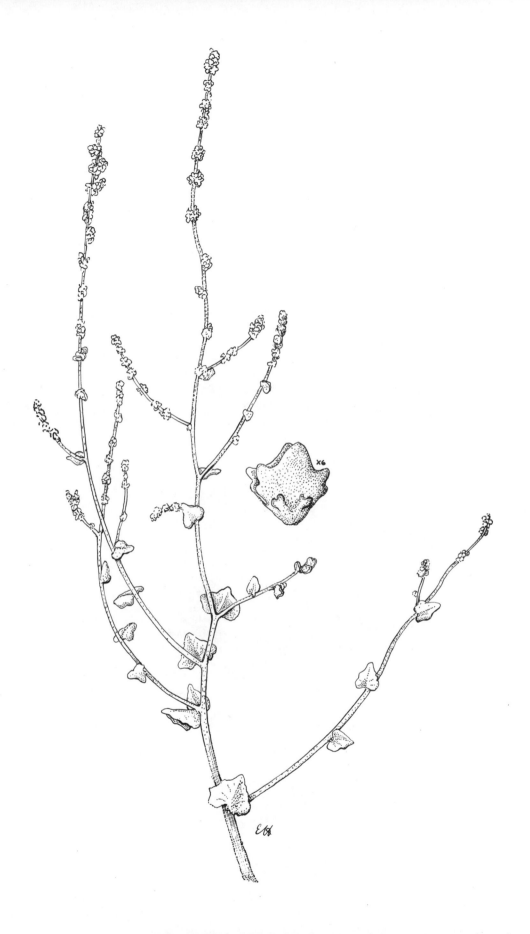

206. **Artiplex leucoclada Boiss.** var. leucoclada. מַלּוּחַ מַלְבִּין זַן טִיפּוּסִי

207. **Artiplex leucoclada Boiss. var. turcomanica (Moq.) Zoh.** מַלוּחַ מַלְבִּין זַן טוּרְקְמָנִי

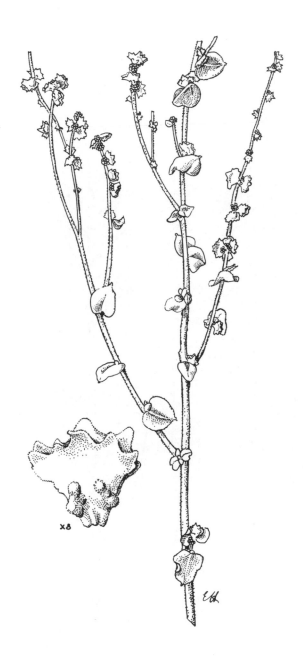

x8

208. Artiplex leucoclada Boiss. var. inamoena (Aellen) Zoh.   מַלּוּחַ מַלְבִּין זַן אִי־נָעִים

209. Atriplex nitens Schkuhr   מַלּוּחַ מַבְרִיק

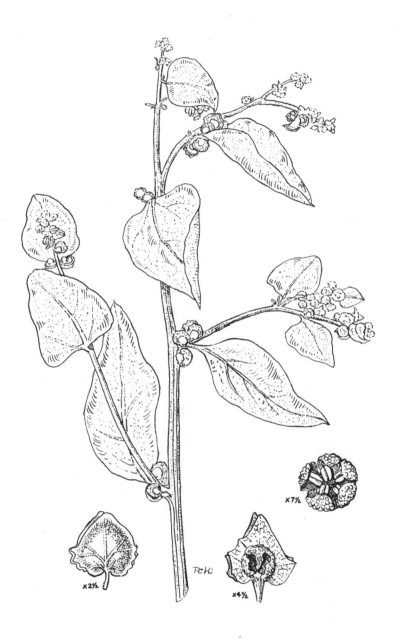

210. Atriplex dimorphostegia Kar. et Kir.　מַלּוּחַ דּוּ־פְּרִי

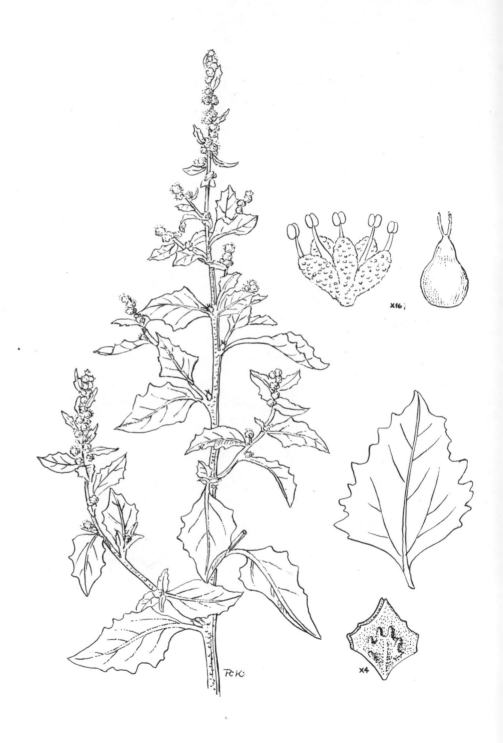

211. Atriplex rosea L.　מַלּוּחַ הֶהָרִים

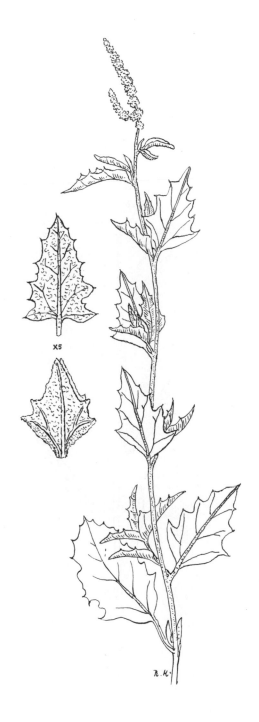

212. Atriplex tatarica L.   מַלּוּחַ טָטָרִי

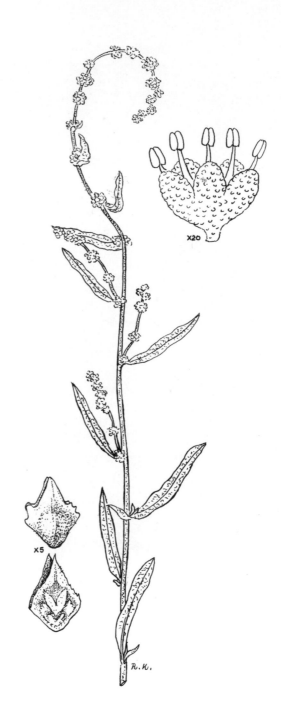

213. Atriplex lasiantha Boiss. מַלּוּחַ שְׂעִיר־פֶּרַח

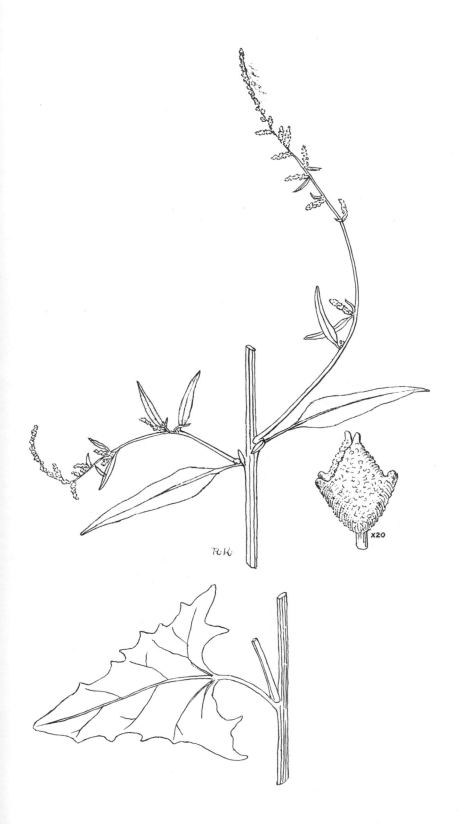

214. Atriplex hastata L.   מַלּוּחַ מְפֻשָּׂק

215. Atriplex semibaccata R. Br.   מַלּוּחַ הָעֲנָבוֹת

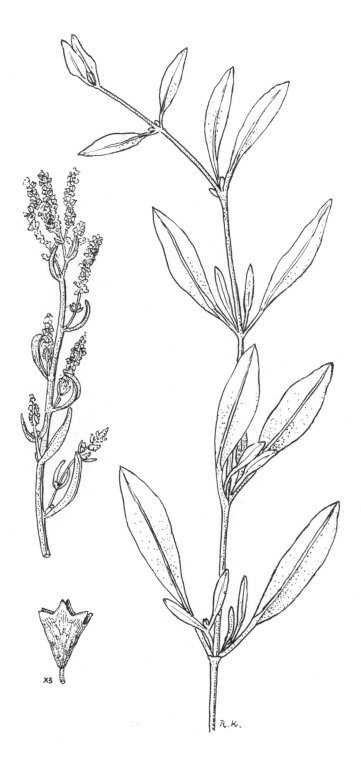

216. Halimione portulacoides (L.) Aellen מַלּוּחִית הָרְגֵלָה

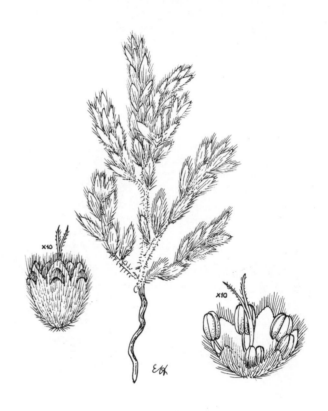

217. Panderia pilosa Fisch. et Mey.   קְרוּמִית שְׂעִירָה

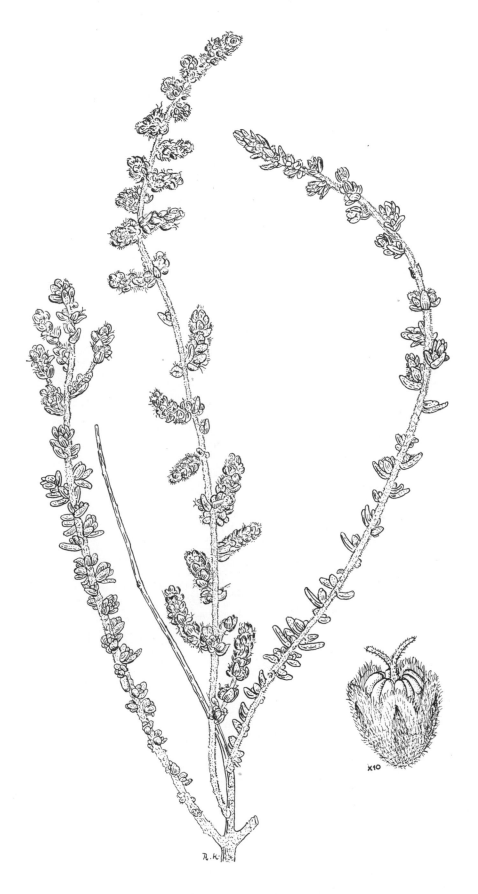

218. Chenolea arabica Boiss. כְּנוֹלֵיאָה עֲרָבִית

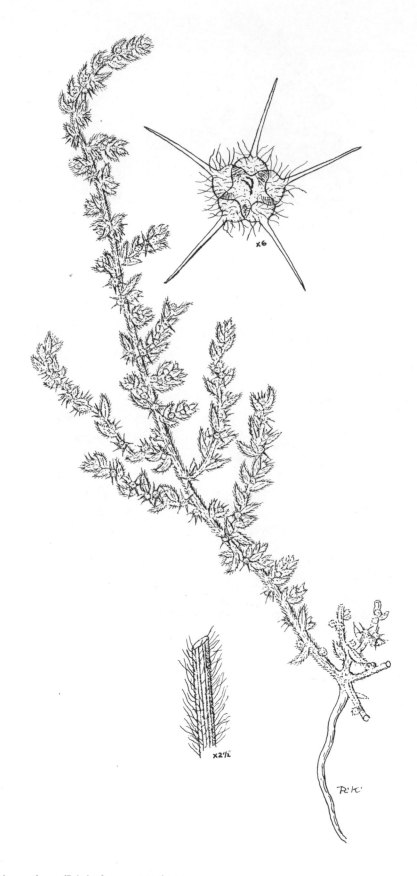

219. Bassia muricata (L.) Aschers. בַּסְיָה שְׂכָנִית

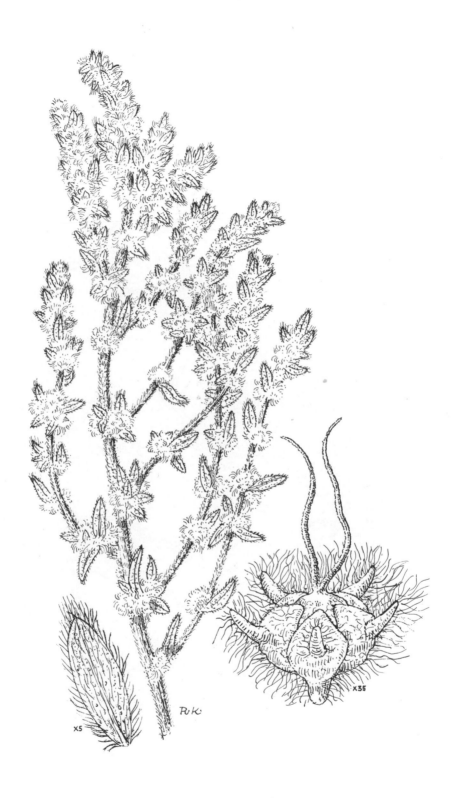

220. Bassia eriophora (Schrad.) Aschers. בַּסְיָה צְמִירָה

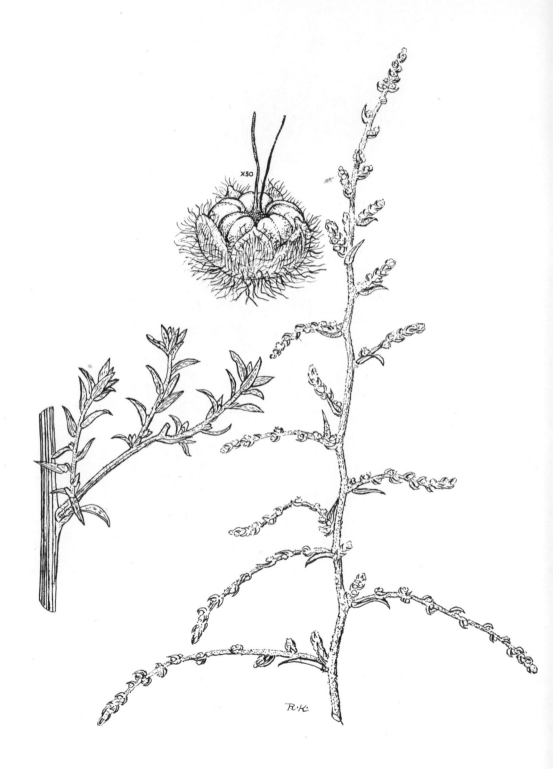

221. Kochia indica Wight קוֹכִיָּה הֹדִית

222. Halopeplis amplexicaulis (Vahl) Ung.-Sternb. הָלוֹפֶּפְּלִיס חוֹבֵק

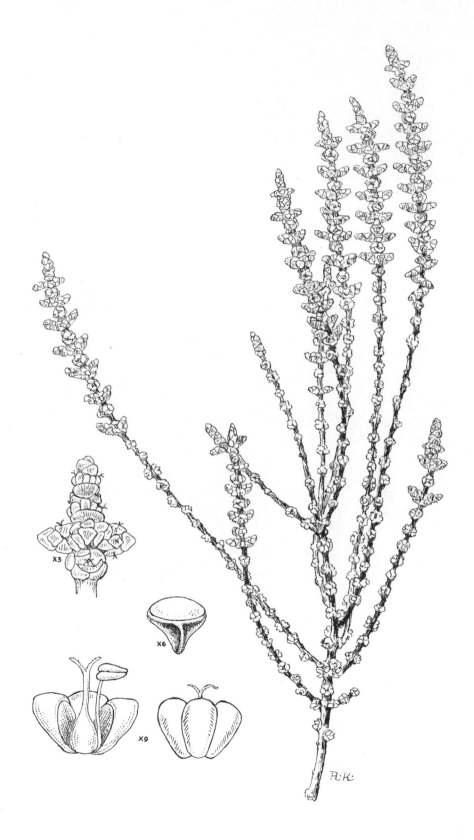

223. Halocnemum strobilaceum (Pall.) M.B. סַוָּד אִצְטְרֻבָּלִי

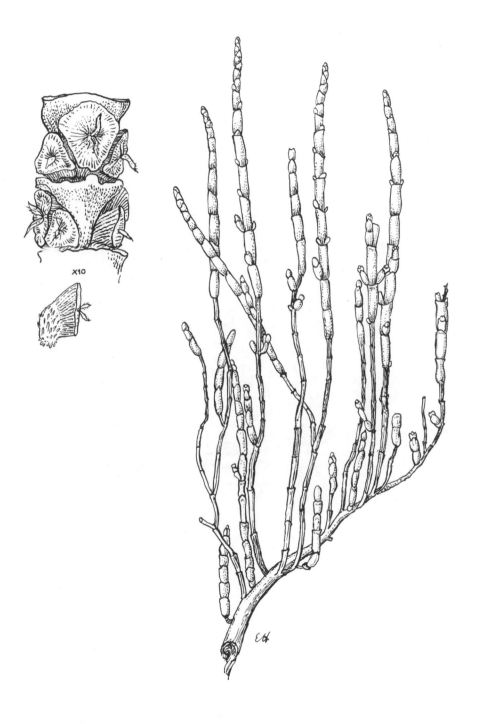

X10

224. Arthrocnemum fruticosum (L.) Moq. בֶּן־מֶלַח שִׂיחָנִי

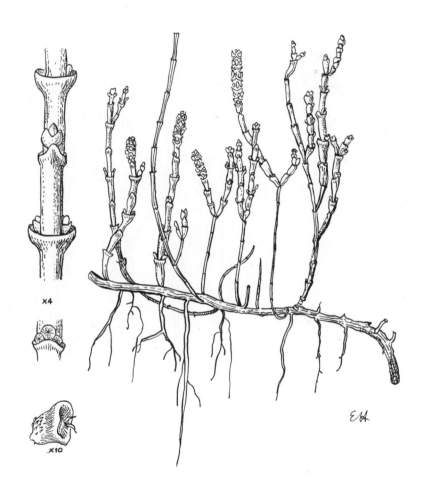

225. Arthrocnemum perenne (Mill.) Moss   בֶּן־מֶלַח רַב־שְׁנָתִי

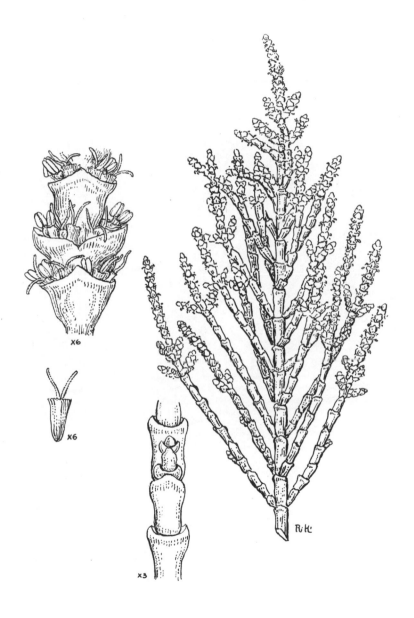

226. Arthrocnemum macrostachyum (Moric.) Moris et Delponte　בֶּן־מֶלַח מַכְחִיל

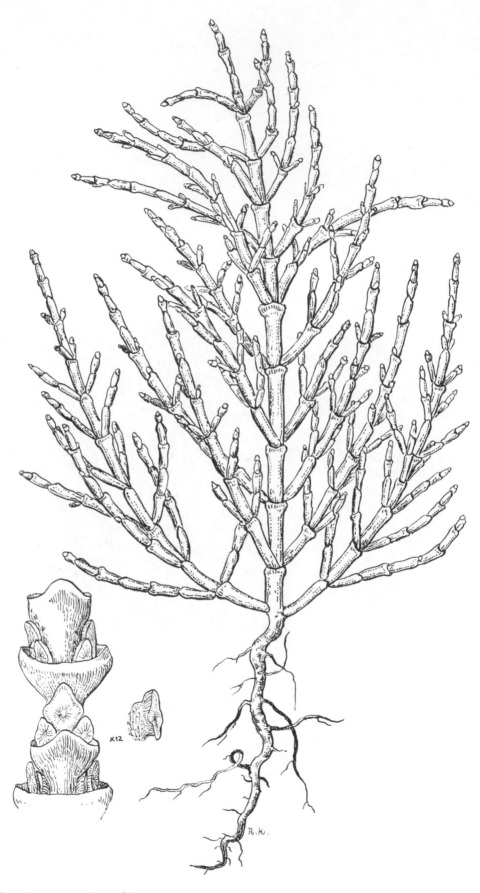

227. Salicornia europaea L. פִּרְקָן עֶשְׂבּוֹנִי

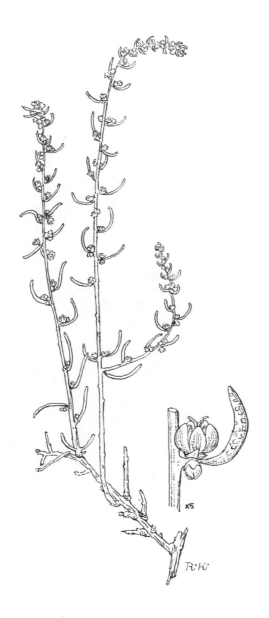

228. Suaeda asphaltica (Boiss.) Boiss.   אֲכָם מִדְבָּרִי

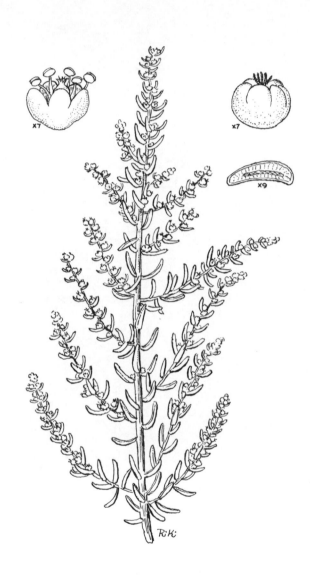

229. Suaeda vera Forssk. אֲכָם אֲמִתִּי

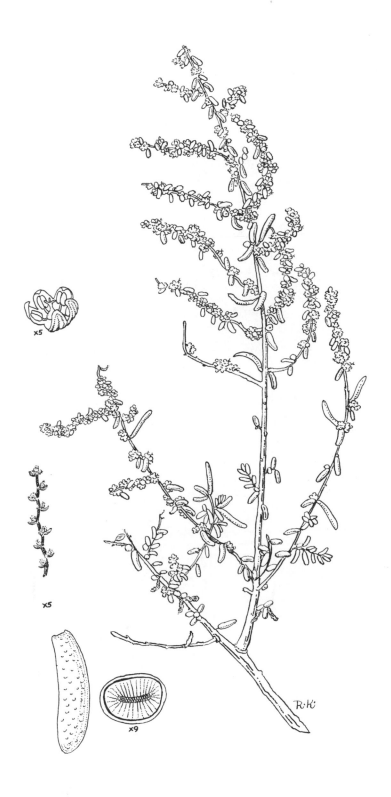

230. *Suaeda fruticosa* Forssk. אֶכָּם שִׂיחָנִי

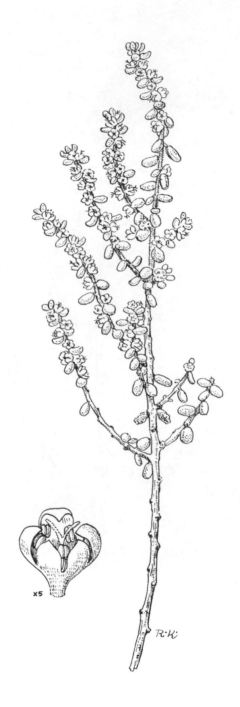

x5

231. Suaeda vermiculata Forssk. אֱכָּם תּוֹלַעְנִי

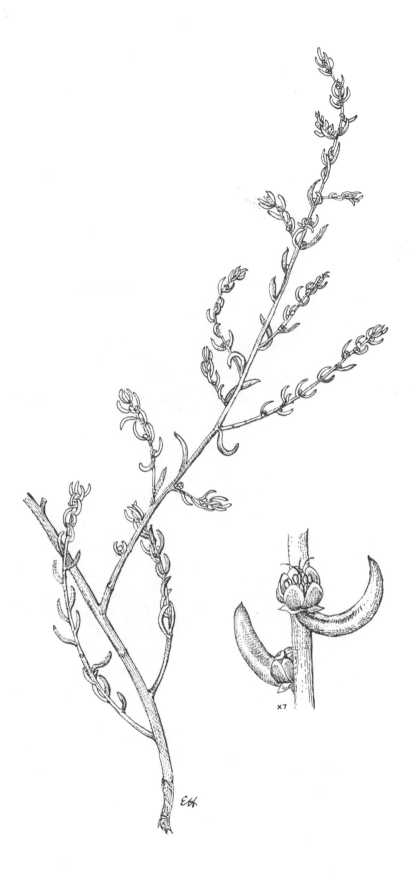

232. Suaeda palaestina Eig et Zoh. אֲכָם אֶרֶצְיִשְׂרְאֵלִי

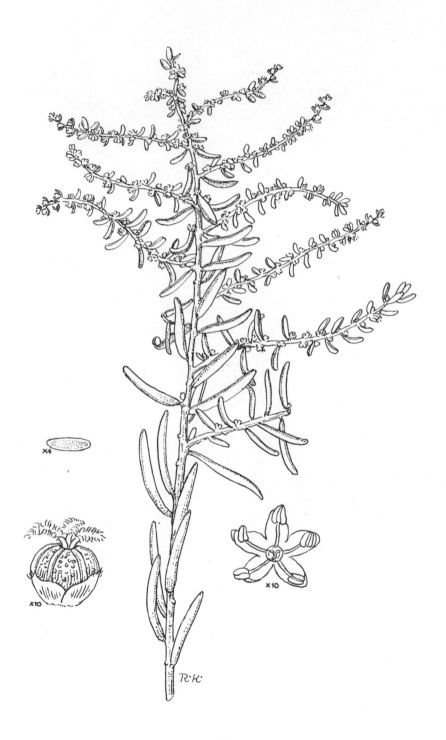

233. Suaeda monoica Forssk. אָכָם חַד־בֵּיתִי

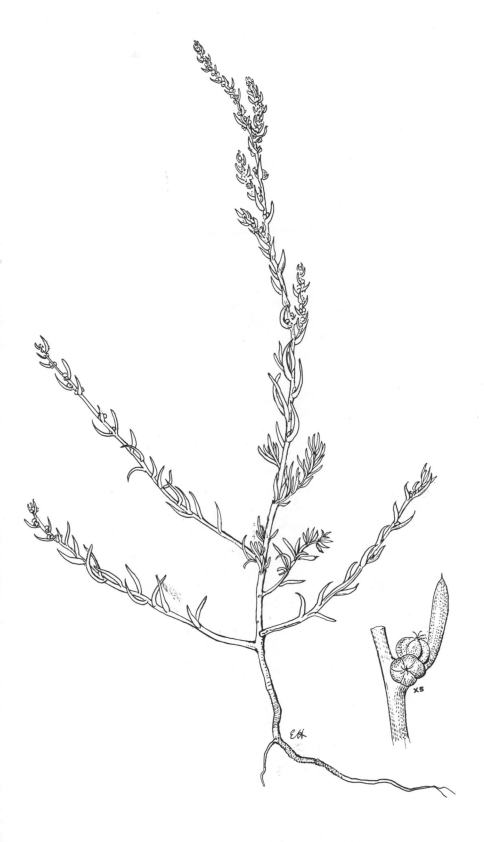

234. Suaeda splendens (Pourr.) Gren. et Godr. אֵכָּם חוֹפִי

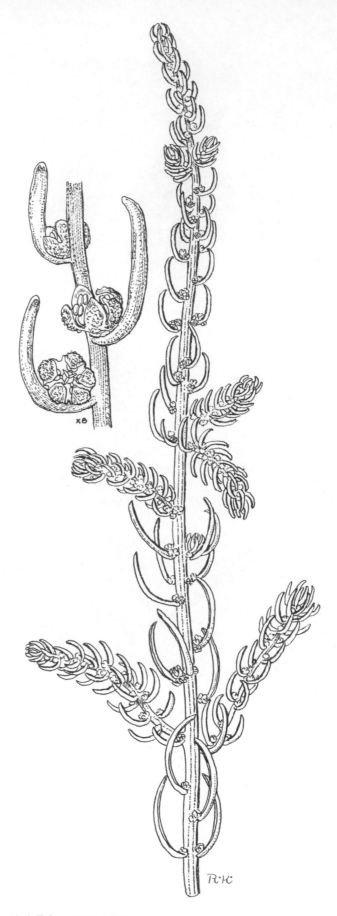

235. Suaeda aegyptiaca (Hasselq.) Zoh. אֱכָּם מִצְרִי

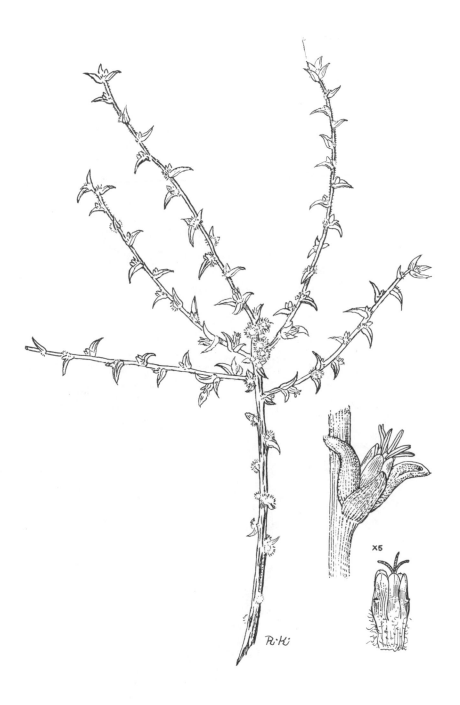

236. Traganum nudatum Del. זְיַזַּיִם חֲשׂוּפִים

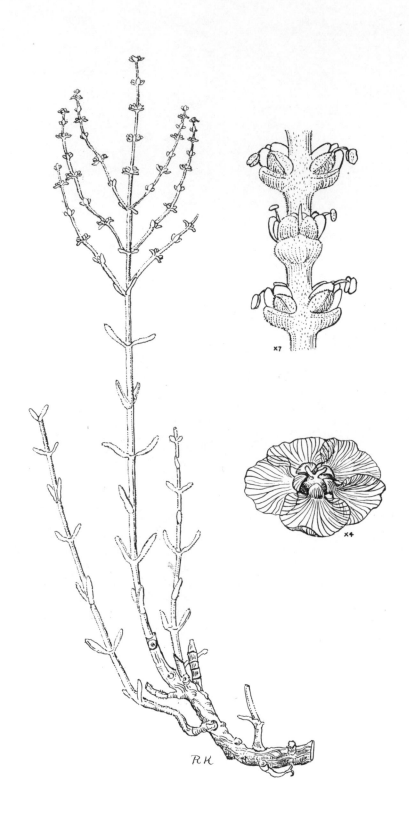

237. Hammada negevensis Iljin et Zoh.   חַמָּדַת הַנֶּגֶב

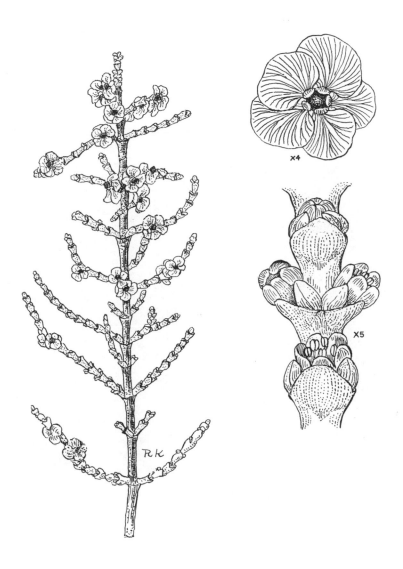

238. Hammada scoparia (Pomel) Iljin חַמָּדַת הַמִּדְבָּר

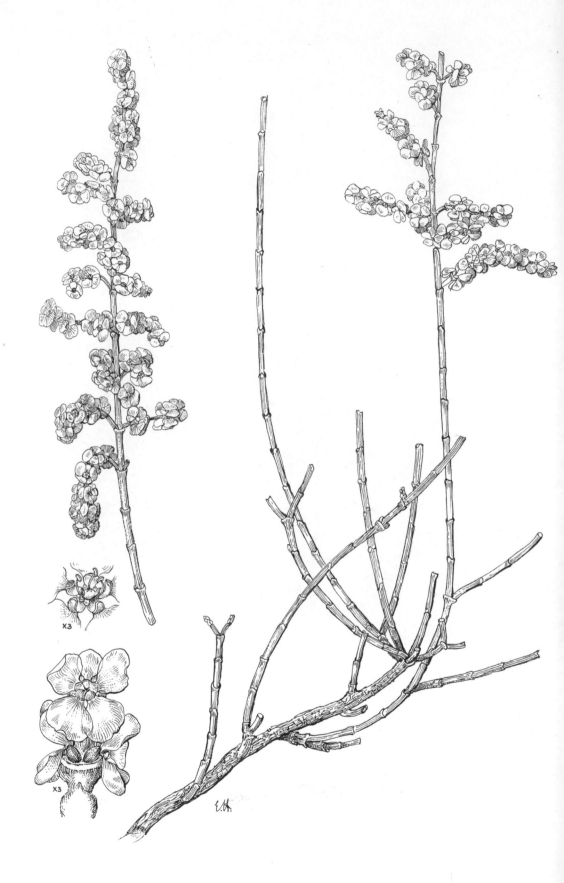

239. Hammada salicornica (Moq.) Iljin   חֲמָדַת הַשִּׂיחַ

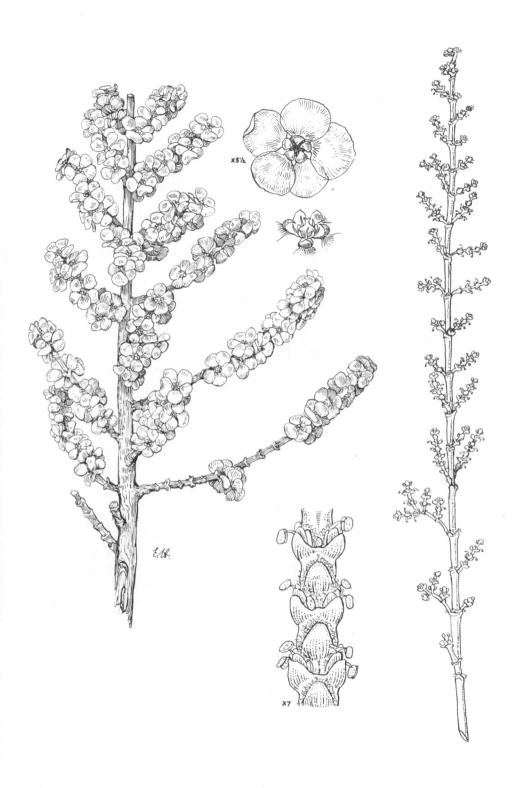

240. Hammada schmittiana (Pomel) Botsch. חַמָּדָה נָאָה

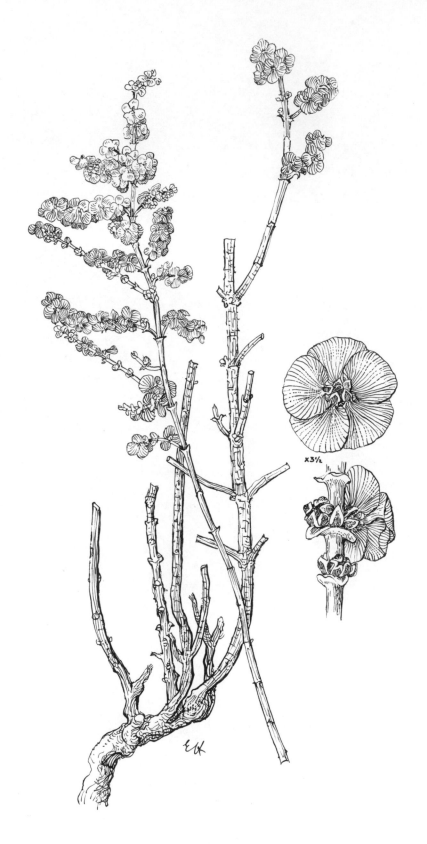

x3½

241. Hammada eigii Iljin חַמָּדַת אִיג

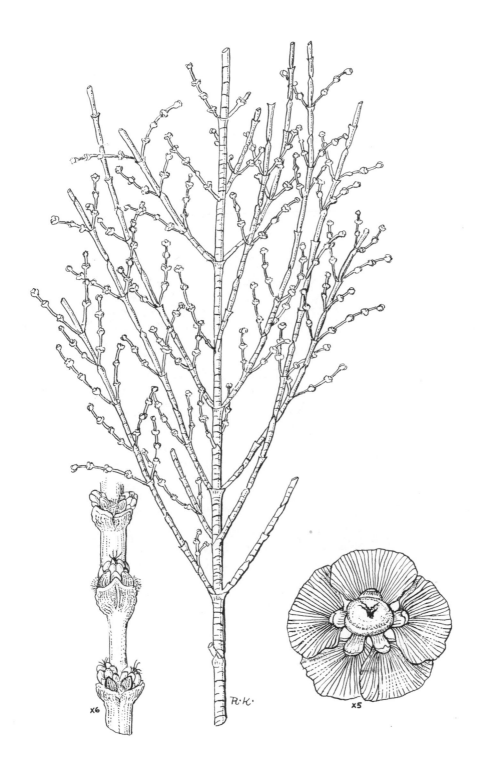

242. Haloxylon persicum Bge. פְּרַקְרָק פַּרְסִי

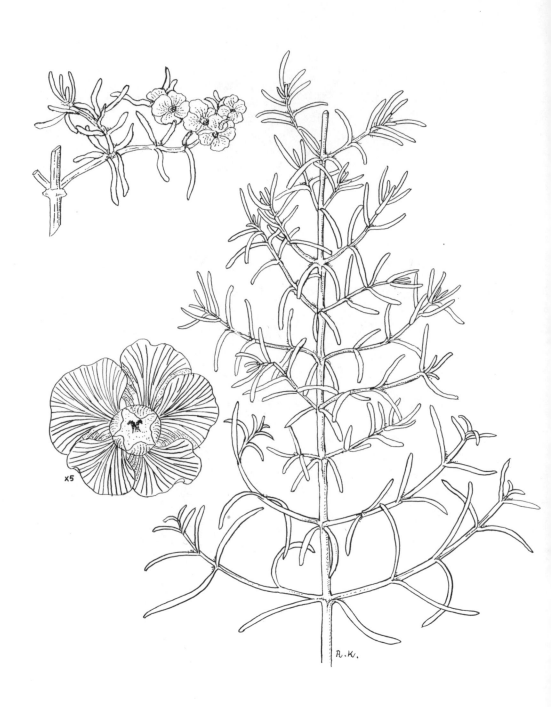

243. Seidlitzia rosmarinus Bge.   סֵידְלִיצְיָה רוֹזְמָרִין

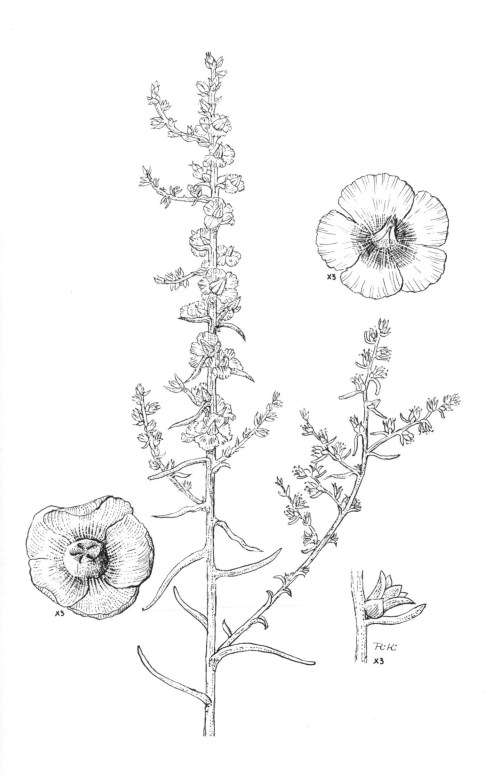

244. Aellenia lancifolia (Boiss.) Ulbrich אֶלֶנְיָה אִזְמֵלָנִית

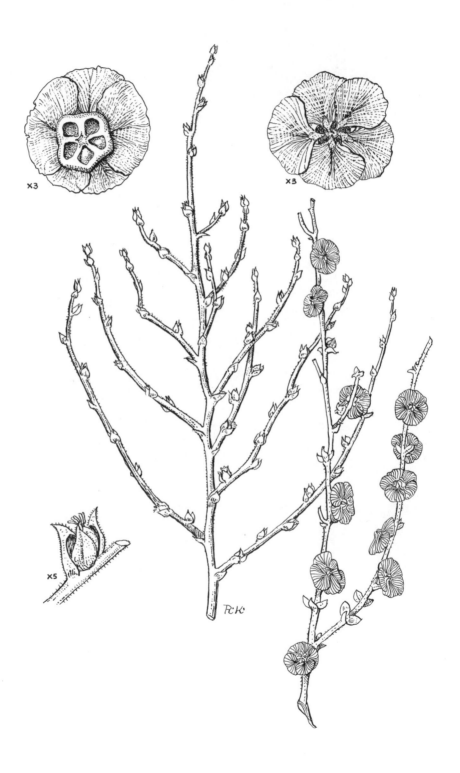

245. Aellenia autrani (Post) Zoh. אֶלֶנְיָה נָאָה

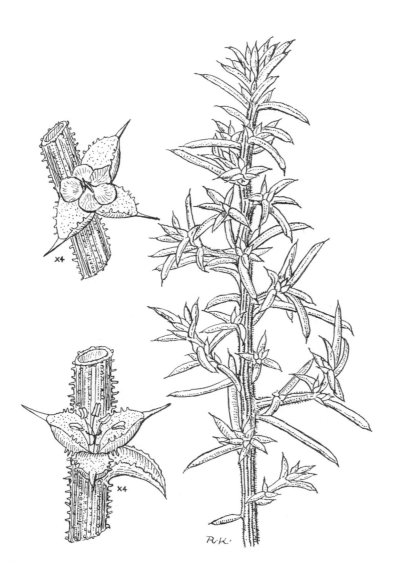

246. Salsola kali L. מִלְחִית אֲשְׁלָגָנִית

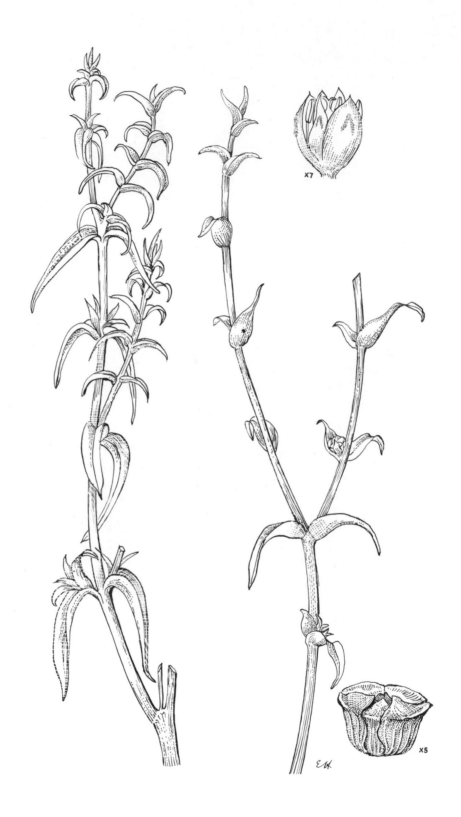

247. Salsola soda L. מְלֻחִית הַבֹּרִית

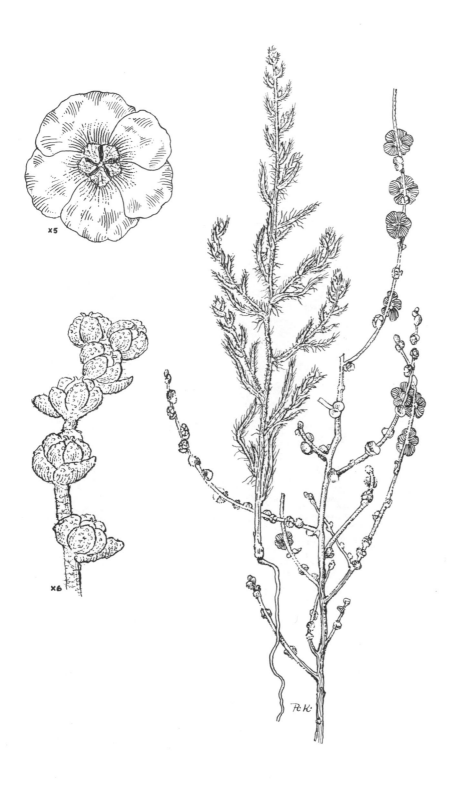

248. Salsola jordanicola Eig מְלְחִית הַיַּרְדֵּן

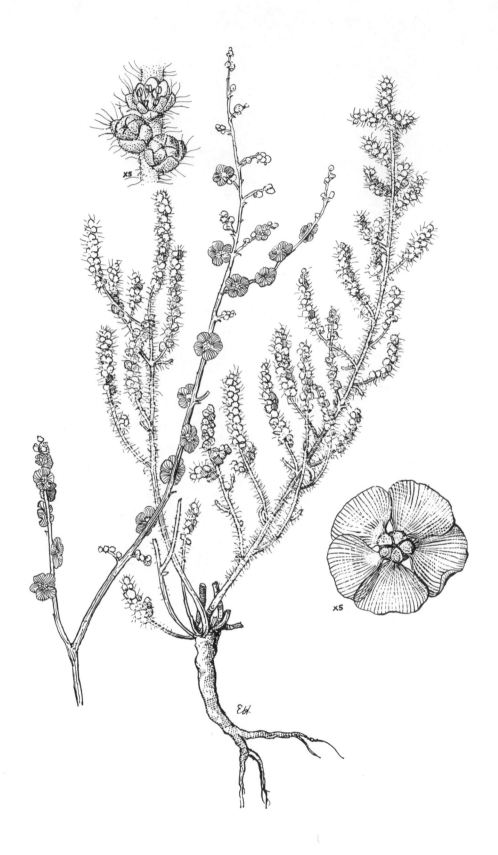

249. Salsola inermis Forssk. מִלְחִית חוּמָה

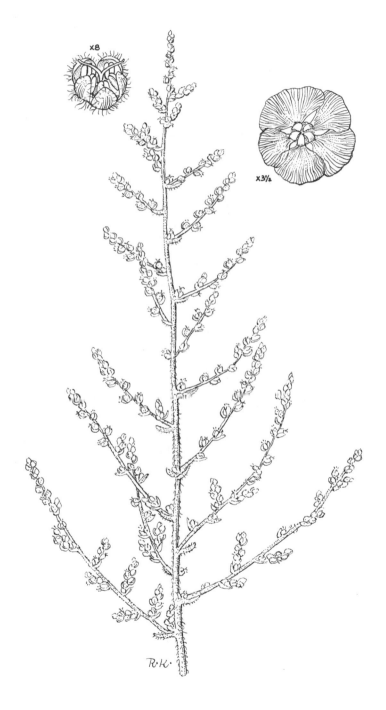

250. Salsola volkensii Schweinf. et Aschers. מְלֻחִית עֲדִינָה

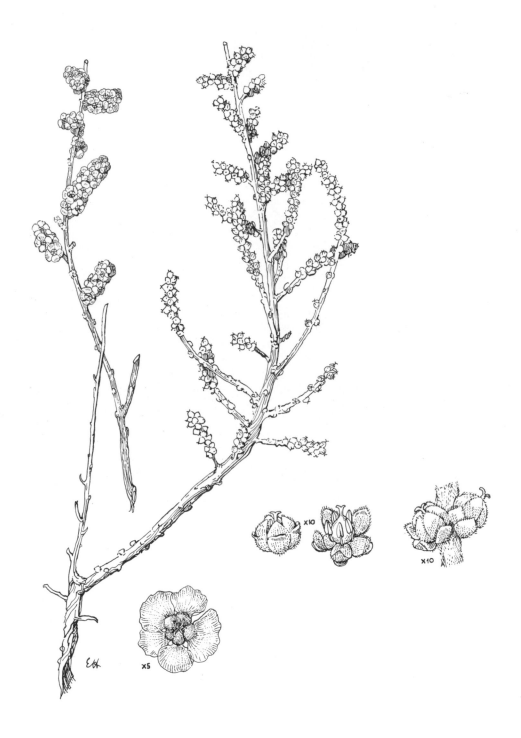

251. Salsola tetragona Del. מִלְחִית מְרֻבַּעַת

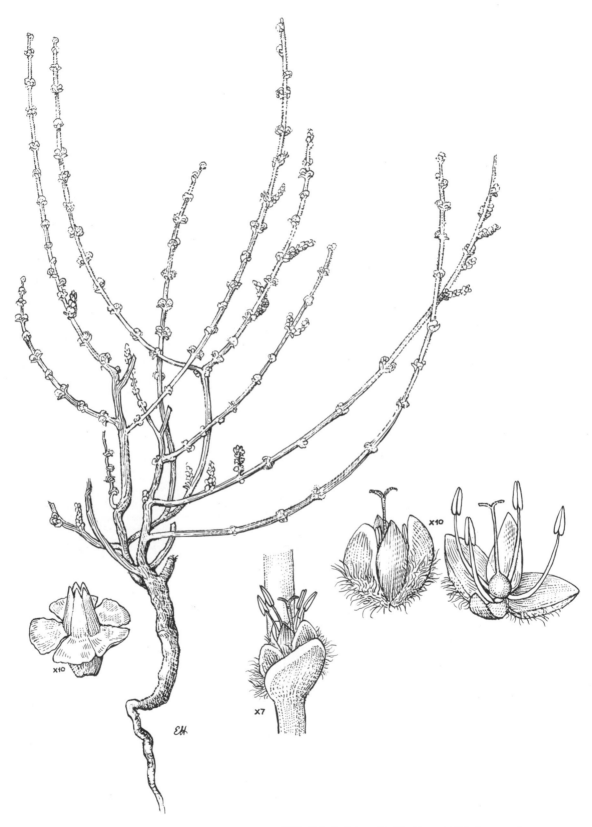

252. Salsola tetrandra Forssk. מִלְחִית קַשְׂקַשָּׂנִית

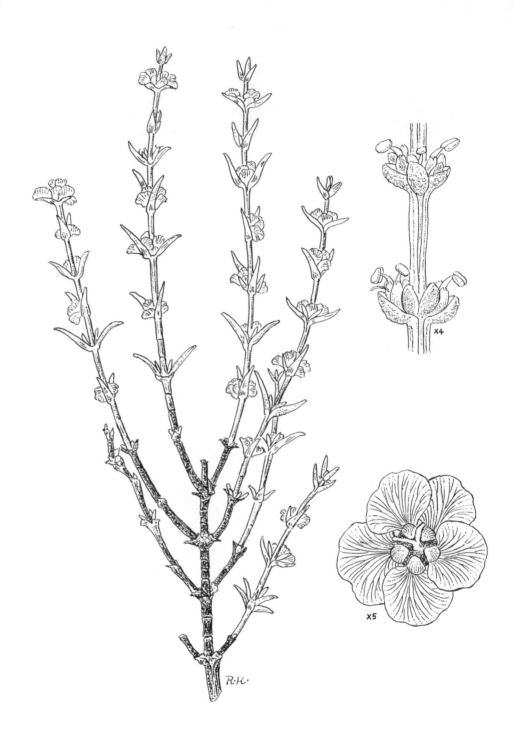

253. Salsola longifolia Forssk. מִלְחִית אֲרֻכַּת־עָלִים

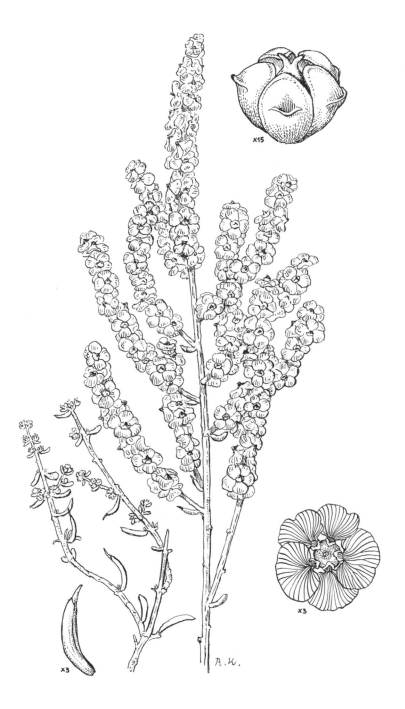

254. Salsola schweinfurthii Solms-Laub. מִלְחִית הַיְשִׁימוֹן

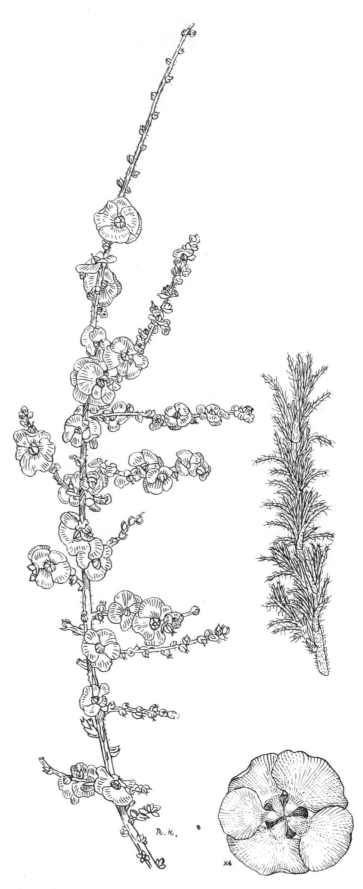

255. Salsola vermiculata L. מִלְחִית אֲשׁוּנָה

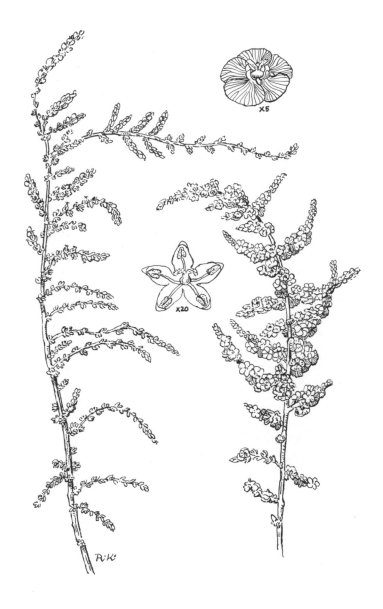

256. Salsola baryosma (Roem. et Schult.) Dandy מְלְחִית מַבְאִישָׁה

257. Noaea mucronata (Forssk.) Aschers. et Schweinf.   נוֹאִית קוֹצָנִית

258. Girgensohnia oppositiflora (Pall.) Fenzl   גִּירְגֶּנְסוֹנְיָה נֶגְדִּית

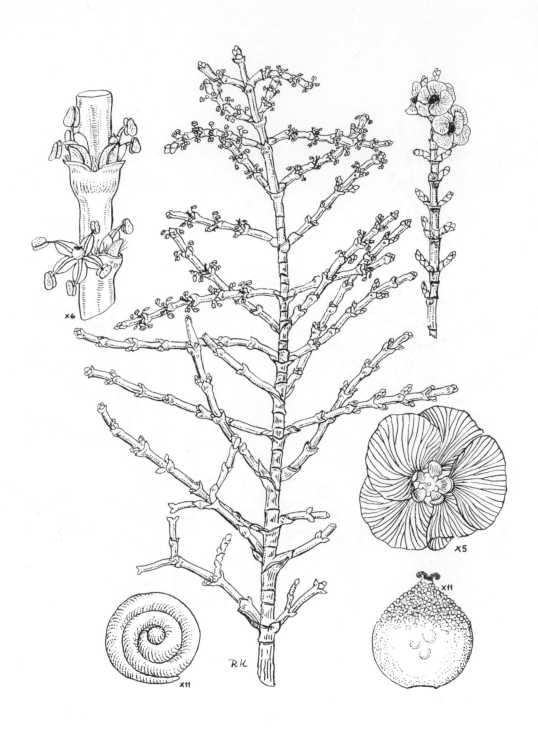

259. Anabasis articulata (Forssk.) Moq.   יַפְרוּק הַמִּדְבָּר

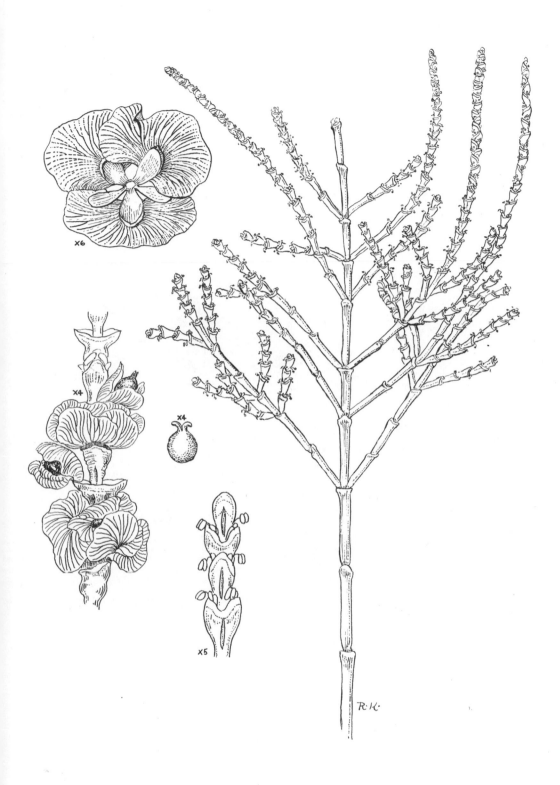

260. Anabasis syriaca Iljin יַפְרוּק תְּלַת־כְּנָפִי

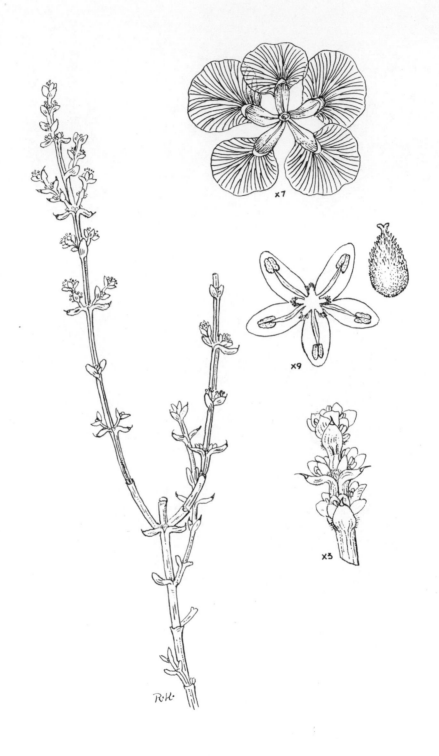

261. Anabasis setifera Moq.   יַפְרוּק זִיפָנִי

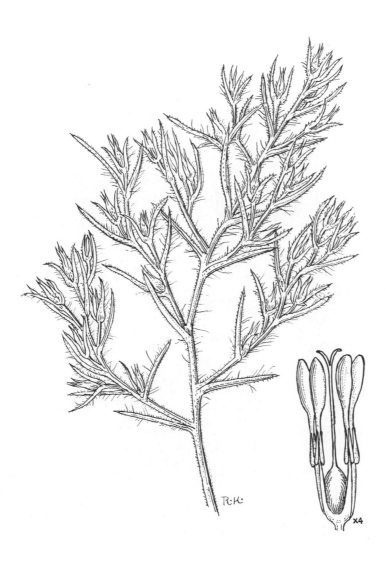

262. Halotis pilosa (Moq.) Iljin הָלוֹטִיס שָׂעִיר

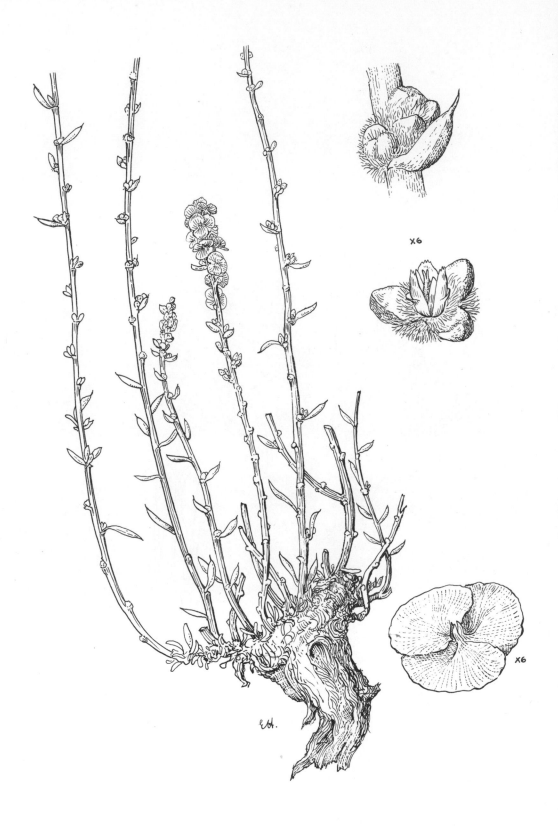

263. Halogeton alopecuroides (Del.) Moq. מְלֵחָנִית הָעֲרָבוֹת

264. Amaranthus hybridus L.   יַרְבּוּז יְרַק־שִׁבֹּלֶת

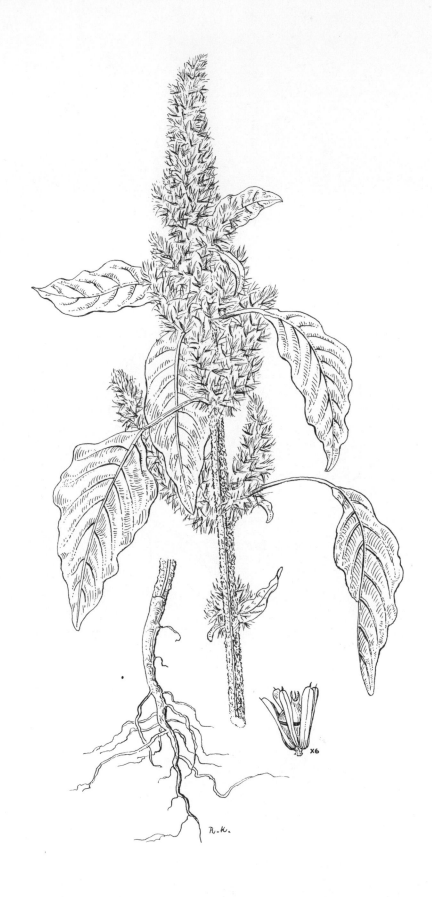

265. Amaranthus retroflexus L. יַרְבּוּז מְפֻשָּׂל

266. *Amaranthus spinosus* L. יַרְבּוּז קוֹצָנִי

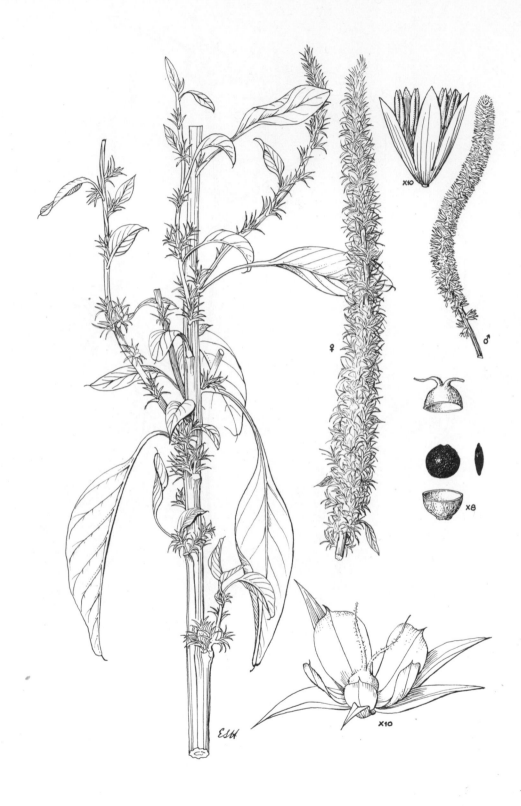

267. Amaranthus palmeri S. Wats.   יַרְבּוּז פַּלְמֶר

268. Amaranthus arenicola J. M. Johnston   יַרְבּוּז חוֹלִי

269. Amaranthus blitoides S. Wats. יַרְבּוּז שָׂרוּעַ

270. *Amaranthus albus* L.   יַרְבּוּז לָבָן

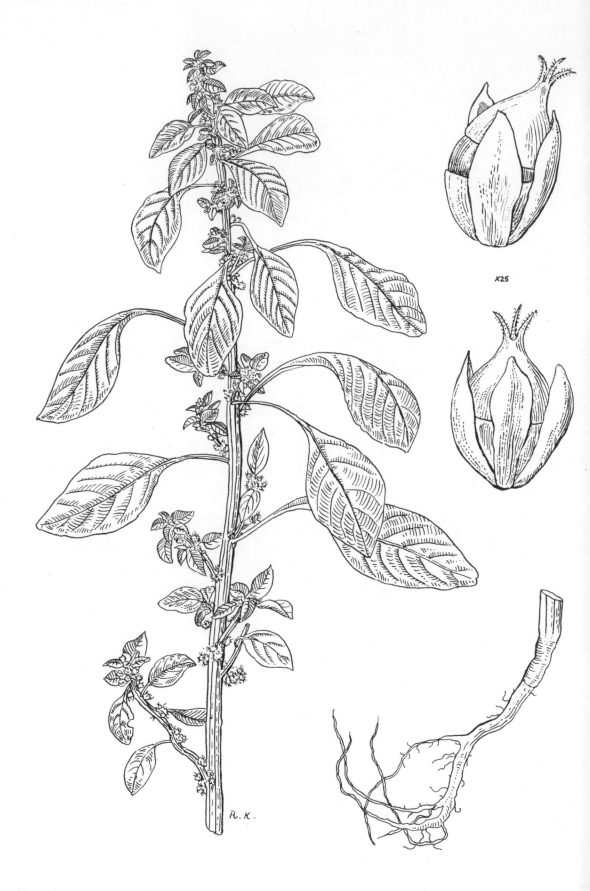

x25

271. Amaranthus graecizans L. יַרְבּוּז יְוָנִי

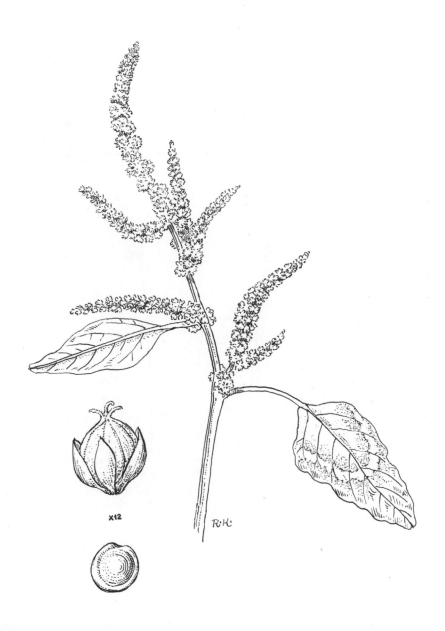

x12

272. Amaranthus gracilis Desf.   יַרְבּוּז עָדִין

273. Aerva persica (Burm. f.) Merr.   לֶבֶד פַּרְסִי

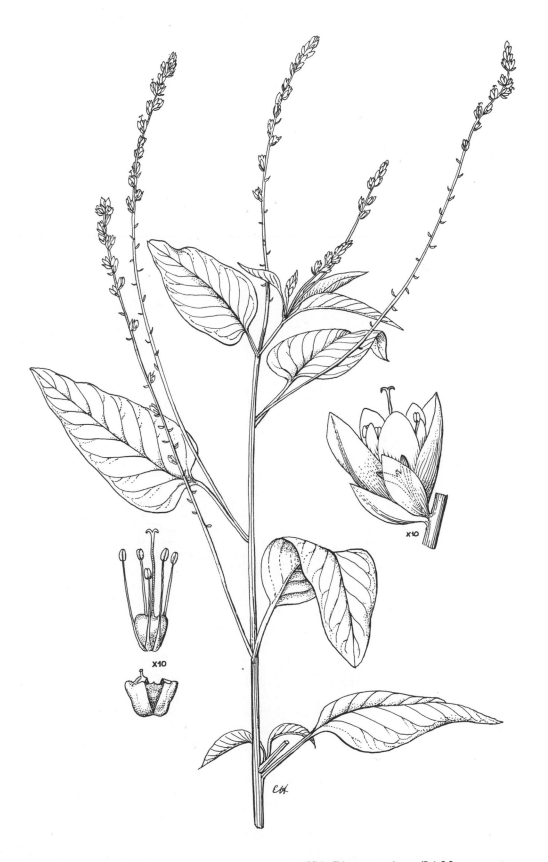

274. **Digera muricata (L.) Mart.** דִּיגֶרָה מְסֹרֶגֶת

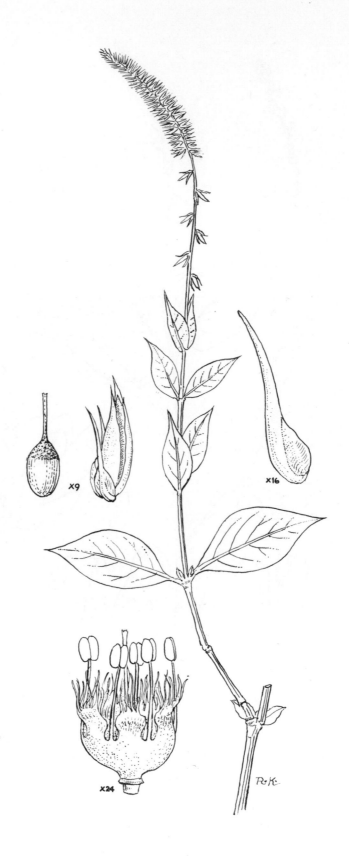

275. Achyranthes aspera L.　רַב־מֹץ מְחֻסְפָּס

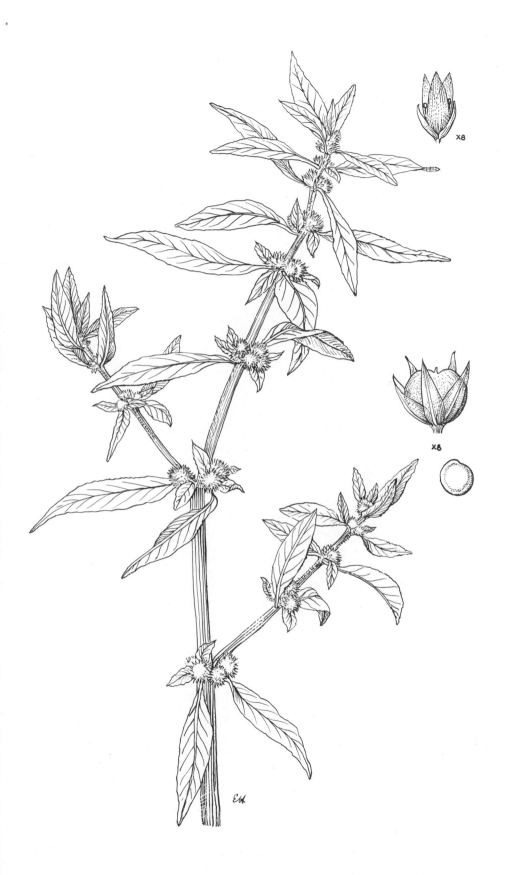

276. Alternanthera sessilis (L.) DC. בִּצָּן מַכְסִיף

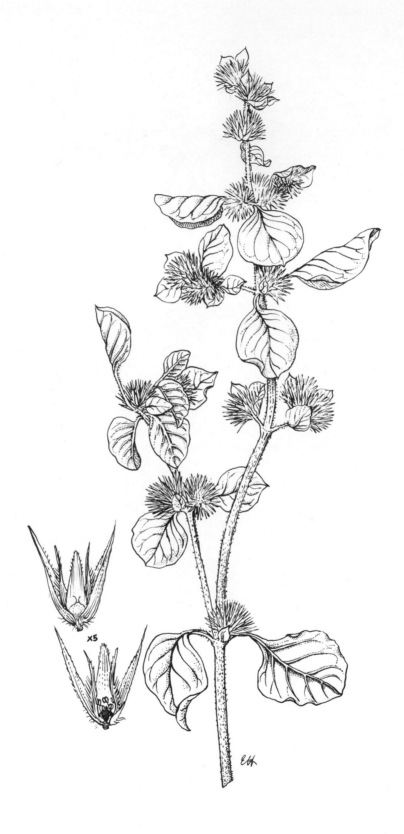

277. *Alternanthera pungens* Kunth בְּצָן דוֹקְרָנִי

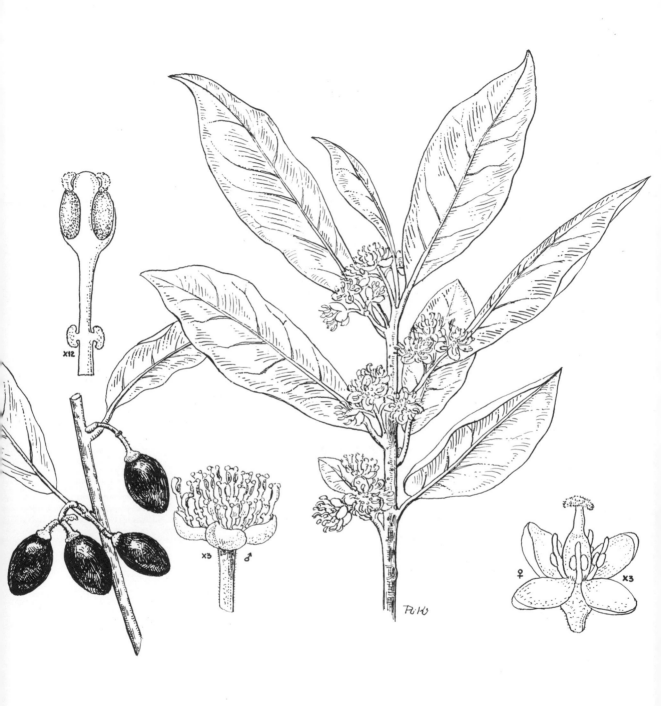

278. Laurus nobilis L. עָר אָצִיל

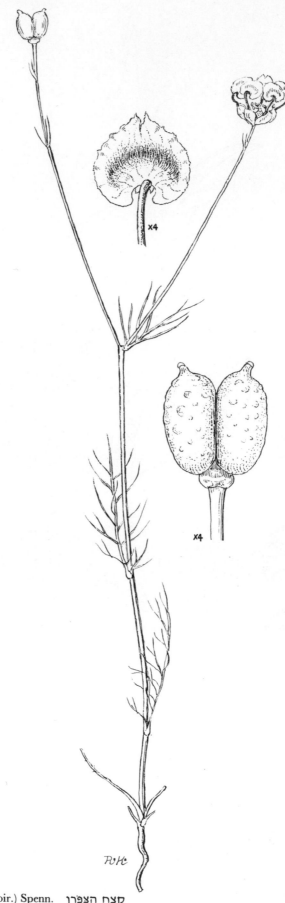

279. Nigella unguicularis (Poir.) Spenn. קֶצַח הַצִּפֹּרֶן

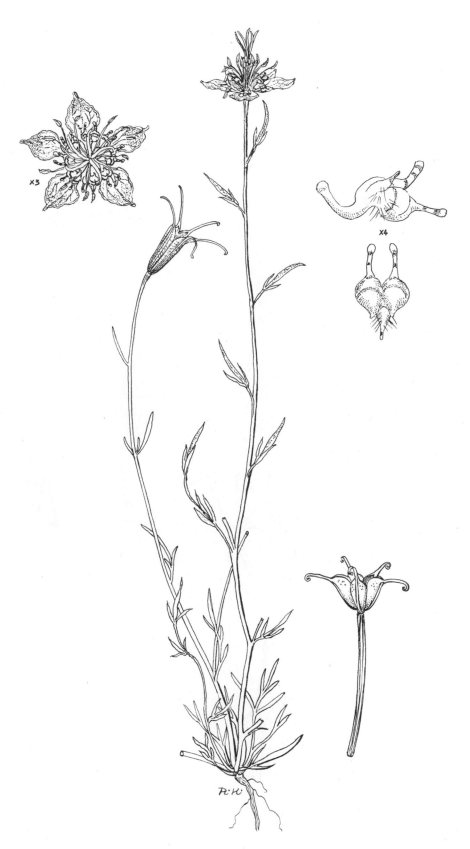

280. Nigella arvensis L. קֶצַח הַשָּׂדֶה

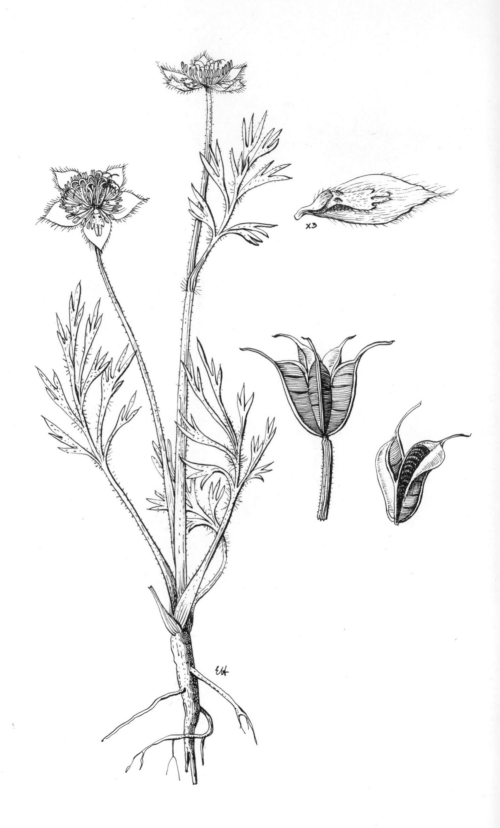

281. Nigella ciliaris DC.   קֶצַח רִיסָנִי

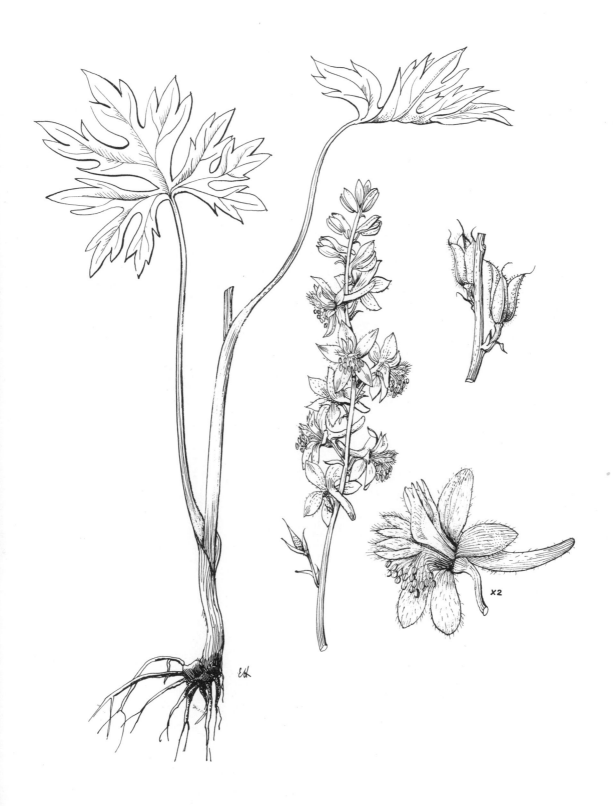

282. Delphinium ithaburense Boiss. דָּרְבָנִית הַתָּבוֹר

283. Delphinium peregrinum L. דָּרְבָנִית סְגֻלָּה

284. Consolida rigida (DC.) Bornm.   בַּר־דָּרְבָן אָשׁוּן

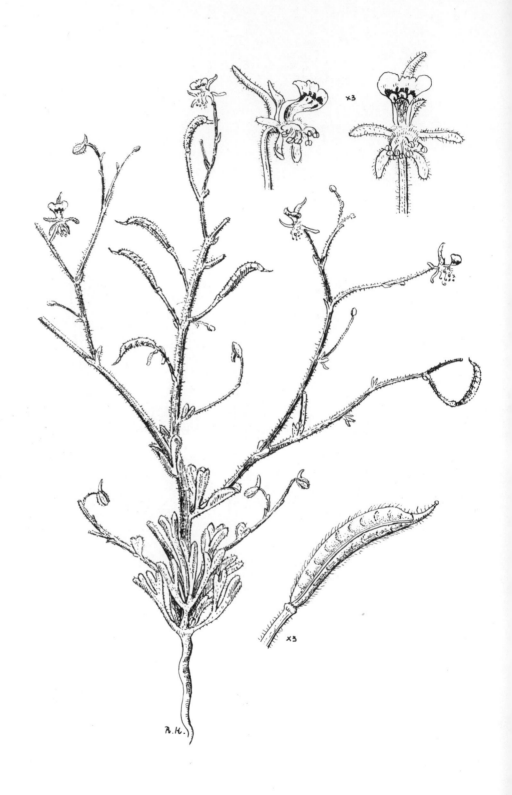

285 Consolida flava (DC.) Schrödgr. בַּר־דָּרְבָן צָהֹב

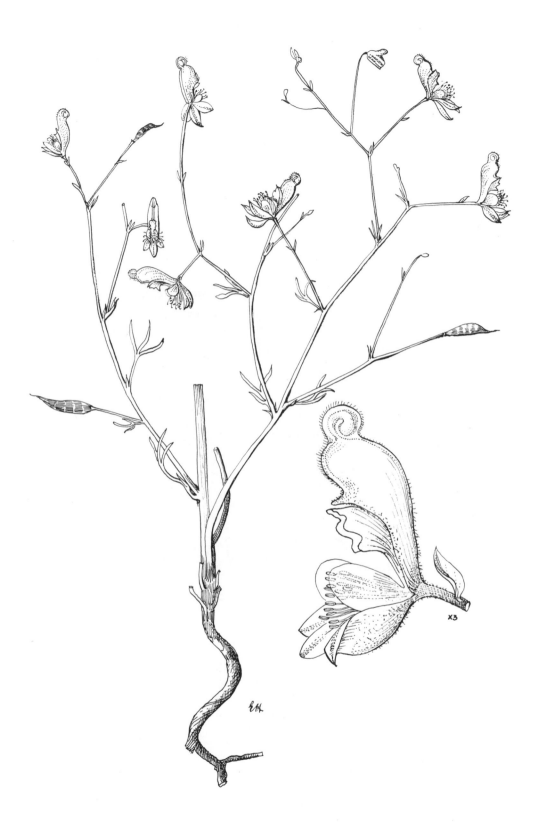

286. Consolida scleroclada (Boiss.) Schrödgr. בַּר־דָּרְבָן הַסִּירָה

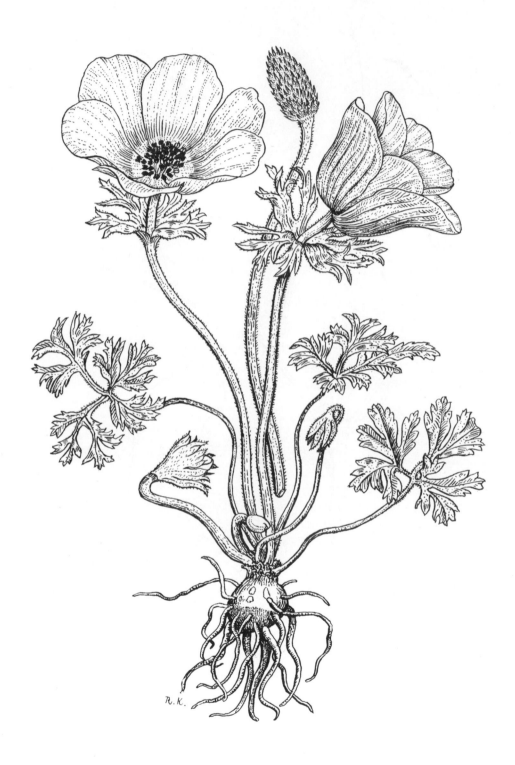

287. Anemone coronaria L. כַּלָּנִית מְצוּיָה

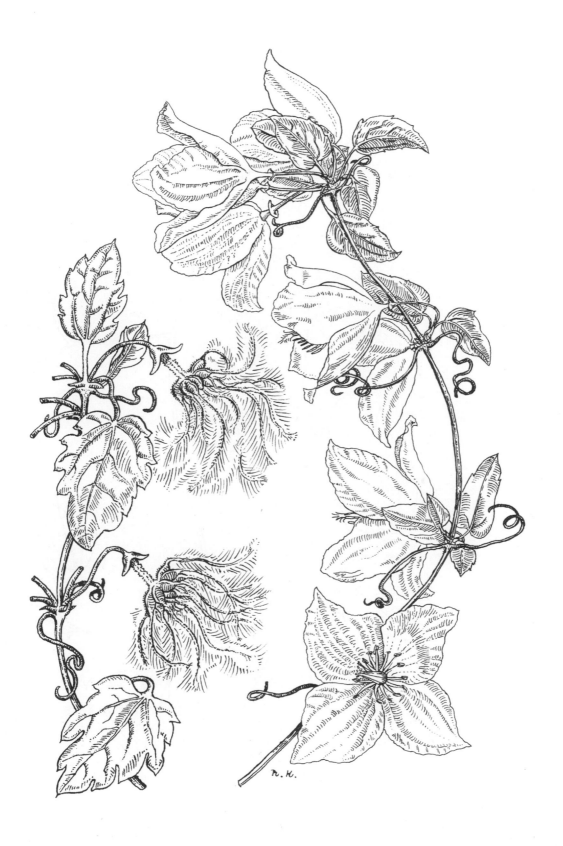

288. *Clematis cirrhosa* L. זַלְזֶלֶת הַקְּנוֹקָנוֹת

289. Clematis flammula L.   זַלְזֶלֶת מְנֻצָּה

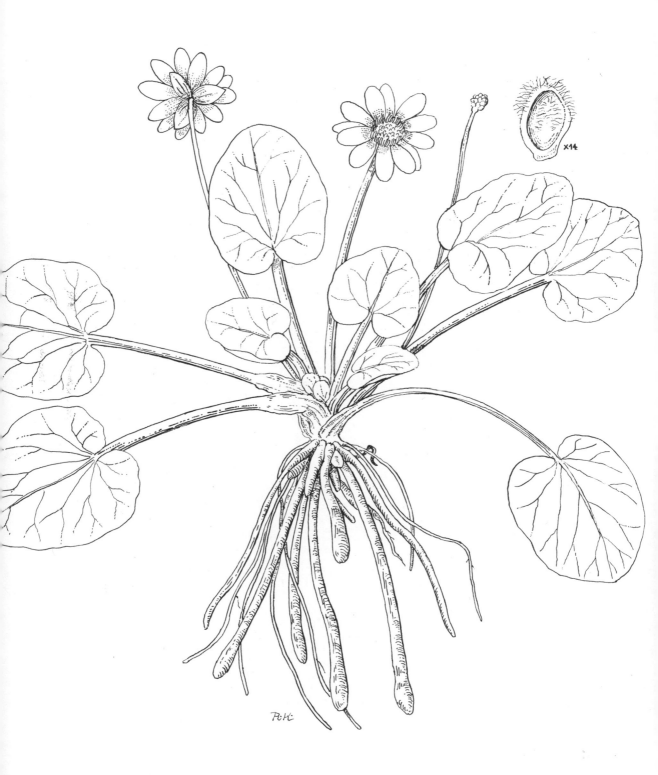

290. Ranunculus ficaria L. נוּרִית הַלֵּב

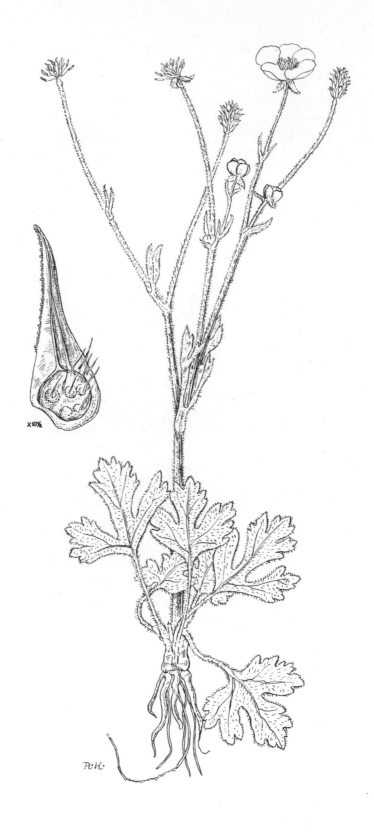

291. Ranunculus damascenus Boiss. et Gaill. נוּרִית דַּמֶּשְׂקָאִית

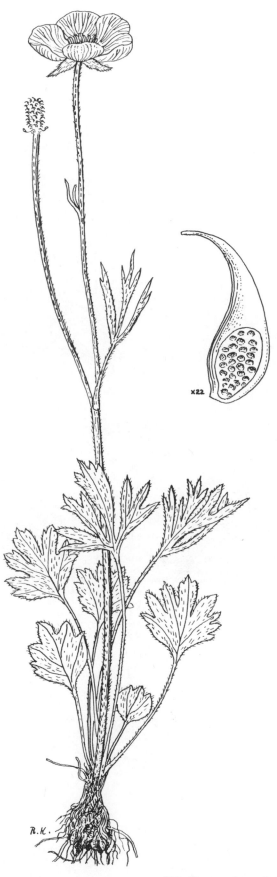

292. Ranunculus paludosus Poir. נוּרִית מְנִיפָנִית

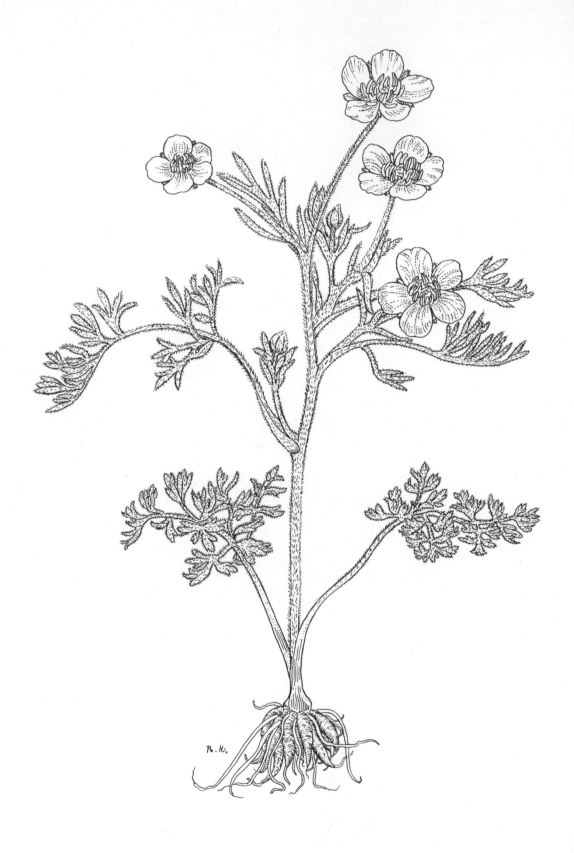

293. Ranunculus millefolius Banks et Sol. ‏נוּרִית יְרוּשָׁלַיִם‎

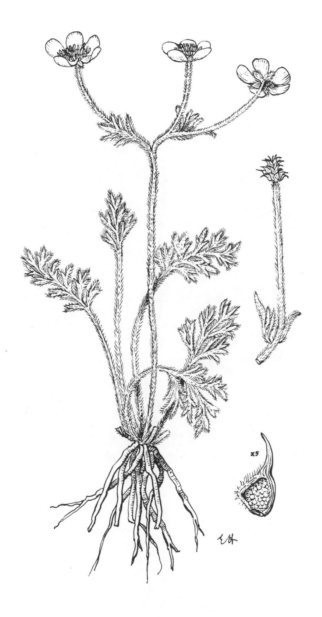

294. Ranunculus macrorhynchus Boiss. נוּרִית הַמַּקּוֹר

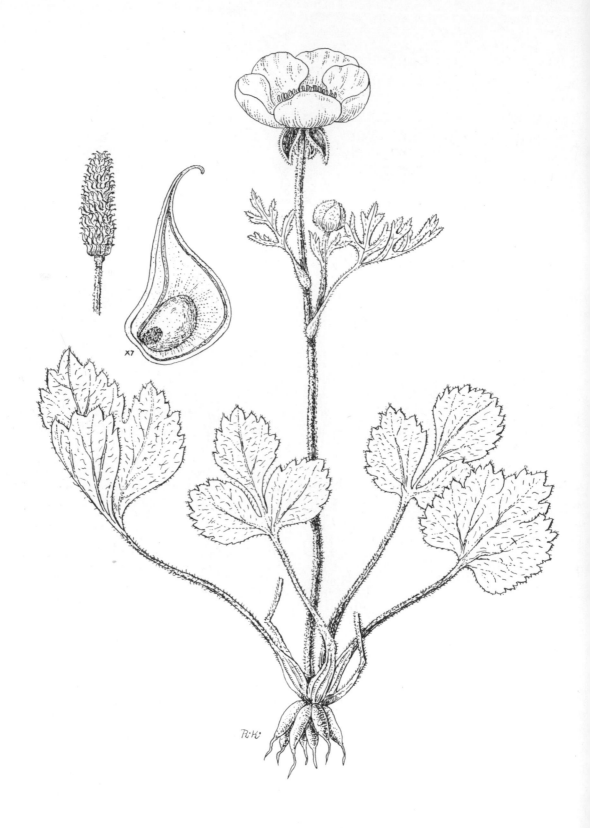

295. Ranunculus asiaticus L. נוּרִית אֲסְיָה

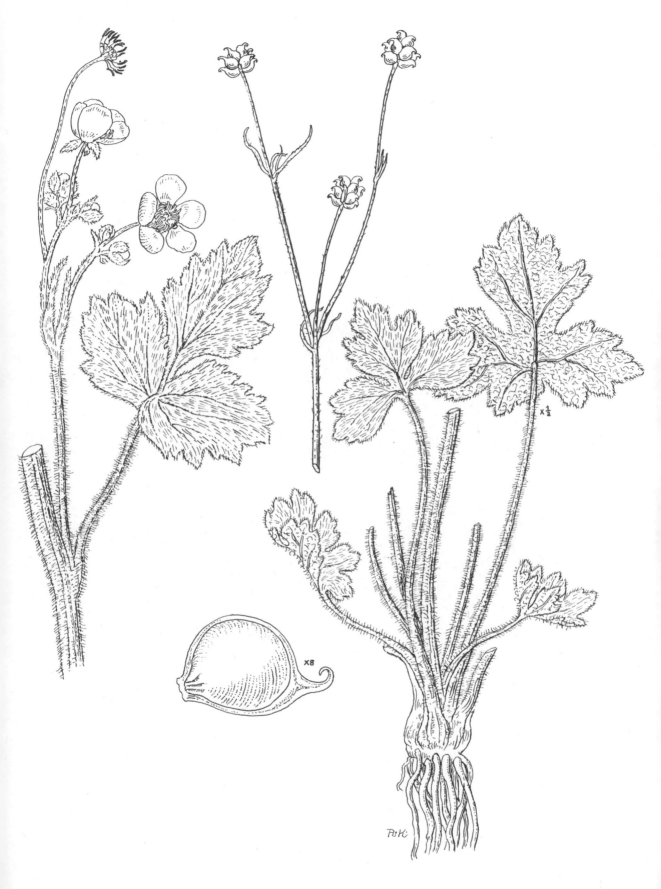

296. **Ranunculus** constantinopolitanus (DC.) Urv. נוּרִית קוּשְׁטָא

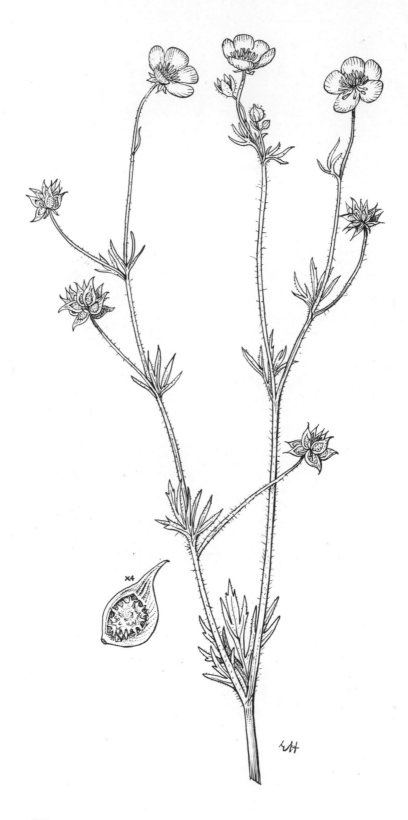

297. Ranunculus cornutus DC. נוּרִית הַקֶּרֶן

298. Ranunculus marginatus Urv. var. marginatus נוּרִית הַמְּלָל זַן טִיפּוּסִי

299. Ranunculus marginatus Urv. var. scandicinus (Boiss.) Zoh. נוּרִית הַמְלָל זַן גָּזוּר

×4½

300. Ranunculus muricatus L.   נוּרִית הַזִּיזִים

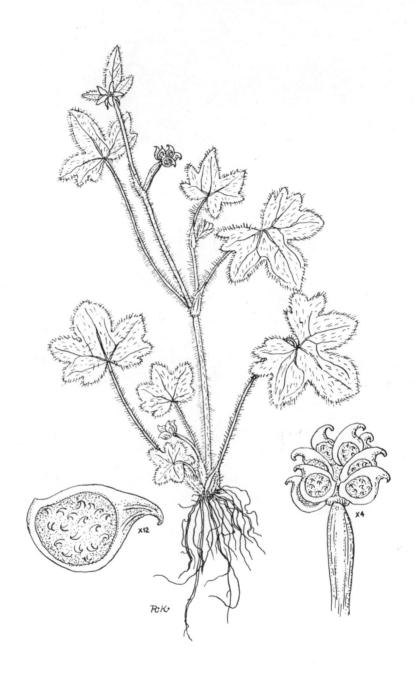

301. Ranunculus chius DC. נוּרִית קְטַנָּה

302. Ranunculus arvensis L.   נוּרִית הַשָּׂדֶה

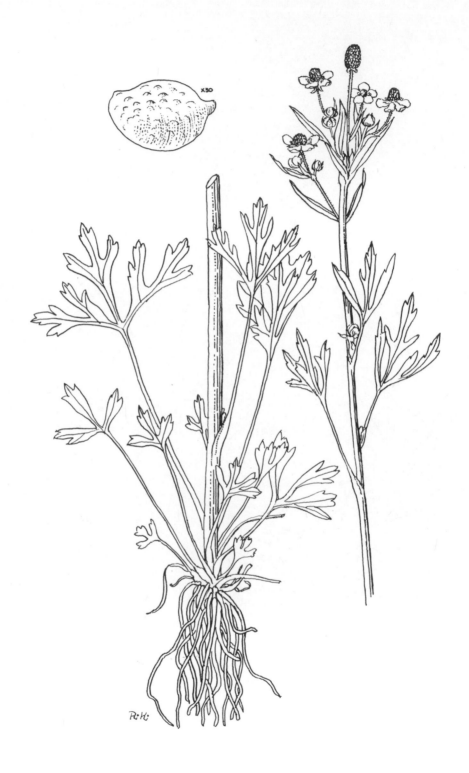

303. Ranunculus sceleratus L. נורית אֲרְסִית

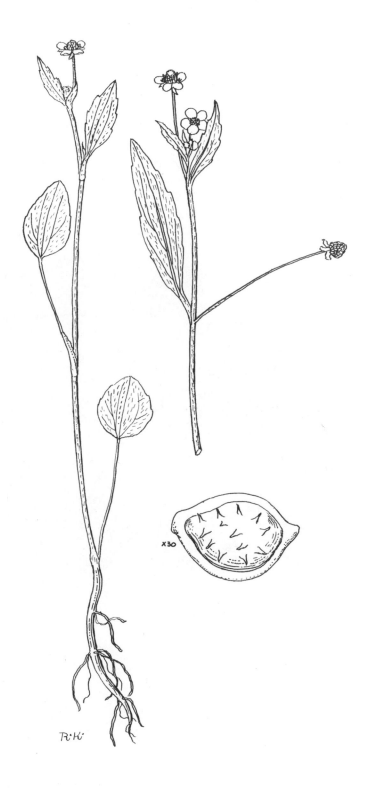

304. Ranunculus ophioglossifolius Vill.   נוּרִית הַבִּצּוֹת

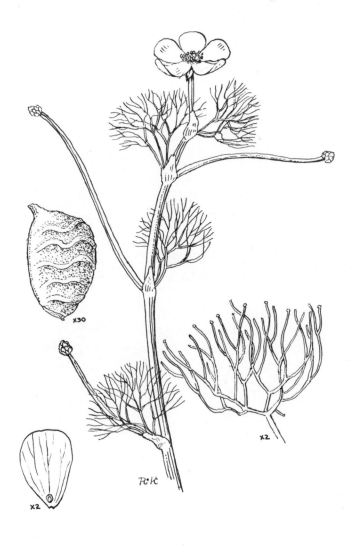

305. Ranunculus aquatilis L. ssp. heleophilus (Arv.-Touv.) Rikli נוּרִית הַמַּיִם

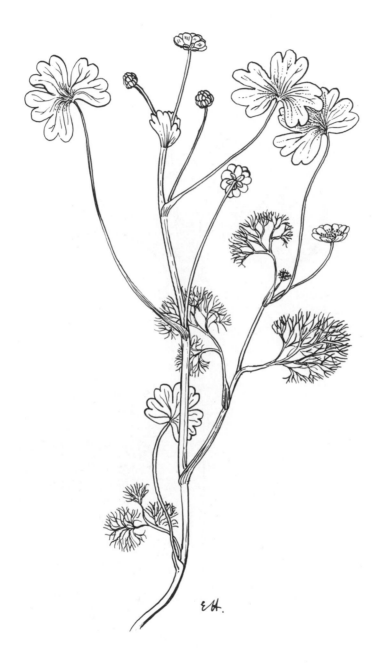

306. Ranunculus saniculifolius Viv. נורית עֲגֻלַּת־עָלִים

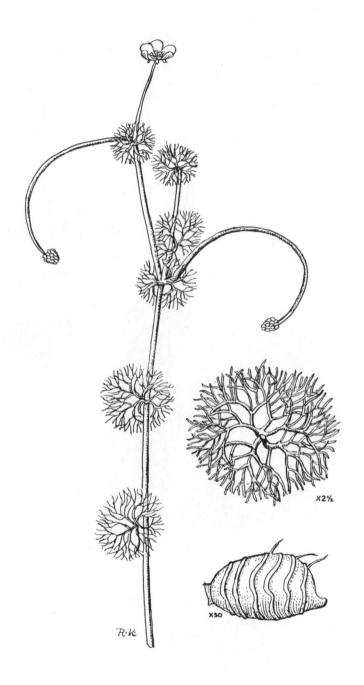

X2½

X30

307. Ranunculus sphaerospermus Boiss. et Bl.   נוּרִית כַּדּוּרִית

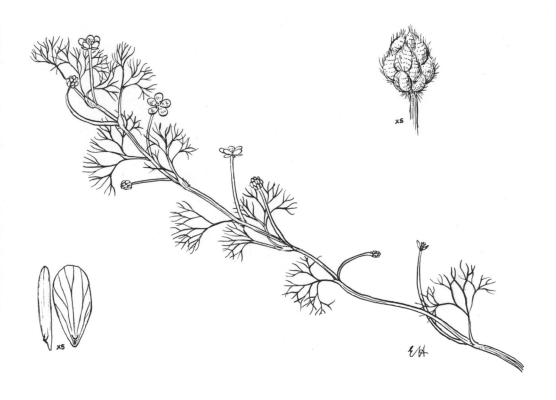

308. Ranunculus trichophyllus Chaix   נוּרִית נִימִית

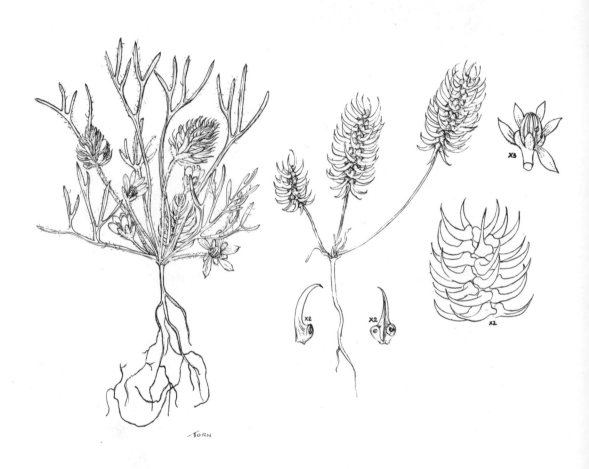

309. Ceratocephala falcata (L.) Pers.   בַּר־נוּרִית חֶרְמְשִׁי

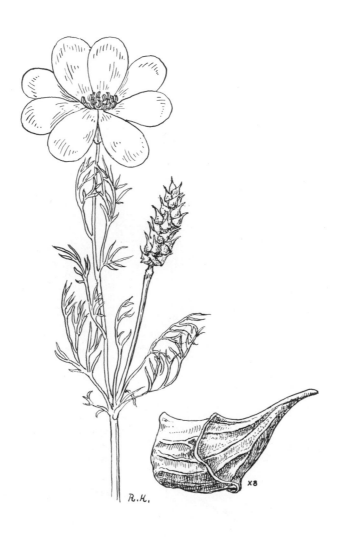

310. Adonis aleppica Boiss. דְּמוּמִית אֲרַם-צוֹבָא

311. Adonis aestivalis L.   דְּמוּמִית עֲבַת־שִׁבֹּלֶת

312. Adonis cupaniana Guss. דְּמוּמִית קְטַנַּת־פְּרִי

313. Adonis dentata Del.   דְּמוּמִית מְשֻׁנֶּנֶת

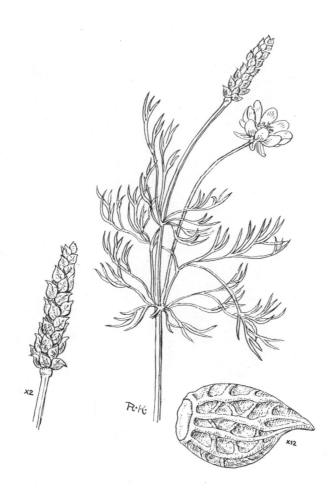

314. Adonis annua L.   דְּמוּמִית הַשָּׂדֶה

315. Leontice leontopetalum L.   עַרְטָנִית הַשָּׂדוֹת

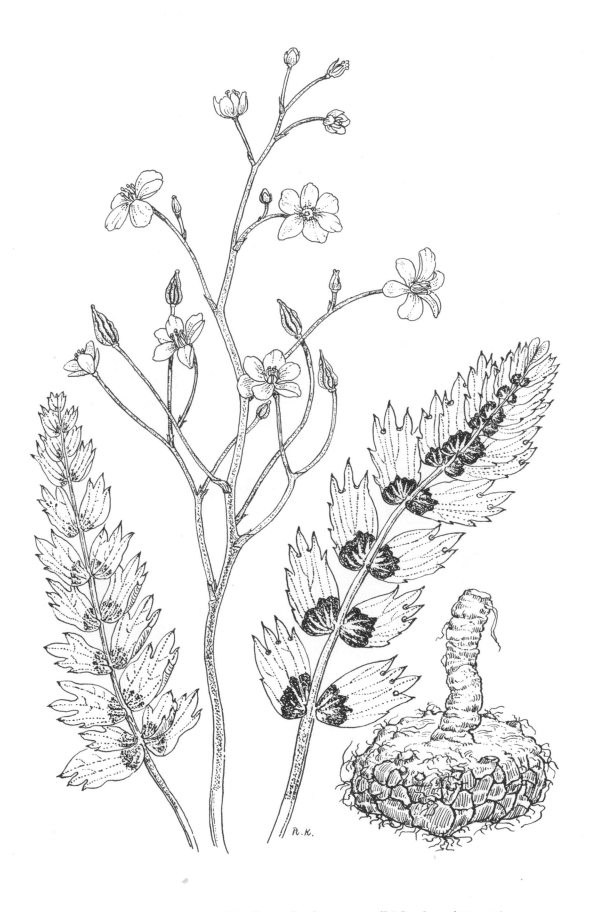

316. Bongardia chrysogonum (L.) Spach כַּרְבֶּלְתָּן הַשָּׂדוֹת

317. Cocculus pendulus (J.R. et G. Forst.) Diels סַהֲרוֹן מְשֻׁלְשָׁל

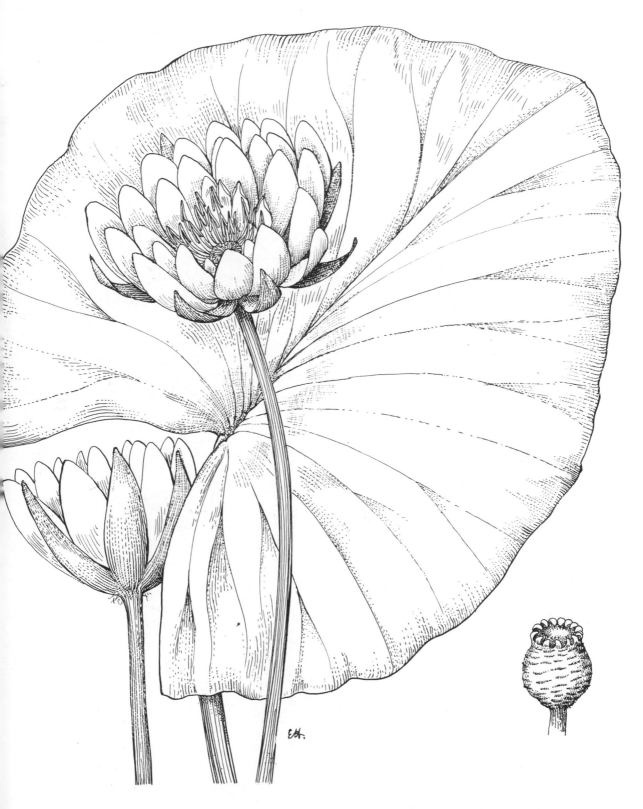

318. Nymphaea alba L. נִימְפֵיאָה לְבָנָה

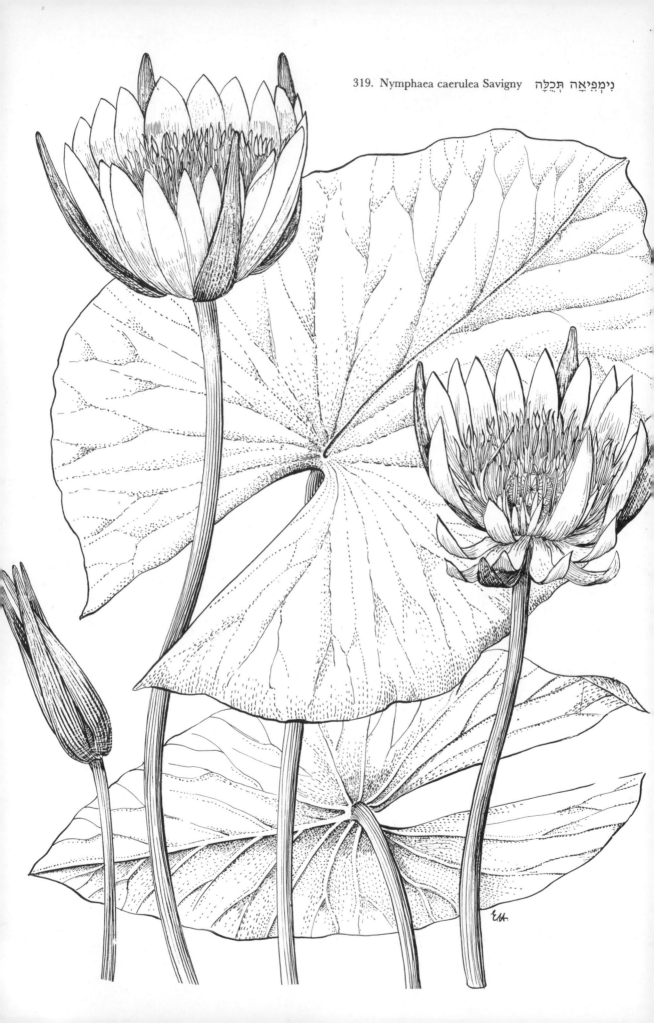

319. Nymphaea caerulea Savigny נִימְפֵיאָה תְּכֻלָּה

320. **Nuphar lutea** (L.) Sm.   נוּפָר צָהֹב

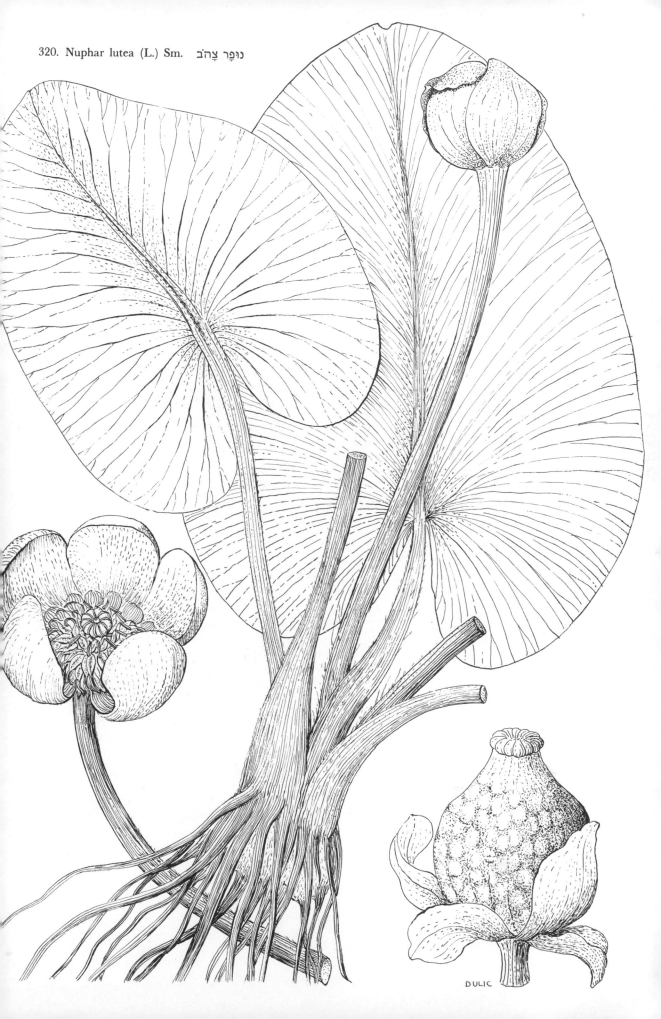

DULIC

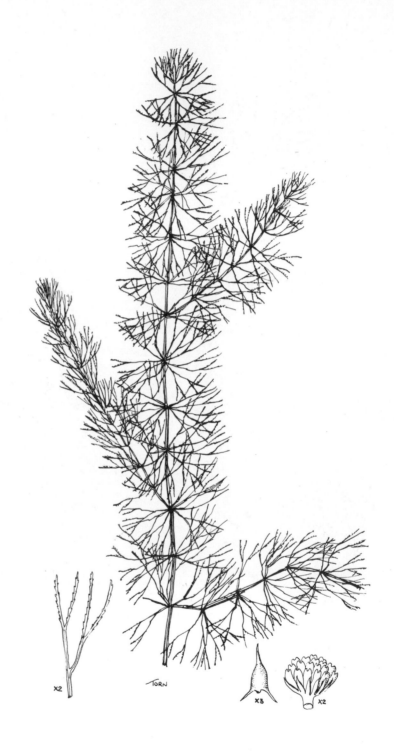

x2

TORN

x3

x2

321. Ceratophyllum demersum L.   קַרְנָן טָבוּעַ

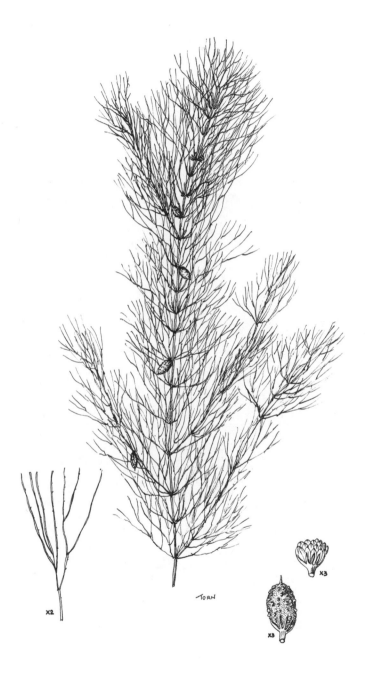

x2

TORN

x3

x3

322. Ceratophyllum submersum L.   קַרְנָן טָבוּל

323. Paeonia mascula (L.) Mill. אַדְמוֹנִית הַחֹרֶשׁ

324. Hypericum hircinum L.   פֶּרַע רֵיחָנִי

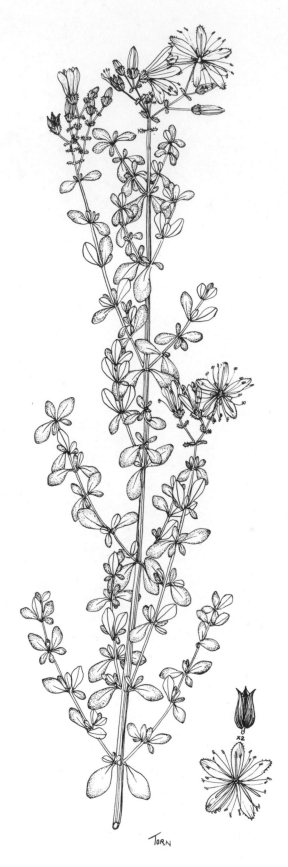

TORN

325. Hypericum serpyllifolium Lam. פְּרַע קְטַן־עָלִים

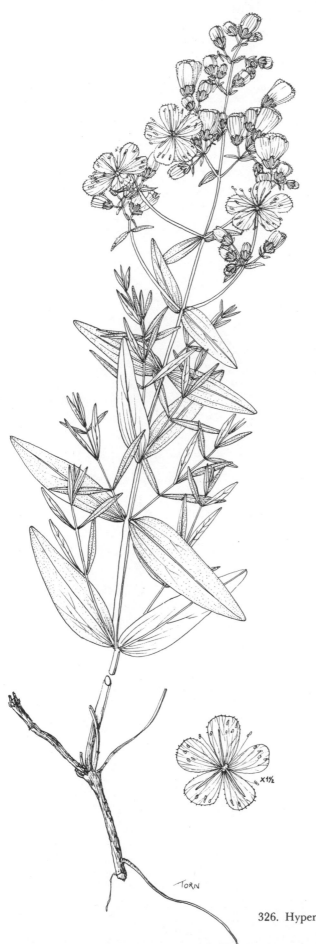

TORN

326. *Hypericum hyssopifolium* Chaix פְּרַע אִזוֹבִי

TORN

327. Hypericum acutum Moench   פֶּרַע מְחֻדָּד

328. Hypericum triquetrifolium Turra   פֶּרַע מְסֻלְסָל

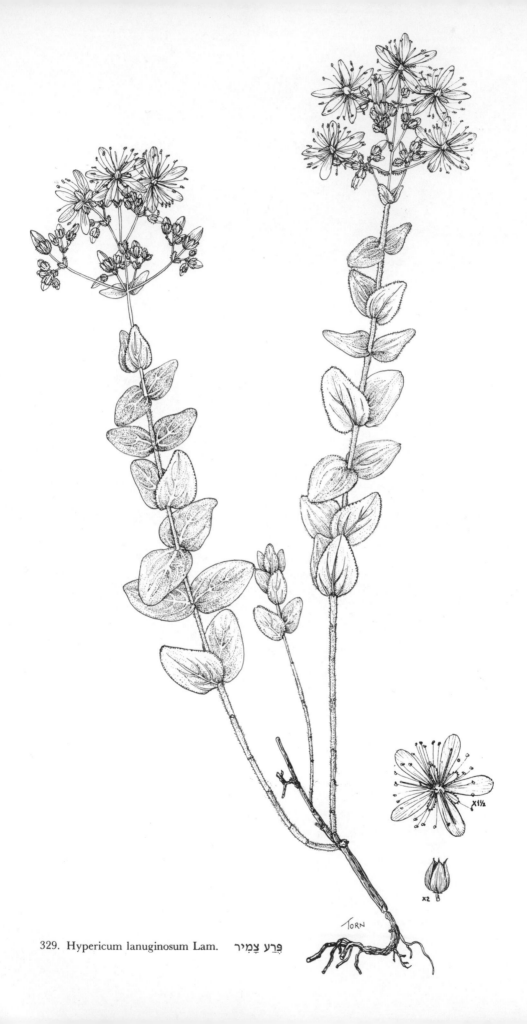

329. Hypericum lanuginosum Lam. פְּרַע צָמִיר

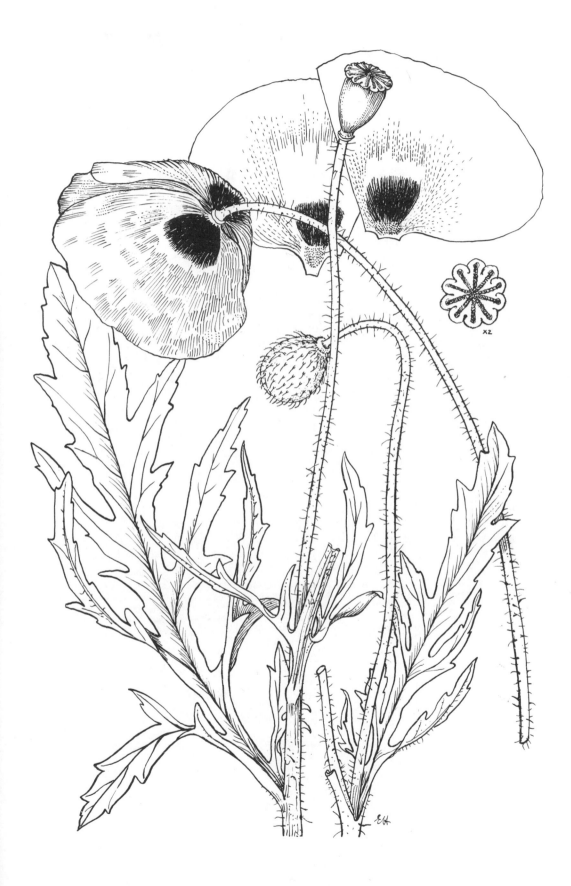

330. Papaver subpiriforme Fedde פֶּרֶג אַגַּסָנִי

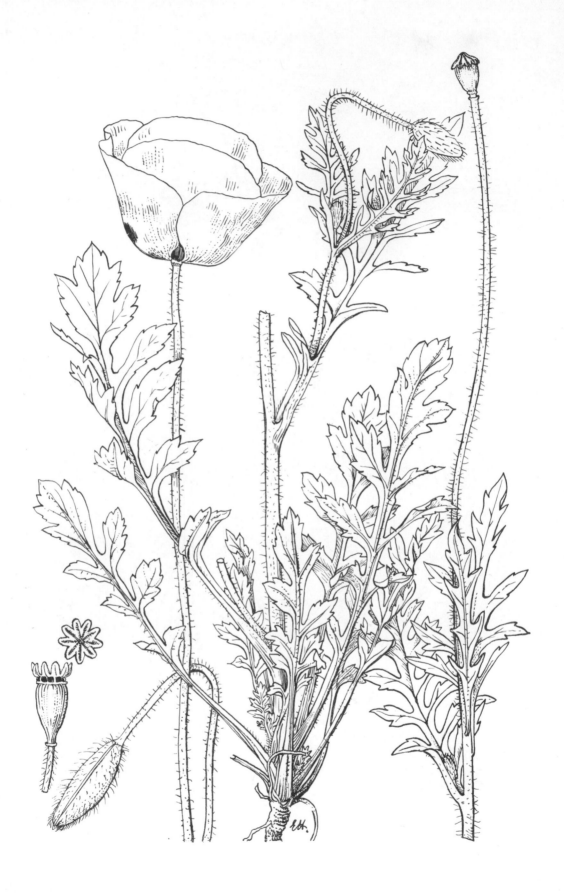

331. Papaver carmeli Feinbr. פְּרַג הַכַּרְמֶל

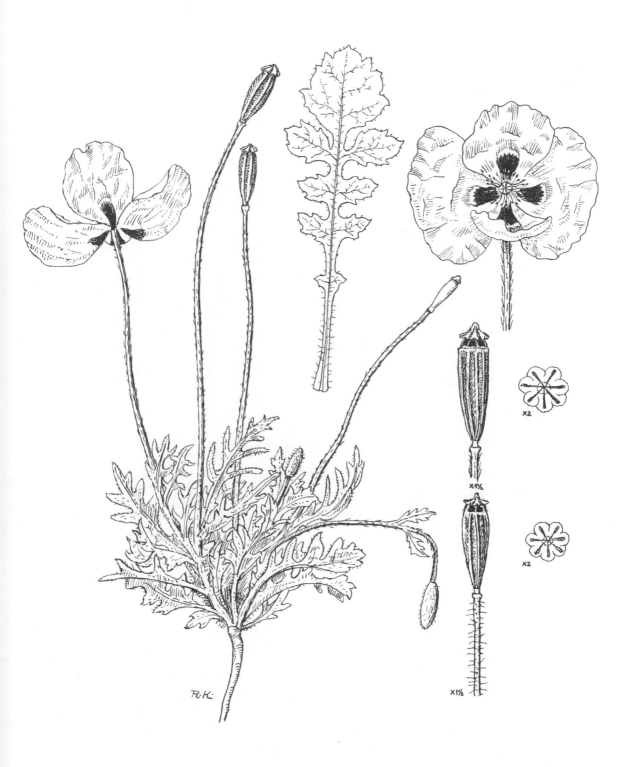

332. Papaver syriacum Boiss. et Bl. פְּרָג סוּרִי

333. Papaver humile Fedde פֶּרֶג נָחוּת

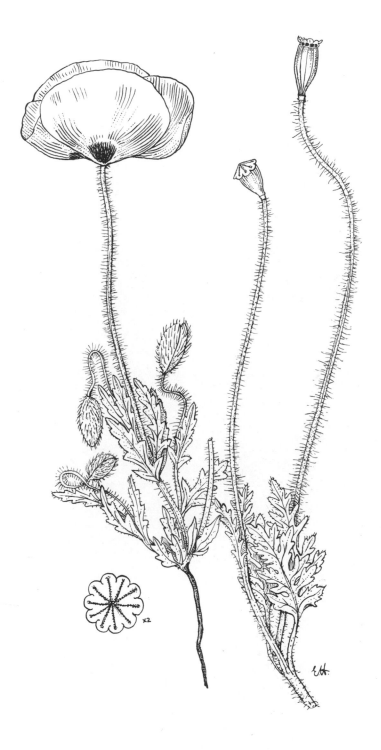

334. Papaver polytrichum Boiss. et Ky. פָּרָג סָמוּר

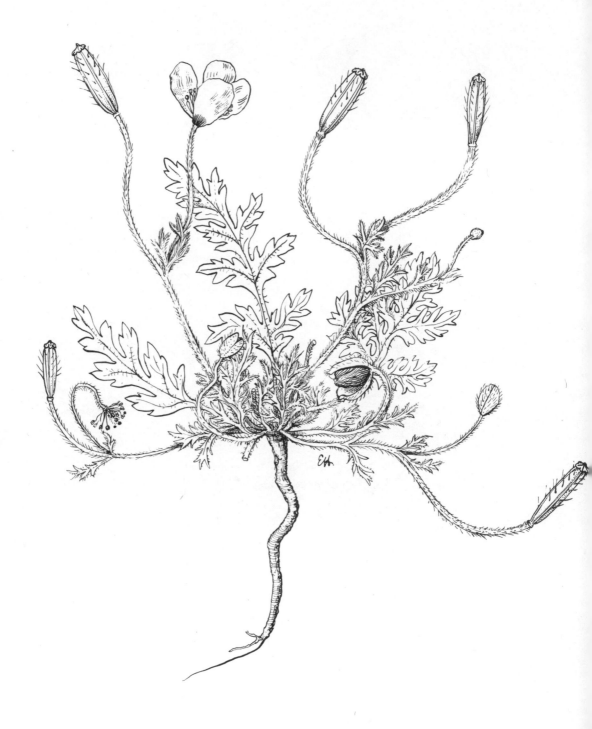

335. Papaver argemone L. פְּרַג מְאֹרָךְ

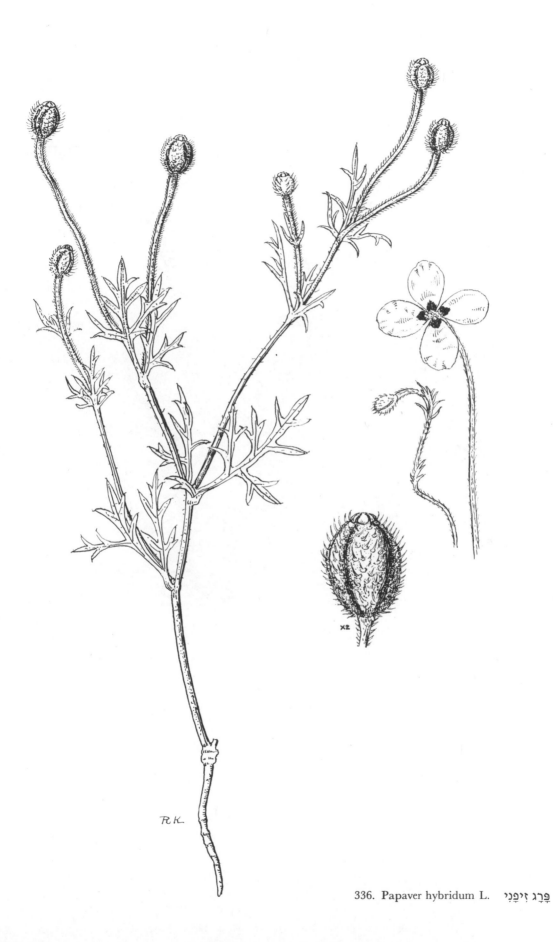

336. Papaver hybridum L. פָּרָג זִיפָנִי

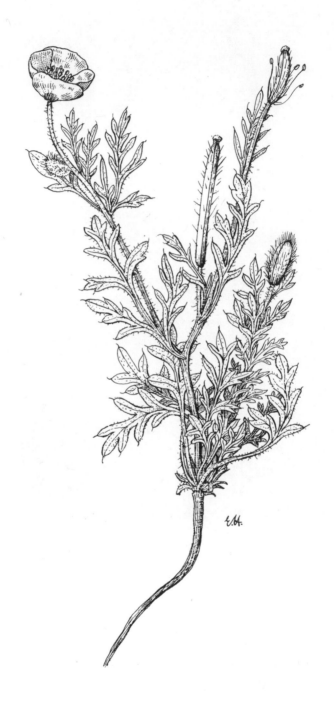

337. Roemeria hybrida (L.) DC. בֶּן־פֶּרֶג סָגֹל

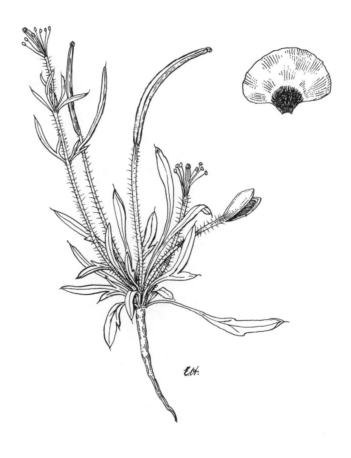

338. Roemeria procumbens Aarons. et Opphr. בֶּן־פֶּרֶג שָׂרוּעַ

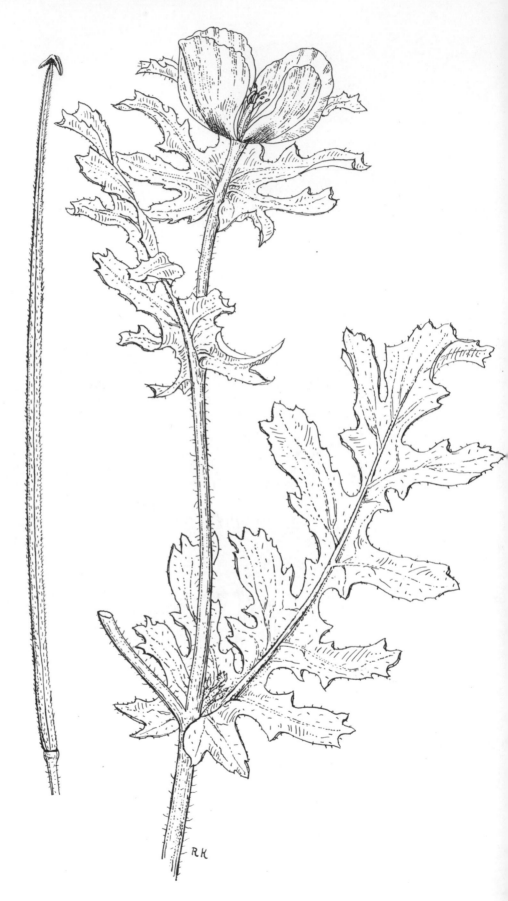

339. Glaucium corniculatum (L.) J. H. Rud. פְּרָגָה מַקְרִינָה

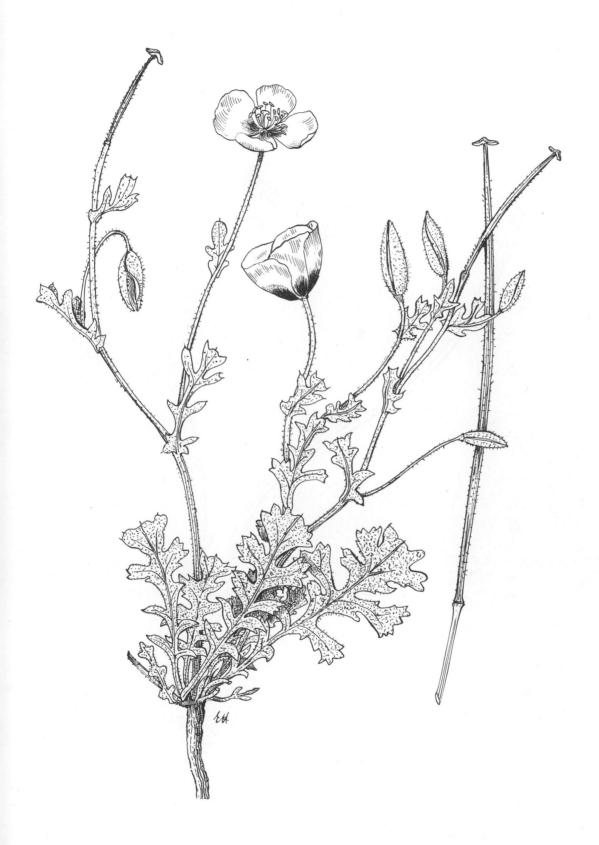

340. Glaucium arabicum Fresen. פְּרֵגָה עֲרָבִית

341. Glaucium grandiflorum Boiss. et Huet   פְּרָגָה אֲדֻמָּה

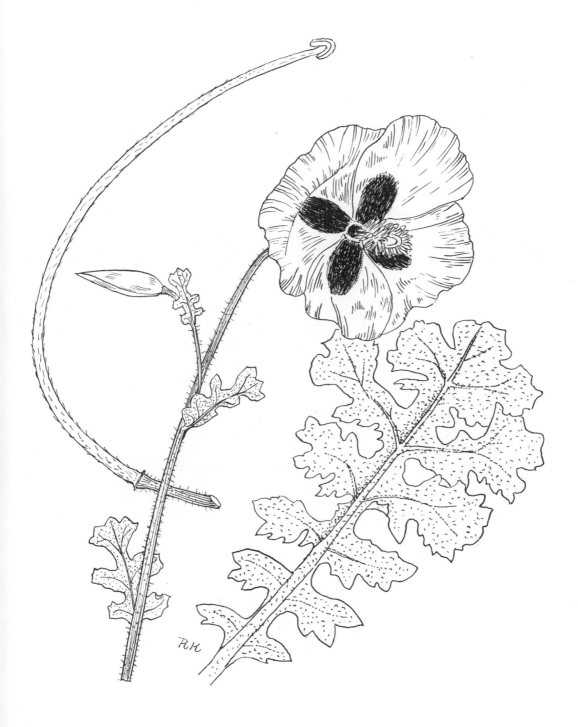

342. Glaucium aleppicum Boiss. et Hausskn. פְּרָגַת אֲרַם־צוֹבָא

343. Glaucium flavum Crantz פְּרָגָה צְהֻבָּה

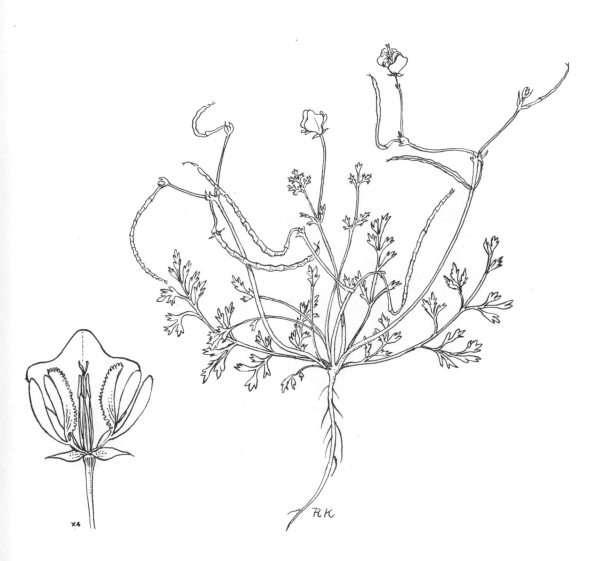

344. Hypecoum procumbens L. מַגָּלִית שְׂרוּעָה

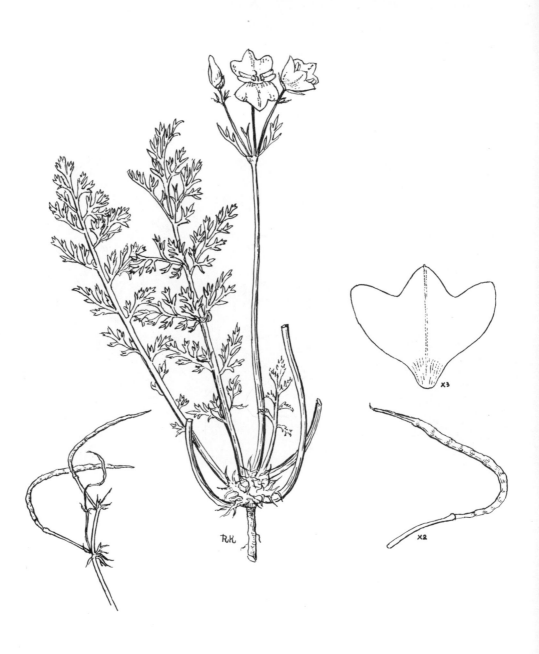

345. Hypecoum imberbe Sm.   מַגָּלִית גְּדוֹלַת־פְּרָחִים

346. Hypecoum aegyptiacum (Forssk.) Aschers. et Schweinf. מַגָּלִית מִצְרִית

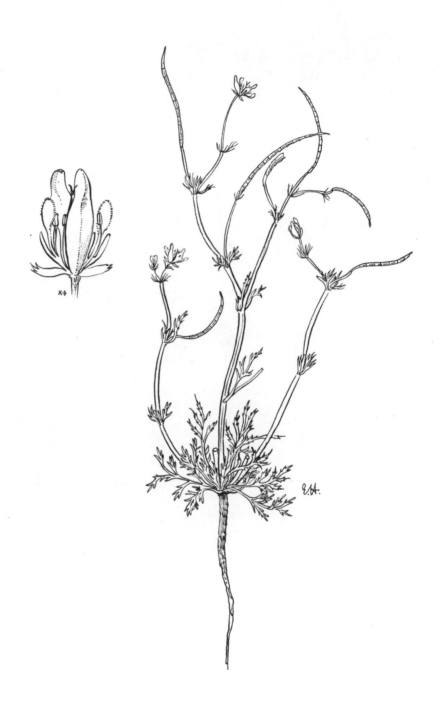

347. Hypecoum geslinii Coss. et Kral. מַגָּלִית הַדָּרוֹם

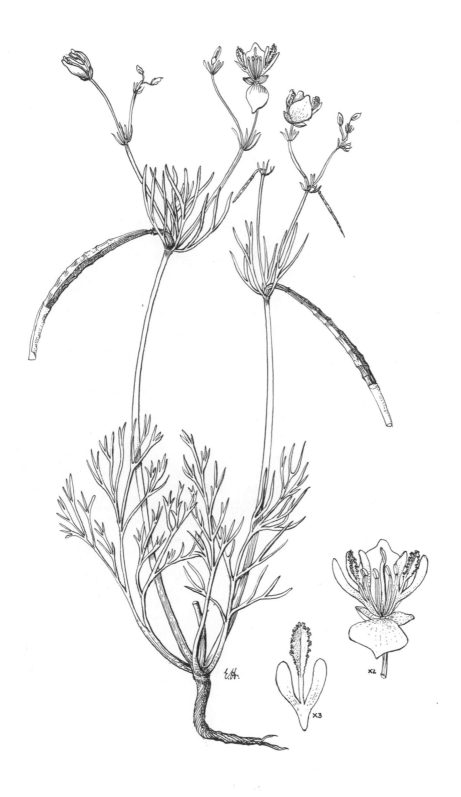

348. Hypecoum pendulum L. מַגָּלִית מְשֻׁלְשֶׁלֶת

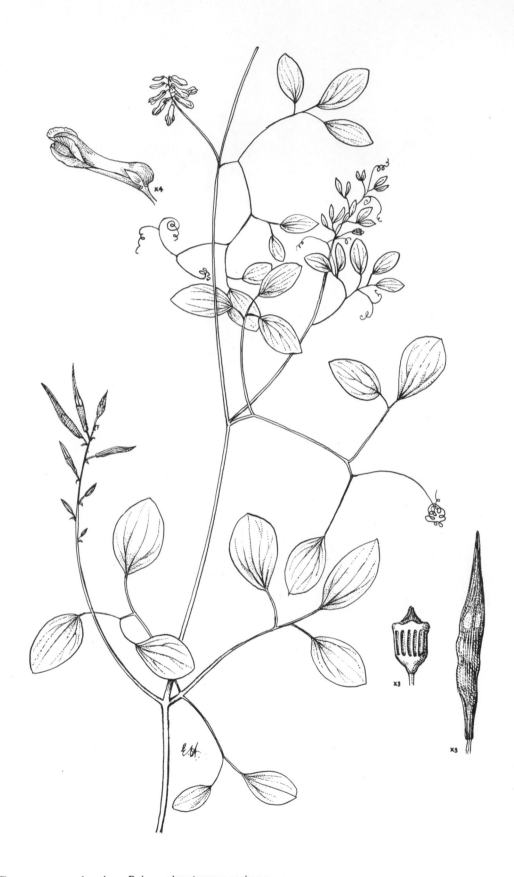

349. Ceratocapnos palaestinus Boiss. בַּר־עַשְׁנָן אֶרֶצְיִשְׂרְאֵלִי

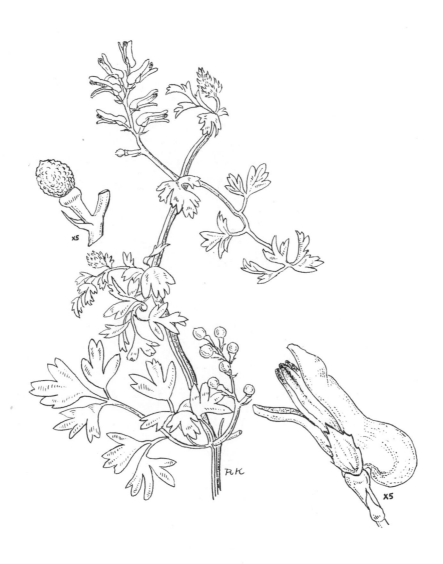

350. Fumaria judaica Boiss. עַשְׁנָן יְהוּדָה

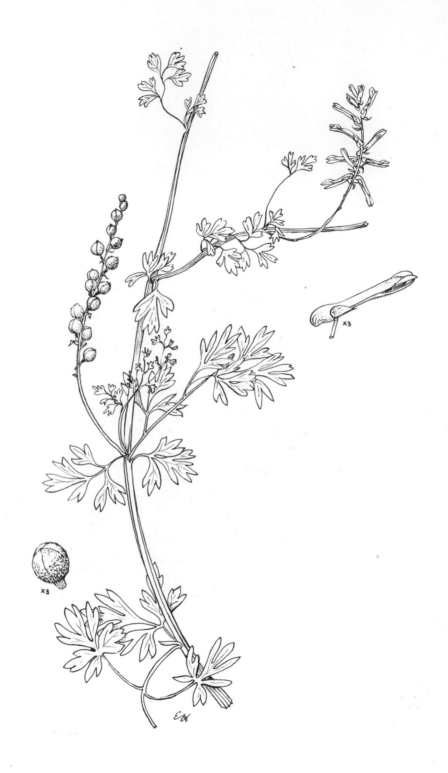

351. Fumaria macrocarpa Parl. עַשְׁנָן גְּדָל־פְּרִי

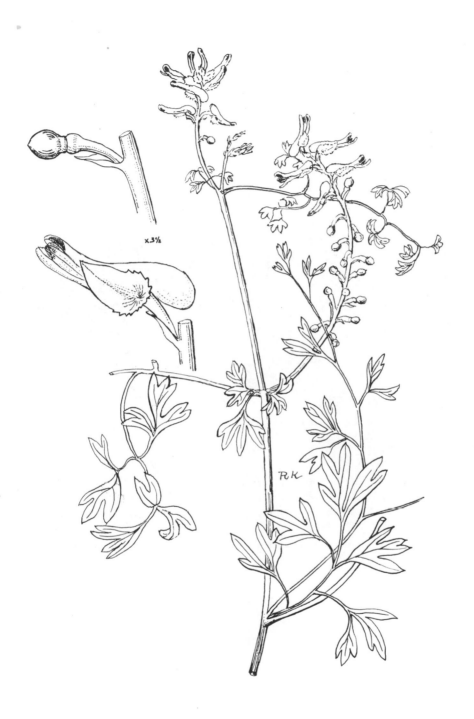

x3½

352. Fumaria capreolata L. עַשְׁנָן מְטַפֵּס

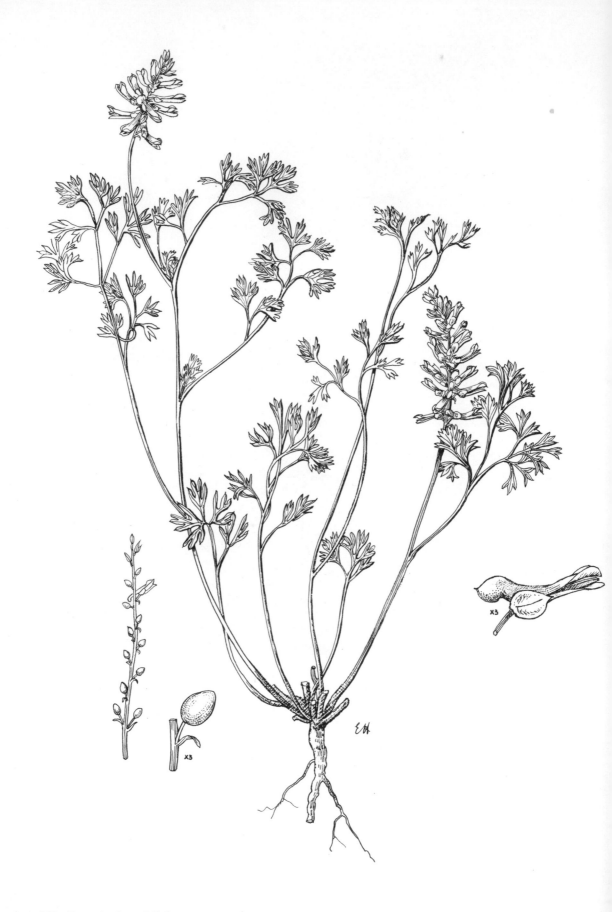

353. Fumaria thuretii Boiss. עַשְׁנַן תִּירֶה

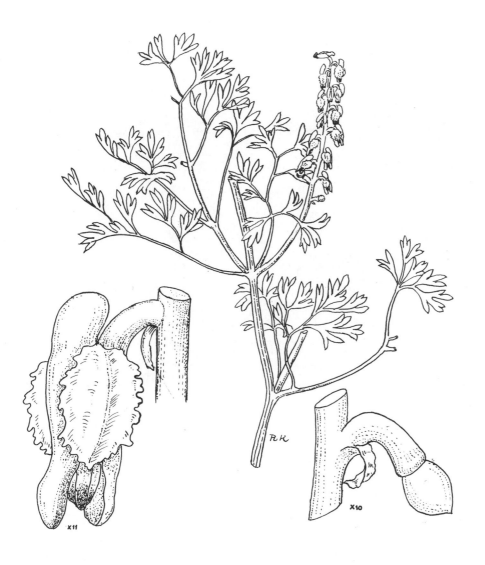

354. Fumaria kralikii Jord. עַשְׁנַן קְרָלִיק

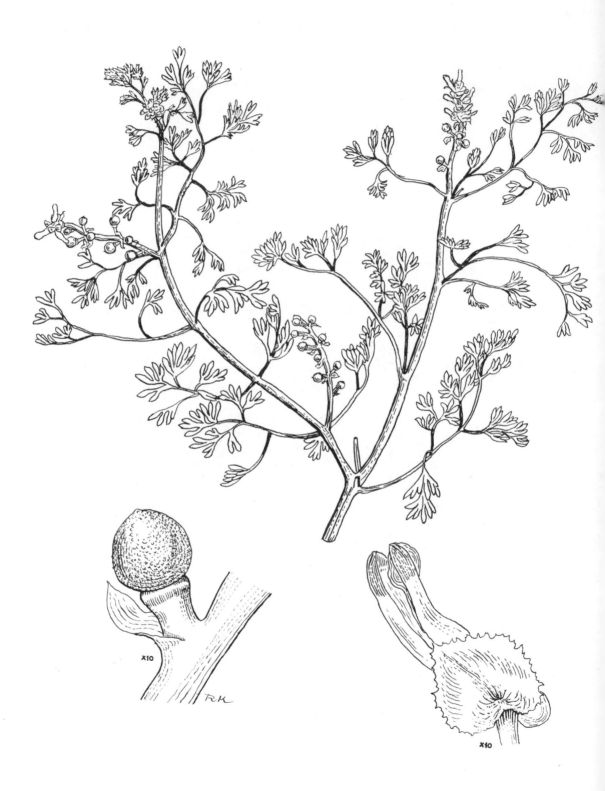

355. Fumaria densiflora DC. עַשְׁנָן צָפוּף

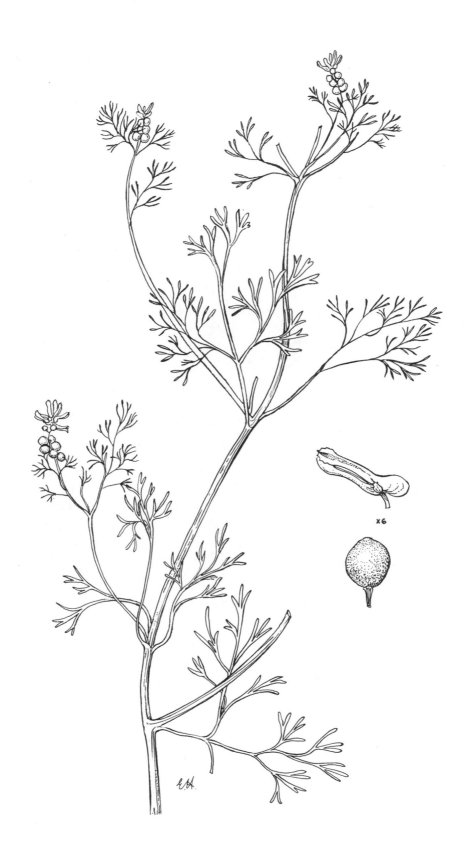

356. Fumaria parviflora Lam. עַשְׁנָן קָטָן

357. Maerua crassifolia Forssk. מְרוּאָה עֲבַת־עָלִים

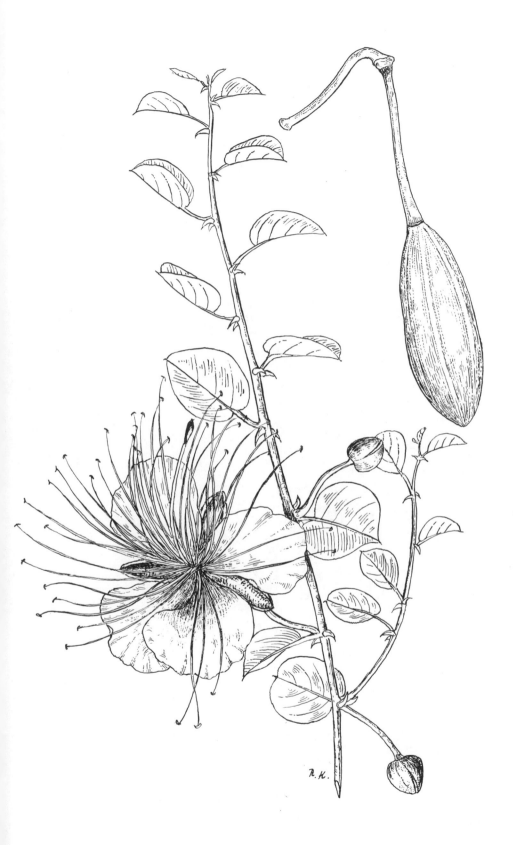

358. Capparis spinosa L. צָלָף קוֹצָנִי

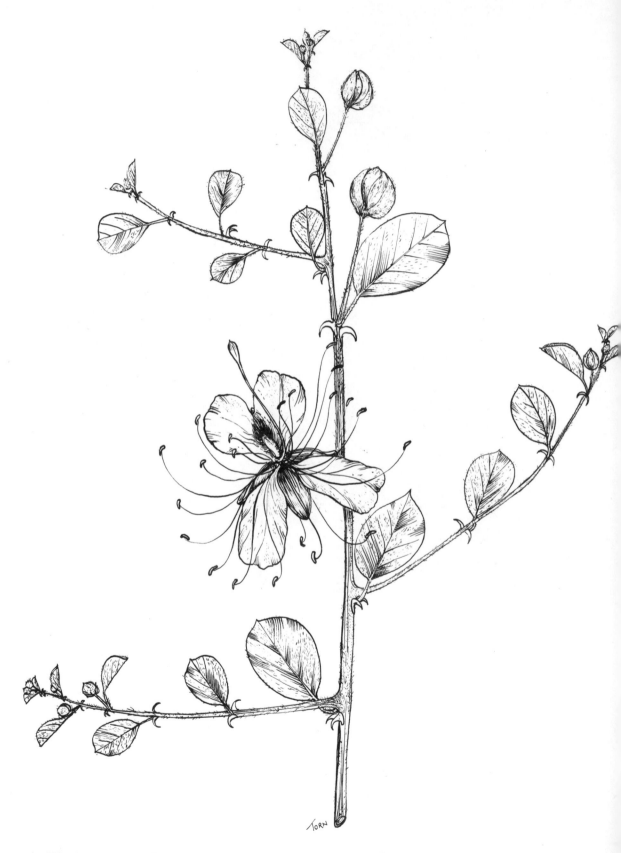

359. Cap is ovata Desf. צָלָף בִּיצָנִי

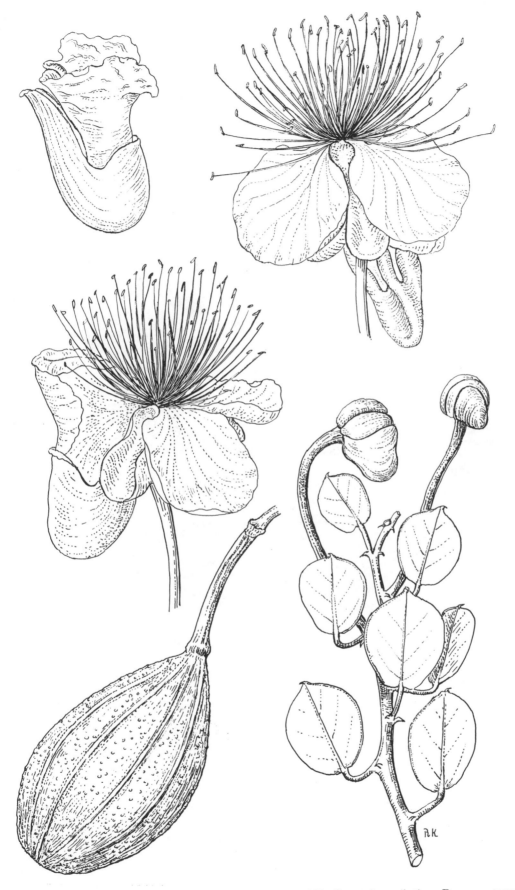

360. Capparis cartilaginea Decne. צָלָף סְחוּסִי

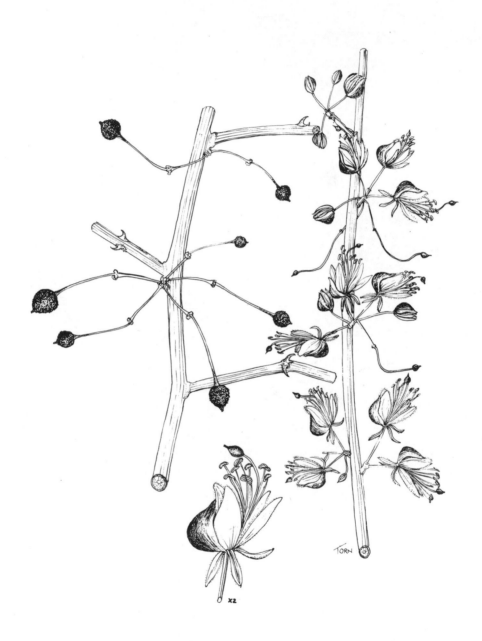

361. Capparis decidua (Forssk.) Edgew. צָלָף רְתָמִי

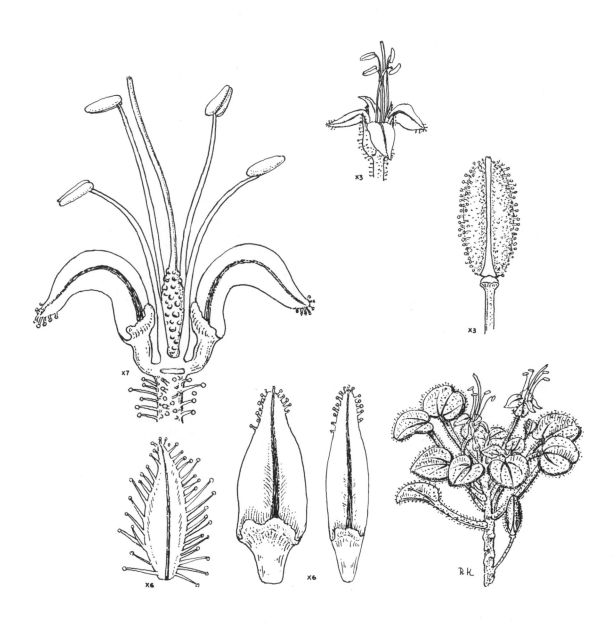

362. Cleome droserifolia (Forssk.) Del. בַּאֲשָׁן עֲגֹל־עָלִים

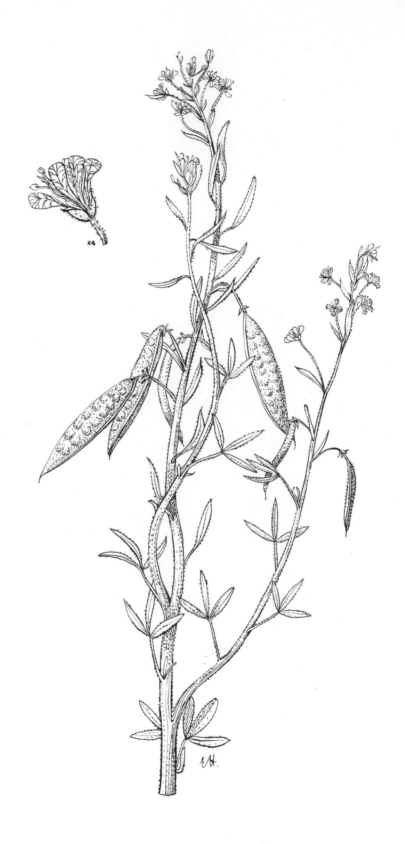

363. Cleome trinervia Fresen. בְּאָשָׁן שְׁלֹשֶׁת־הָעוֹרְקִים

364. Cleome arabica L. בָּאֲשָׁן עֲרָבִי

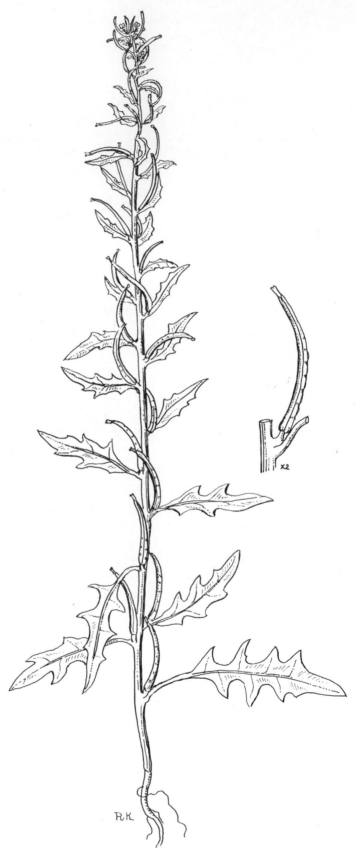

365. Sisymbrium runcinatum Lag. תּוּדְרָה מְצֻיֶּצֶת

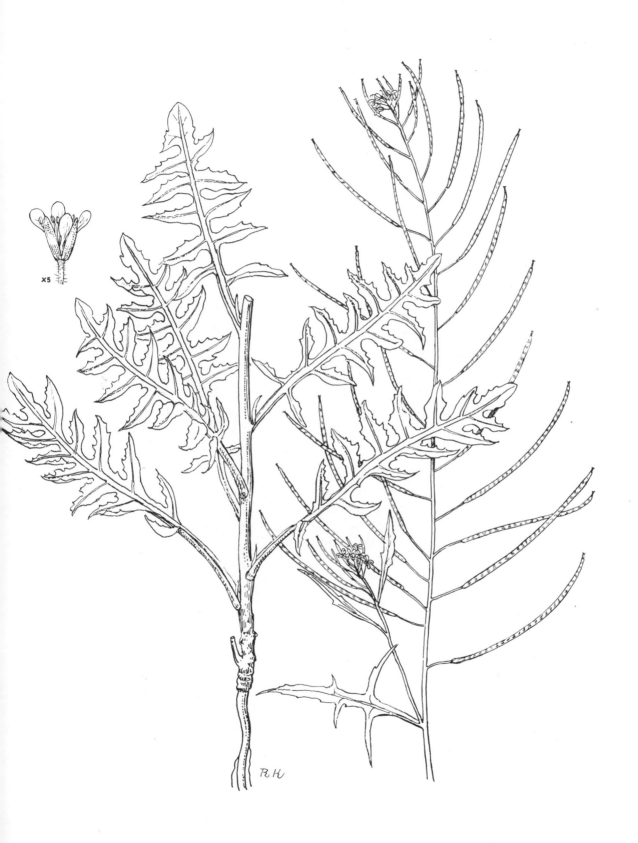

366. Sisymbrium irio L. תּוּדְרָה סִיָּגִית

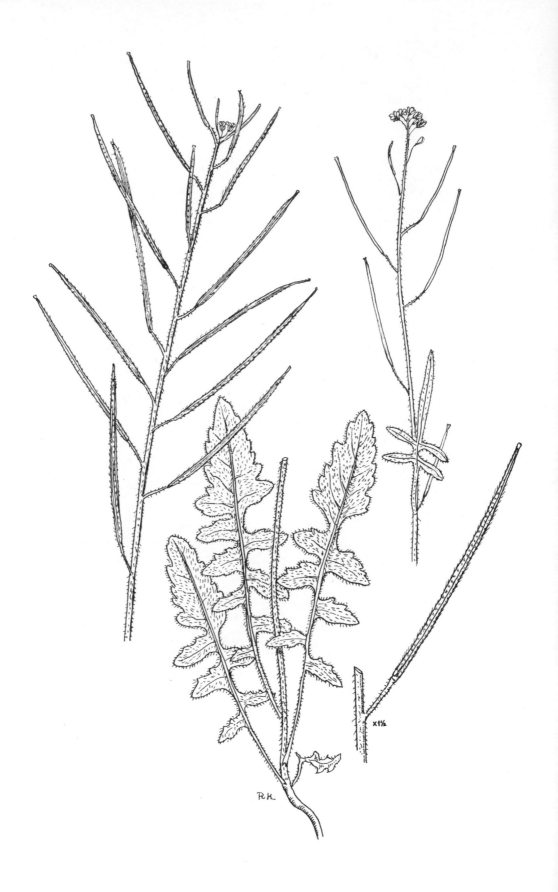

367. Sisymbrium damascenum Boiss. et Gaill. תּוּדְרָה דַּמַּשְׂקָאִית

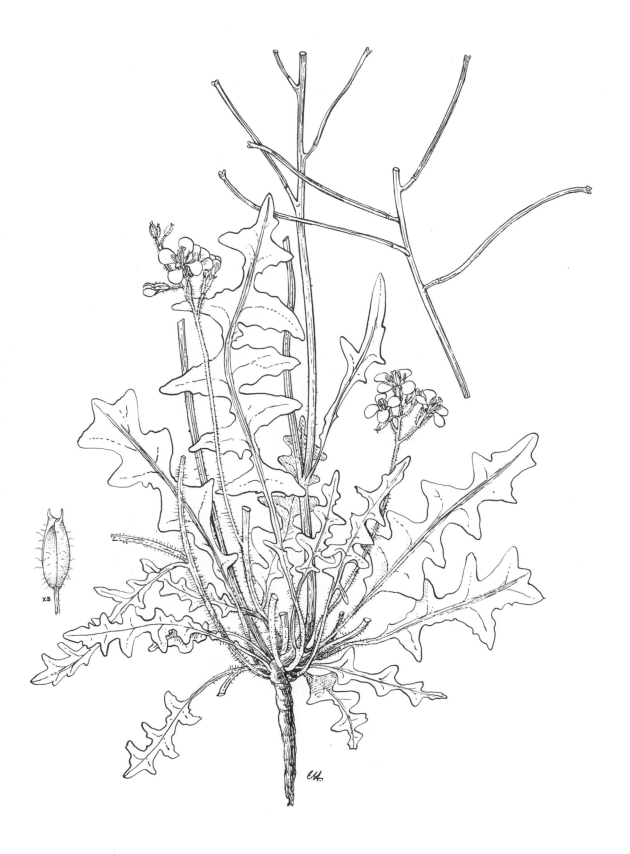

368. Sisymbrium bilobum (C. Koch) Grossh. תּוּדְרָה נָאָה

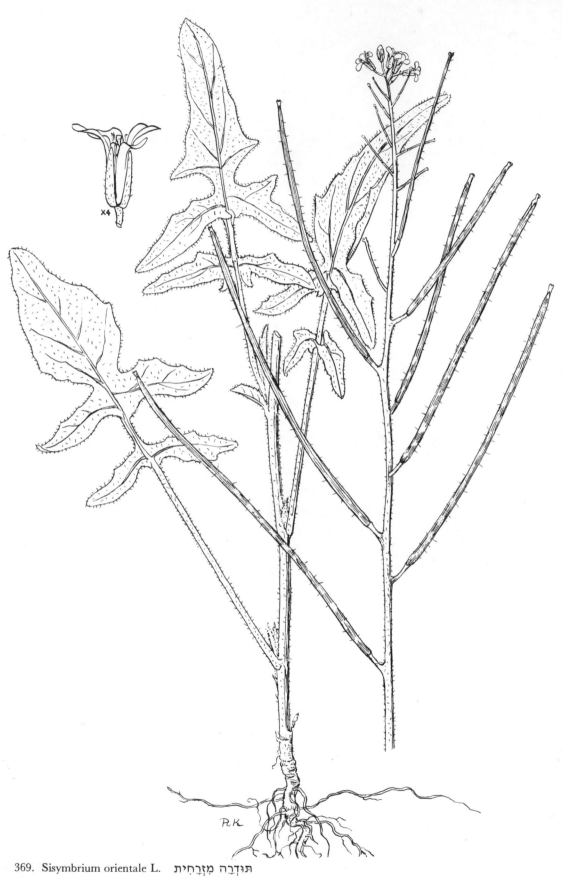

369. Sisymbrium orientale L. תּוּדְרָה מִזְרָחִית

370. Sisymbrium erysimoides Desf. תּוּדְרָה מְעֻבָּה

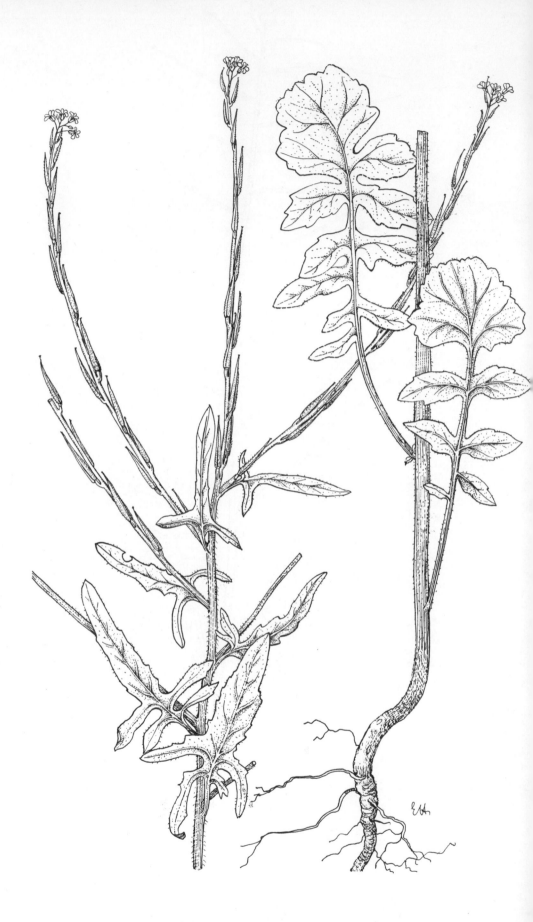

371. Sisymbrium officinale (L.) Scop. תּוּדְרָה רְפוּאִית

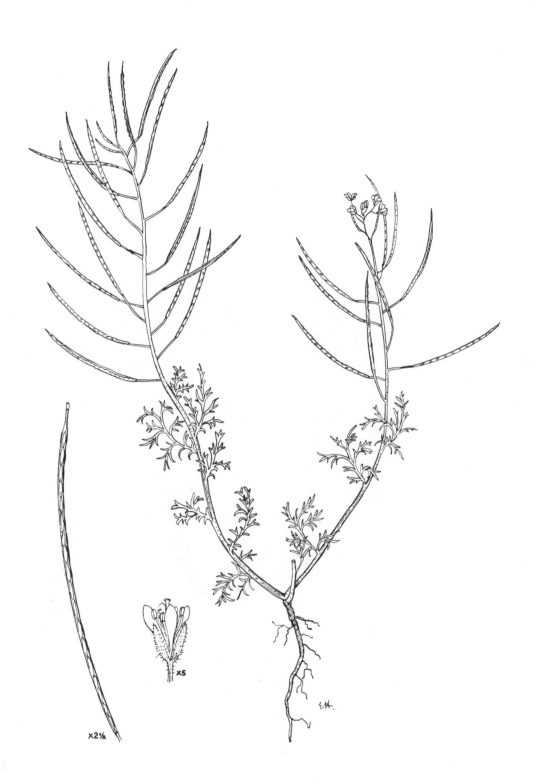

x2½
x5

372. Descurainia sophia (L.) Webb דֶּסְקוּרֶנְיָה מְנֻצָּה

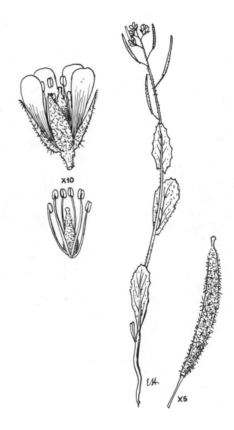

373. Arabidopsis pumila (Steph.) Busch תּוּדְרָנִית קְטַנָּה

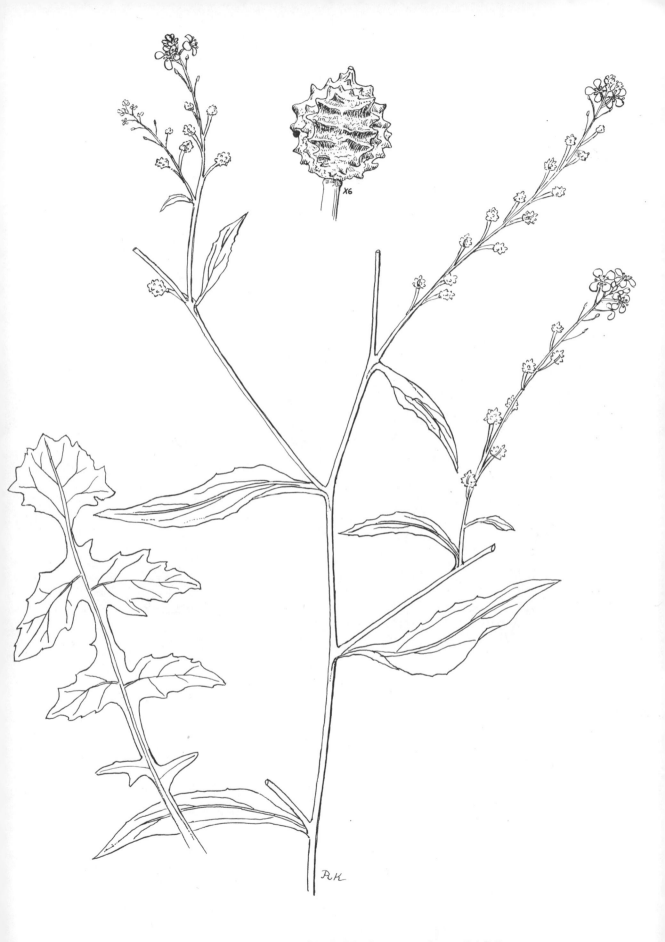

374. Ochthodium aegyptiacum (L.) DC. חֲטוֹטְרָן מָצוּי

PoK.

375. Myagrum perfoliatum L.   מִיאַגְרוֹן אָזוּן

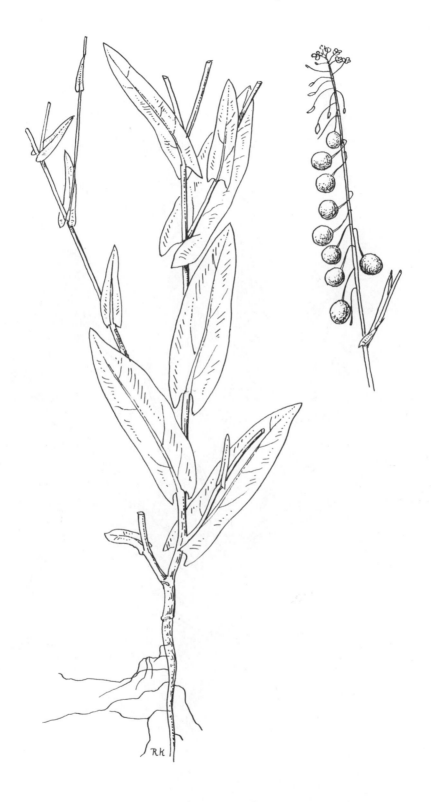

376. Texiera glastifolia (DC.) Jaub. et Sp. גְּלָנִית קֵרַחַת

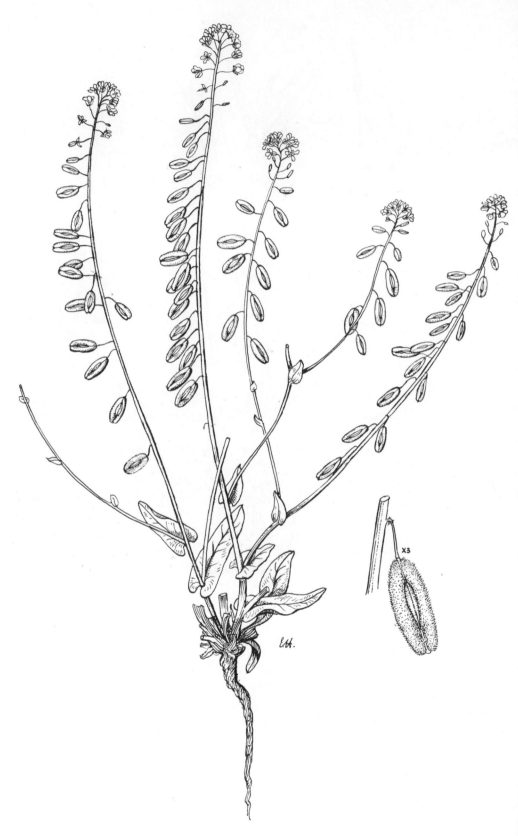

377. Isatis microcarpa J. Gay   אִיסָטִיס קְטַן-פְּרִי

378. Isatis lusitanica L.   אִיסָטִיס מָצוּי

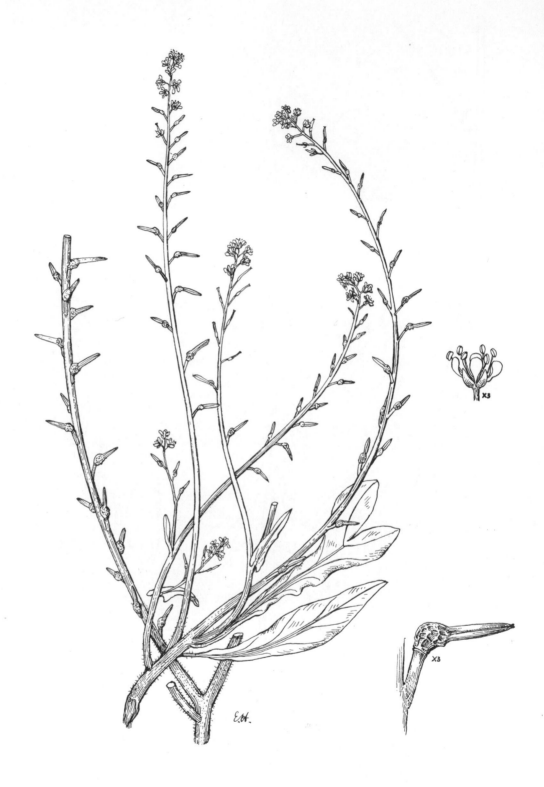

379. Schimpera arabica Hochst. et Steud. חַרְטֻמִּית עֲרָבִית

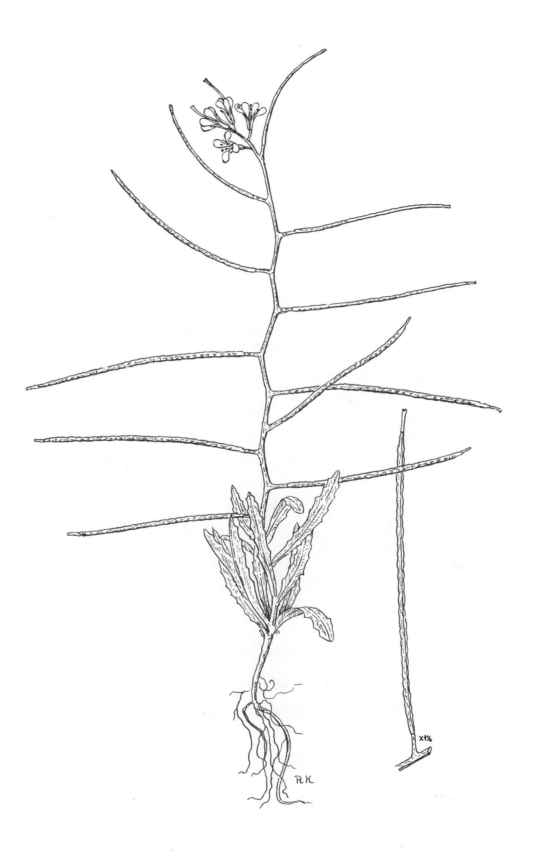

380. Erysimum repandum L. אֶרִיסִימוֹן גַּלּוֹנִי

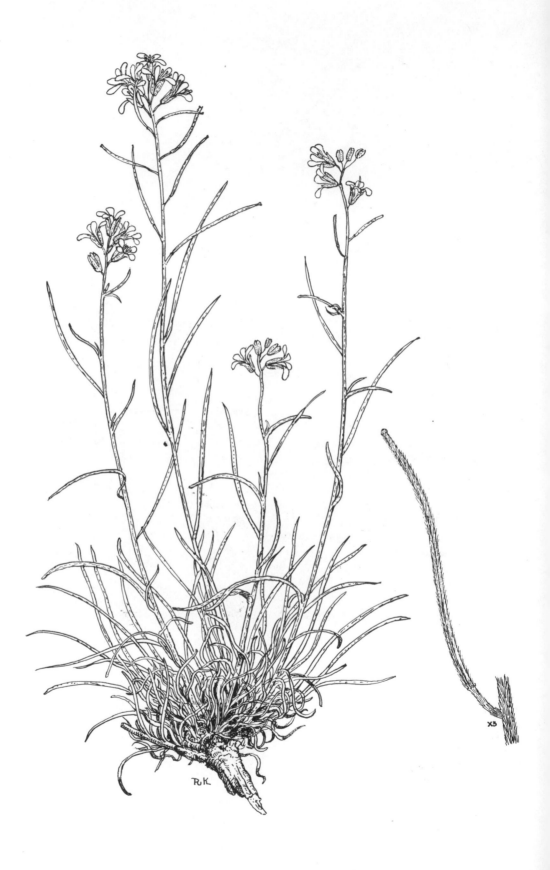

381. Erysimum crassipes Fisch. et Mey. אֶרִיסִימוֹן תָּמִים

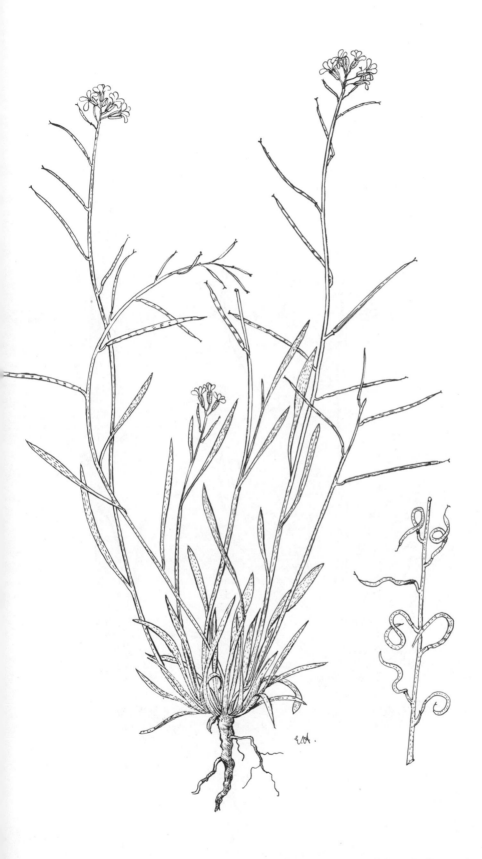

382. Erysimum oleifolium J. Gay אֶרִיסִימוֹן זֵיתָנִי

383. Hesperis pendula DC. מַעֲרִיב מְשֻׁלְשָׁל

384. Nasturtiopsis arabica Boiss.   גַּרְגִּירְיוֹן עֲרָבִי

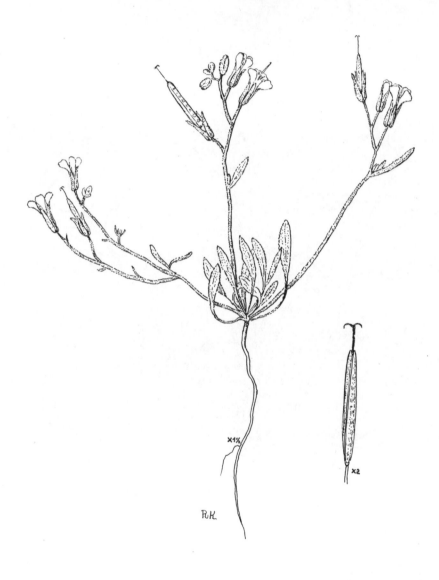

385. Stigmatella longistyla Eig צְלוֹקִית אֲדוֹם

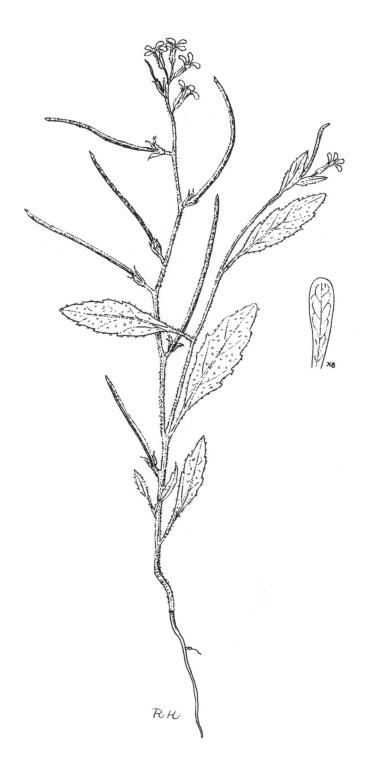

386. Malcolmia africana (L.) R. Br. מַלְקוֹלְמְיָה אַפְרִיקָנִית

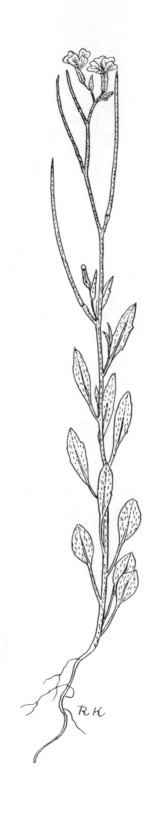

387. Malcolmia chia (L.) DC. מַלְקוֹלְמְיָה הֲרָרִית

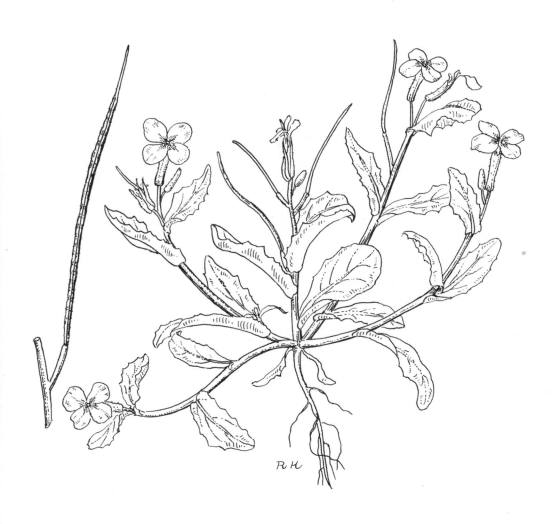

388. Malcolmia crenulata (DC.) Boiss. מַלְקוֹלְמְיָה חֲרוּקָה

389. Eremobium aegyptiacum (Spreng.) Aschers. et Schweinf.   בַּת־מִדְבָּר מִצְרִית

390. Torularia torulosa (Desf.) O. E. Schulz שֶׁנֶס הַמִּדְבָּר

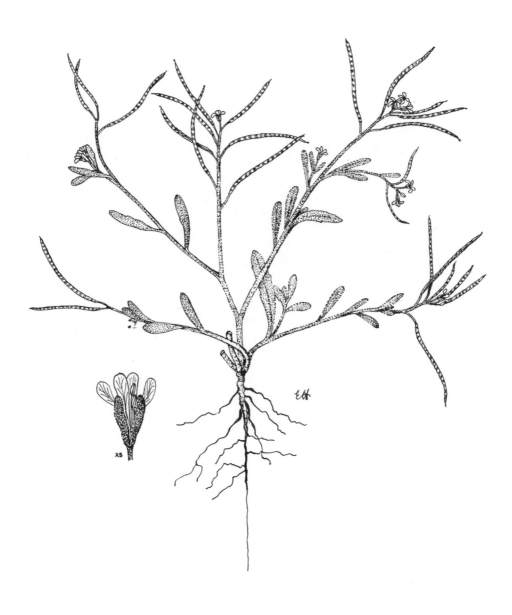

391. Maresia nana (DC.) Batt. מָרֶסְיָה זְעִירָה

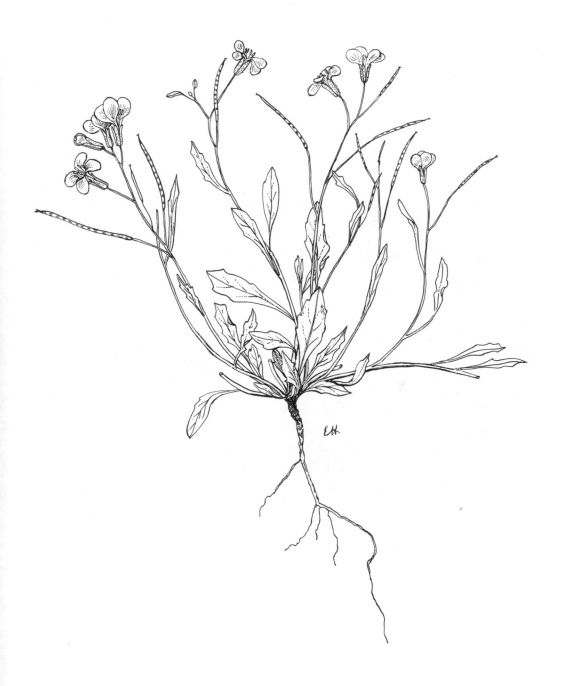

392. Maresia pulchella (DC.) O. E. Schulz מָרֶסְיָה יְפֵהפִיָּה

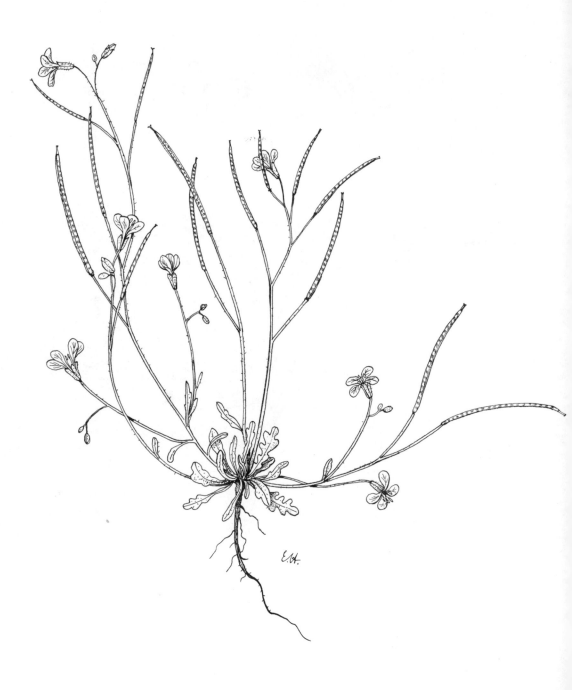

393. Maresia pygmaea (Del.) O. E. Schulz מָרֶסְיָה נַנָּסִית

394. Leptaleum filifolium (Willd.) DC.   בִּינִית הַמִּדְבָּר

395. Matthiola arabica Boiss.　מַנְתּוּר עֲרָבִי

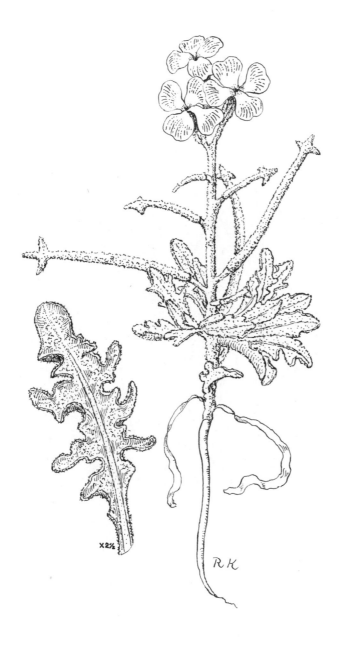

396. Matthiola tricuspidata (L.) R. Br.   מַנְתּוּר שְׁלֹשֶׁת־הַחֻדִּים

397. Matthiola aspera Boiss.   מַנְתּוּר מְחֻסְפָּס

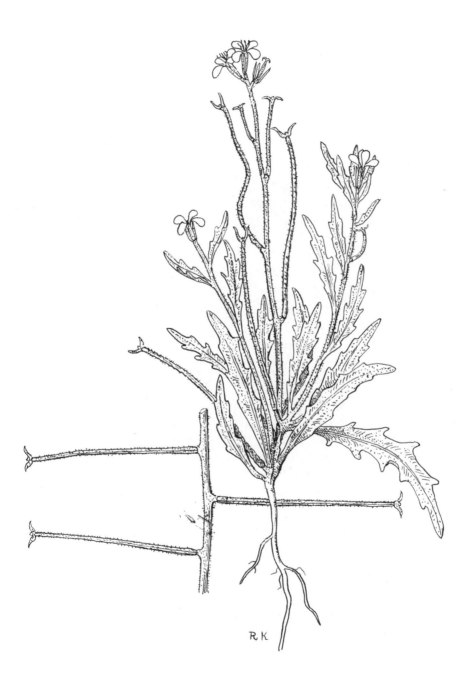

398. Matthiola parviflora (Schousb.) R. Br. מַנְתּוּר קְטַן־פְּרָחִים

399. Matthiola longipetala (Vent.) DC. מַנְתּוּר מָצוּי

400. Matthiola livida (Del.) DC. מַנְתּוּר הַמִּדְבָּר

401. Morettia philaeana (Del.) DC.   מוֹרֶטְיָה מְחֻסְפֶּסֶת

402. Morettia canescens Boiss.　מוֹרֶטְיָה מַלְבִּינָה

403. Morettia parviflora Boiss. מוֹרֶטְיָה קְטַנַּת־פְּרָחִים

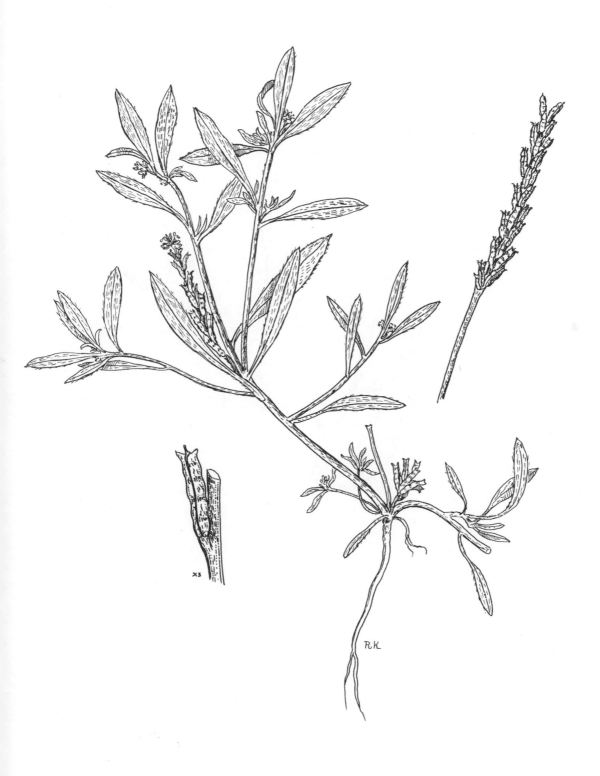

404. Notoceras bicorne (Ait.) Caruel דוקרן מדברי

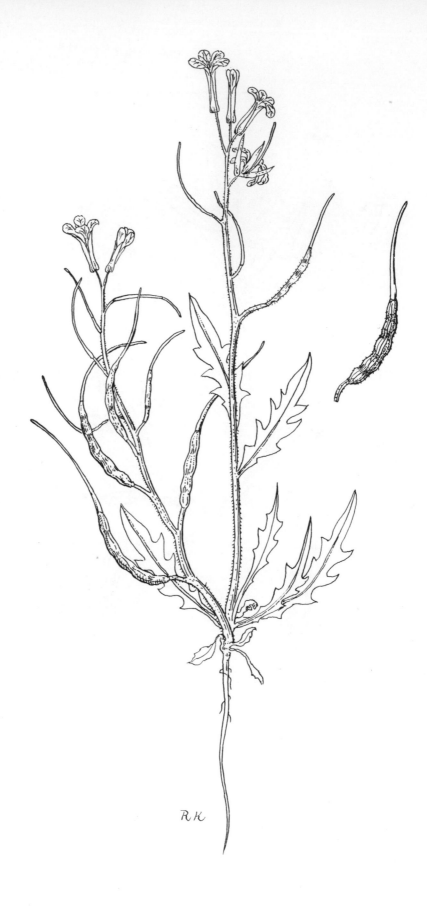

405. Chorispora purpurascens (Banks et Sol.) Eig קֶרֶן־יַעֲל סוּרִית

406. Anastatica hierochuntica L. שׁוֹשַׁנַּת־יְרִיחוֹ אֲמִתִּית

407. **Rorippa amphibia** (L.) Bess.   רוֹרִיפָּה טוֹבְעָנִית

408. Nasturtium officinale R. Br.   גַּרְגִּיר הַנְּחָלִים

409. Cardamine hirsuta L.   קַרְדָּמִין שָׂעִיר

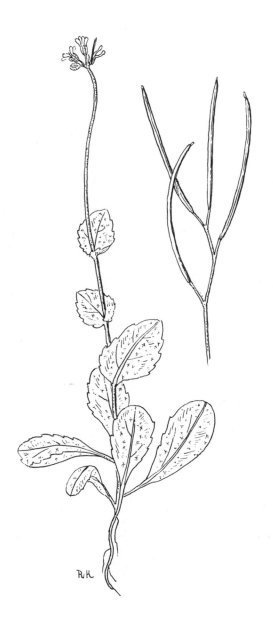

410. Arabis verna (L.) R. Br. אֲרַבִּיס אֲבִיבִי

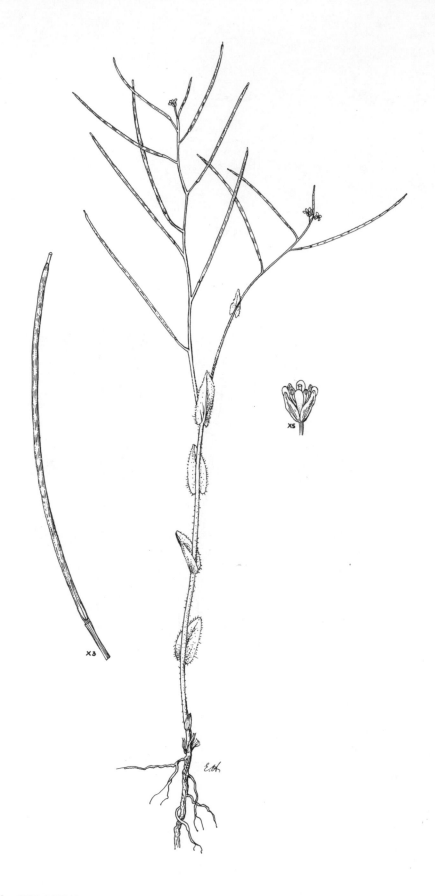

411. Arabis nova Vill. אֲרַבִּיס אָזוּן

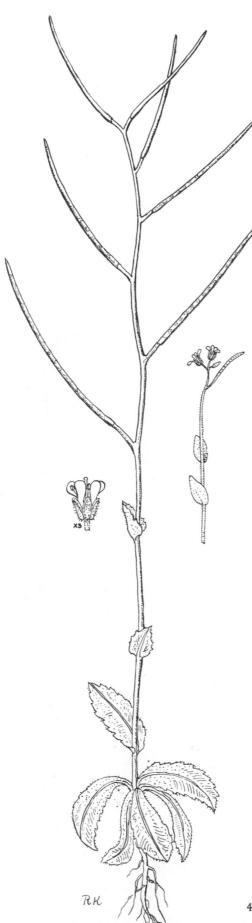

RK

412. Arabis aucheri Boiss. אֲרַבִּיס אוֹשֶׁה

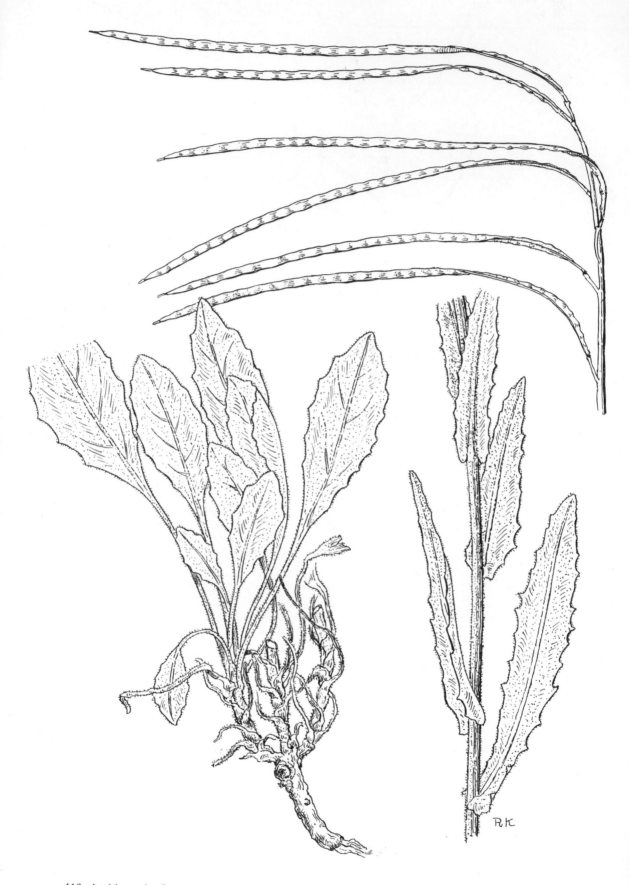

413. Arabis turrita L. אֲרַבִּיס נָאָה

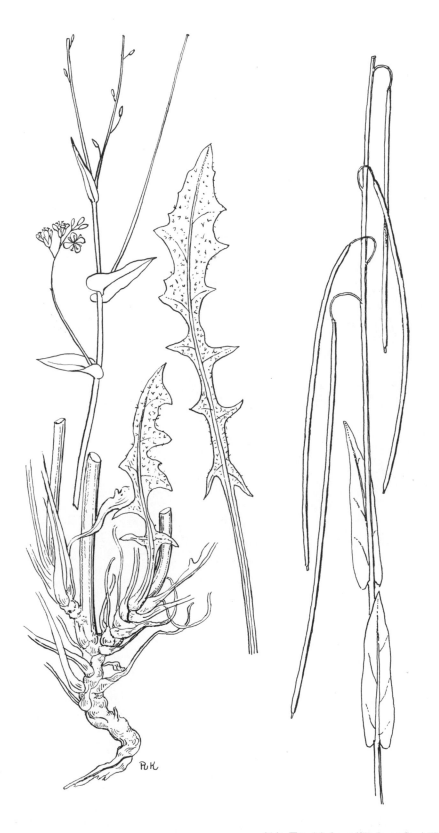

414. Turritis laxa (Sibth. et Sm.) Hay.　טוּרִית רָפָה

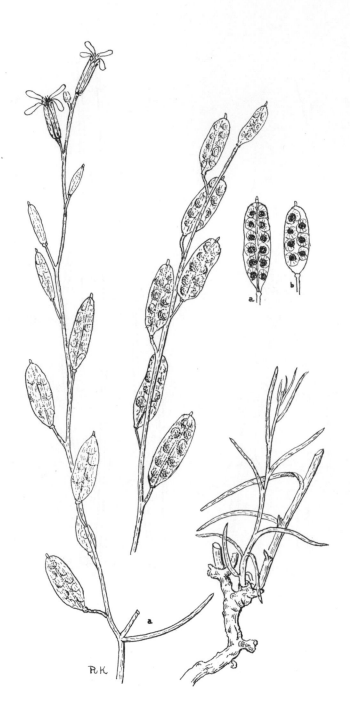

415. Farsetia aegyptiaca Turra　פַרְסֶטְיָה מִצְרִית

RK   416. Ricotia lunaria (L.) DC.   כַּרְמְלִית נָאָה

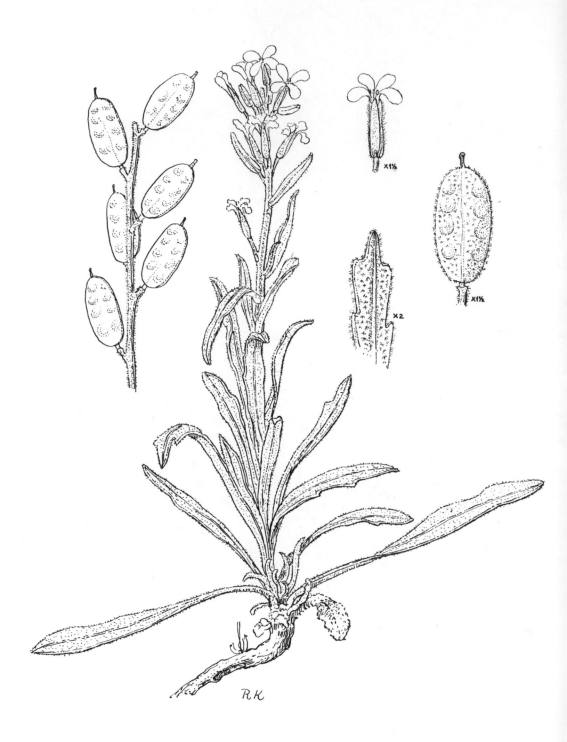

417. Fibigia clypeata (L.) Medik. מִשְׁקְפֵי הַזְּקֵנָה

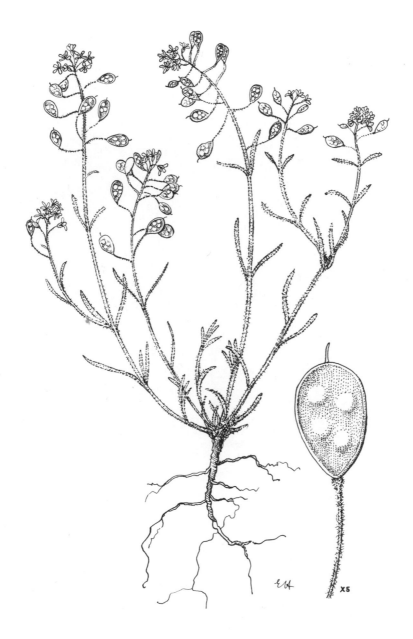

418. Alyssum meniocoides Boiss.   אֲלִיסוֹן קֵרֵחַ

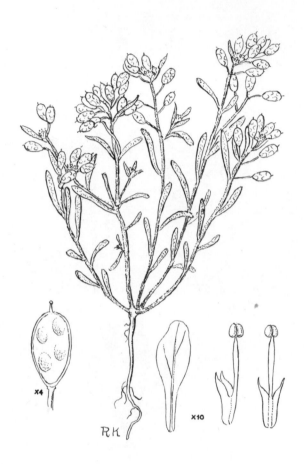

419. Alyssum linifolium Steph.   אֲלִיסוֹן זָעִיר

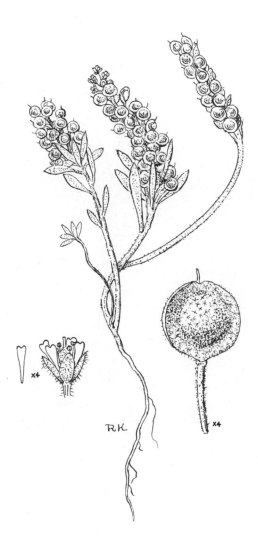

420. Alyssum damascenum Boiss. et Gaill. אֲלִיסוֹן דַּמַּשְׂקָאִי

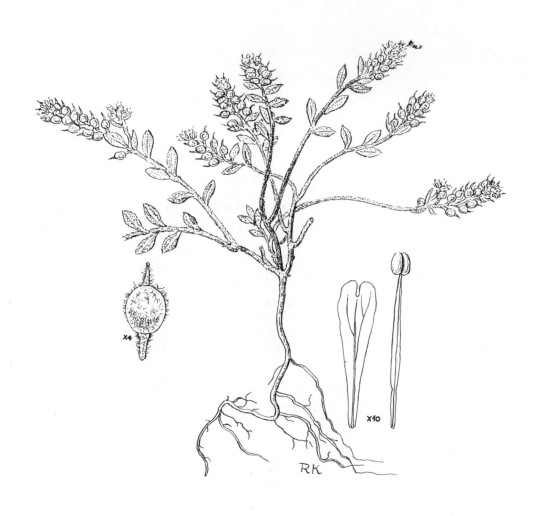

421. Alyssum dasycarpum Steph. אֲלִיסּוֹן סְגַלְגַּל

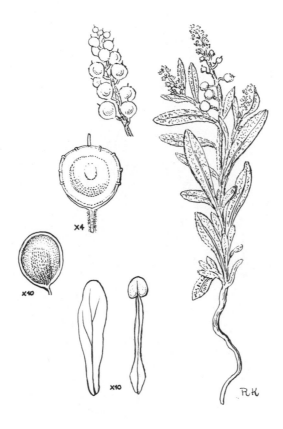

422. Alyssum homalocarpum (Fisch. et Mey.) Boiss. אֲלִיסּוֹן רָקוּעַ

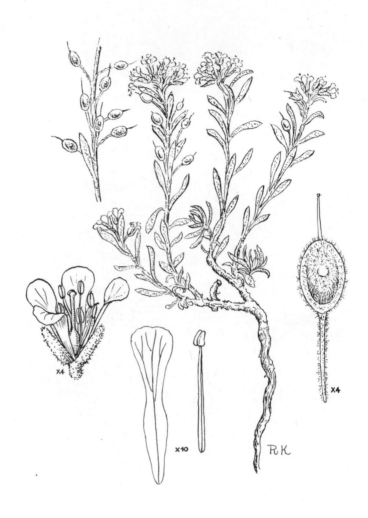

423. Alyssum iranicum Hausskn.   אֲלִיסוֹן פַּרְסִי

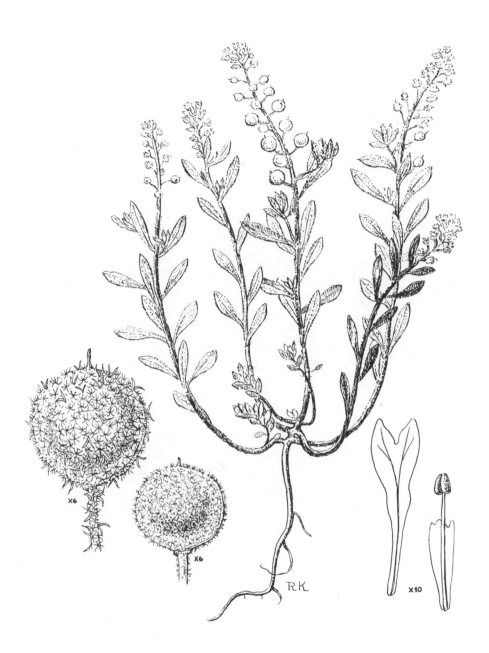

424. Alyssum minus (L.) Rothm.   אֲלִיסוֹן מָצוּי

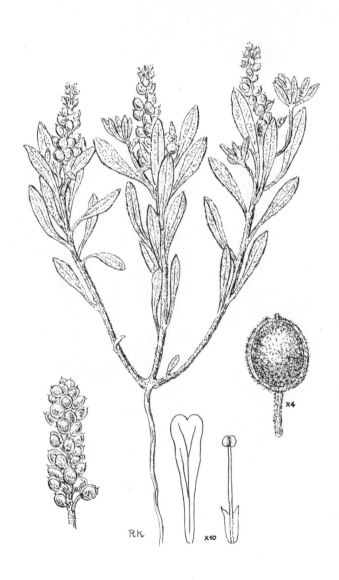

425. Alyssum marginatum Steud. אֲלִיסוֹן מָלוּל

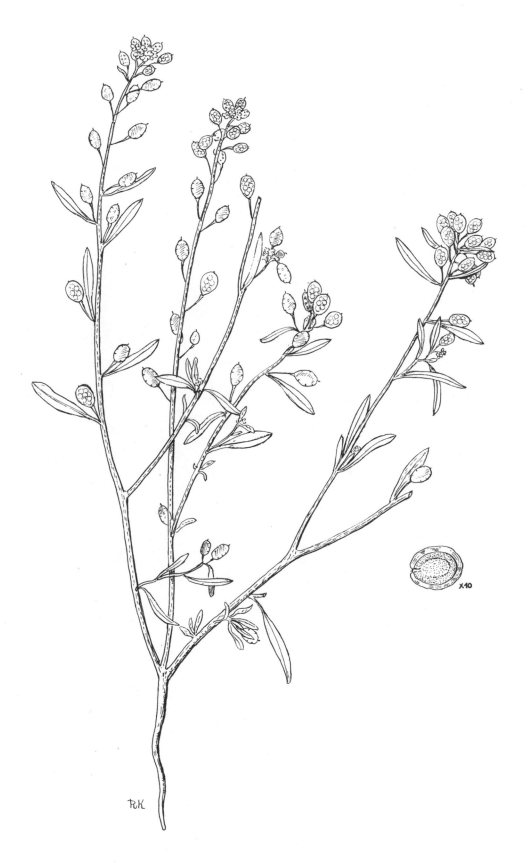

426. Lobularia libyca (Viv.) Webb et Berth. מְלַלָנִית מִצְרִית

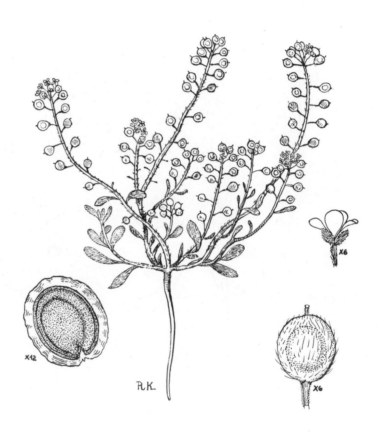

427. Lobularia arabica (Boiss.) Muschl. מְלָלָנִית עֲרָבִית

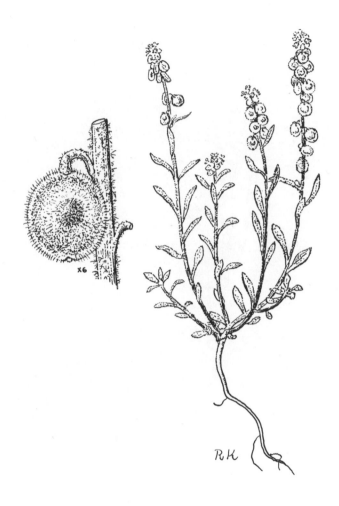

428. Clypeola jonthlaspi L.   תְּרִיסָנִית מְלוּלָה

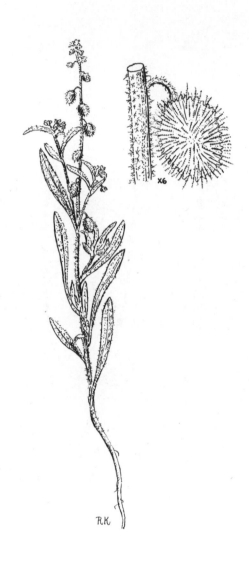

429. Clypeola aspera (Grauer) Turrill תְּרִיסָנִית שְׂכָּנִית

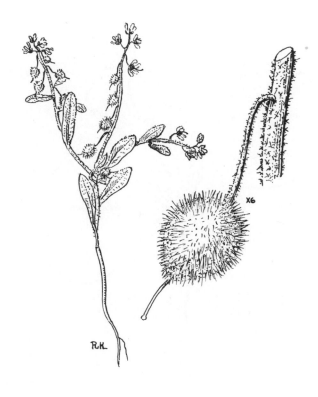

430. Clypeola lappacea Boiss.   תְּרִיסָנִית מְחֻדֶּדֶת

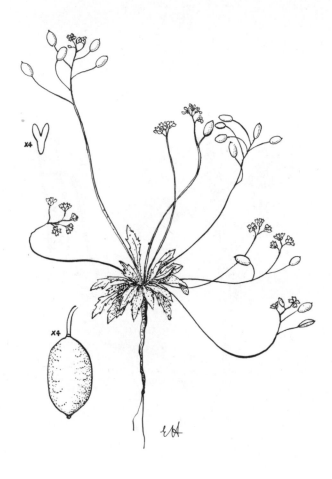

431. Erophila verna (L.) Bess.   אֲבִיבִית בֵּינוֹנִית

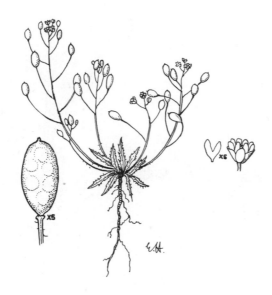

432. Erophila minima C.A. Mey.   אֲבִיבִית זְעִירָה

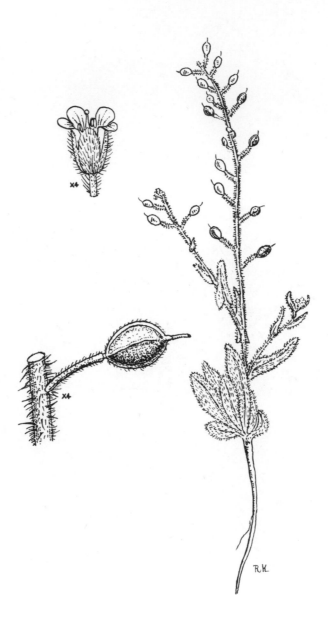

433. Camelina hispida Boiss. קָמֶלִינָה סְמוּרָה

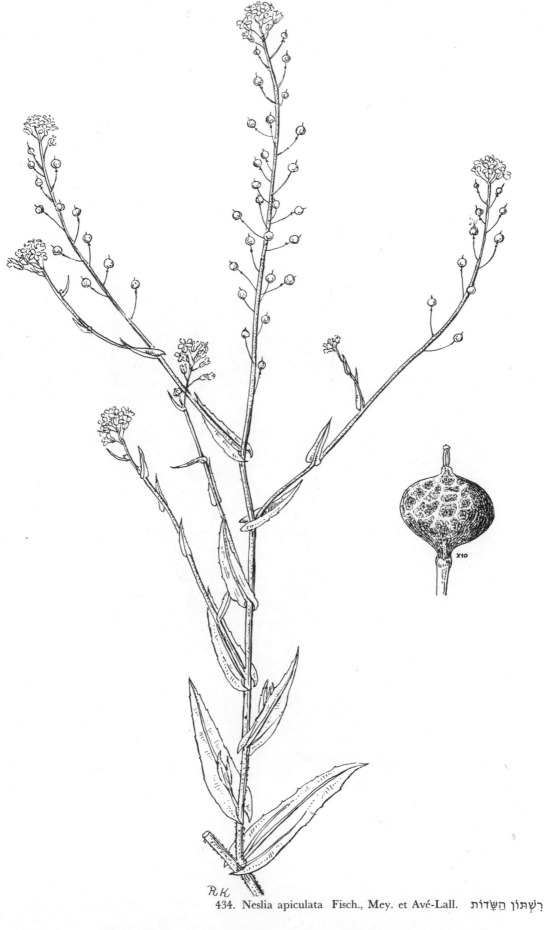

434. Neslia apiculata Fisch., Mey. et Avé-Lall.　רִשְׁתּוֹן הַשָּׂדוֹת

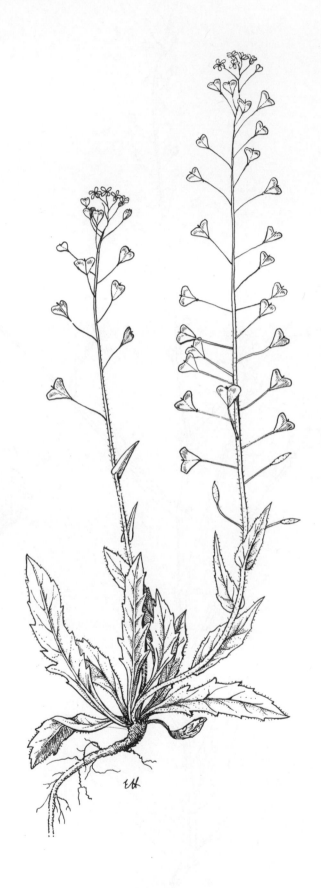

435. Capsella bursa-pastoris (L.) Medik.   יַלְקוּט הָרוֹעִים

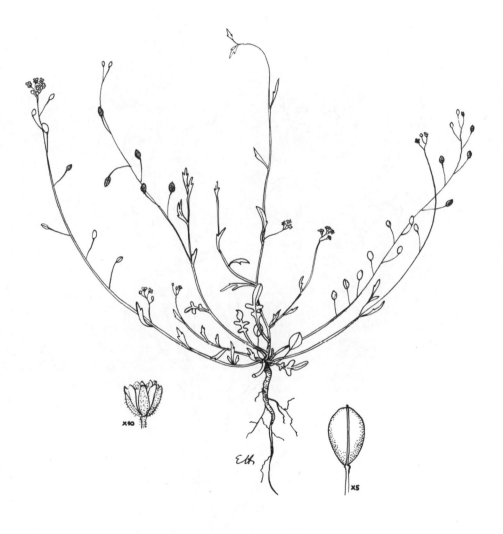

436. Hymenolobus procumbens (L.) Nutt. יַלְקוּטוֹן שָׂרוּעַ

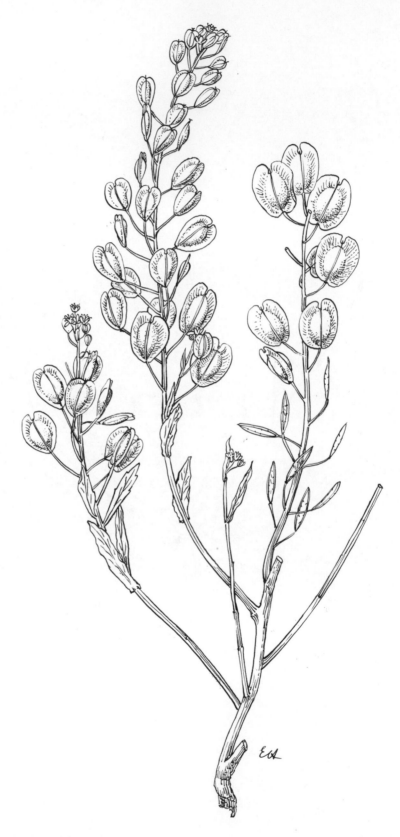

437. Thlaspi arvense L. חַפְנַיִם נְדִירִים

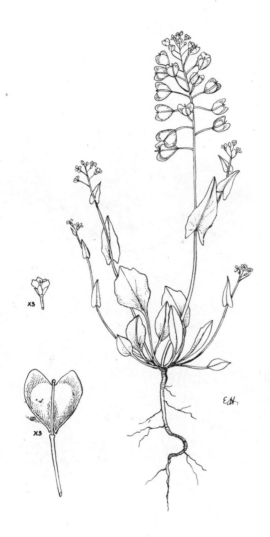

438. Thlaspi perfoliatum L. חֲפָנַיִם מְצוּיִים

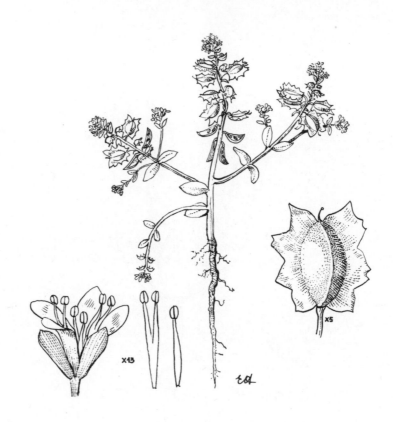

439. Aethionema carneum (Banks et Sol.) Fedtsch. דוּפְרִית מְכֻרְבֶּלֶת

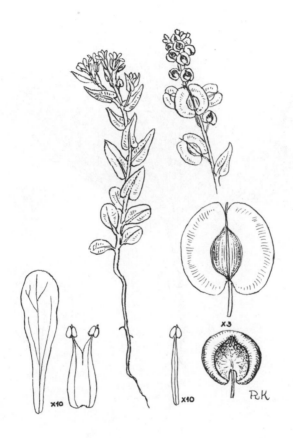

440. Aethionema heterocarpum J. Gay   דּוּפְרִית תְּמִימָה

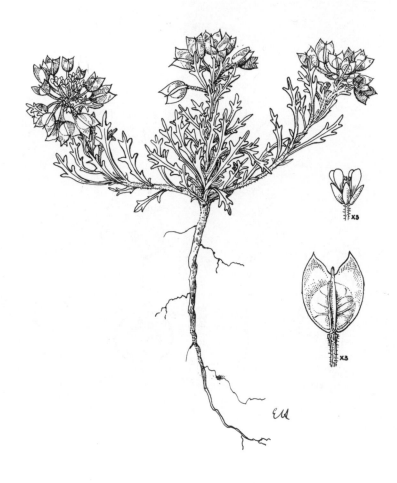

441. Iberis odorata L. דּוּכָנָף רֵיחָנִי

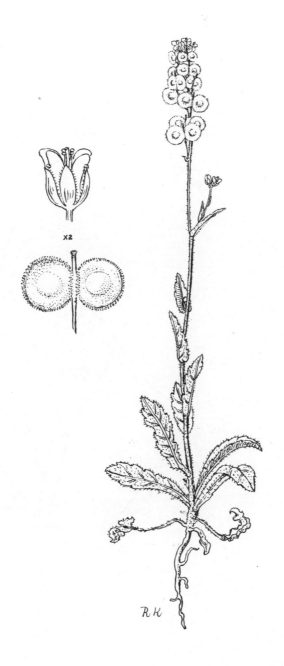

442. Biscutella didyma L. מִצְלְתַּיִם מְצוּיִים

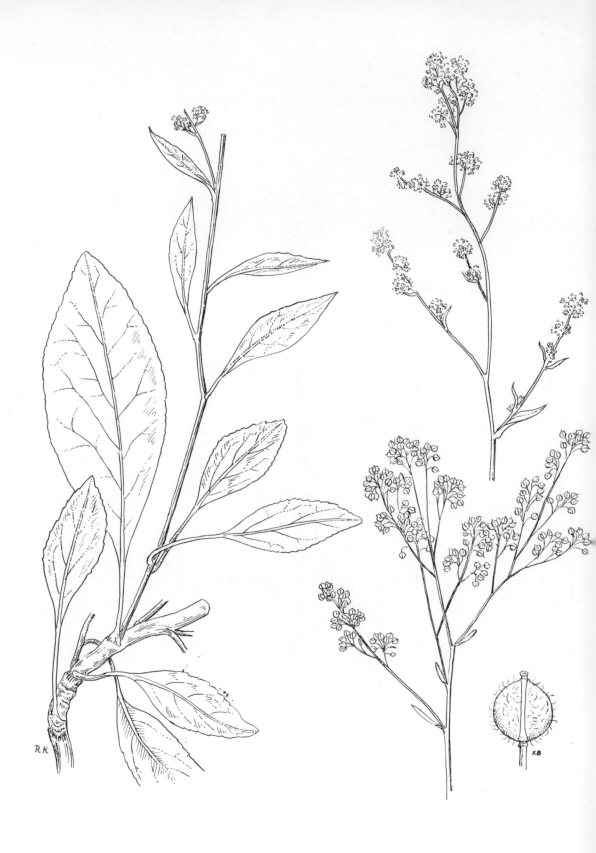

443. Lepidium latifolium L. שַׁחֲלַיִם גְּבוֹהִים

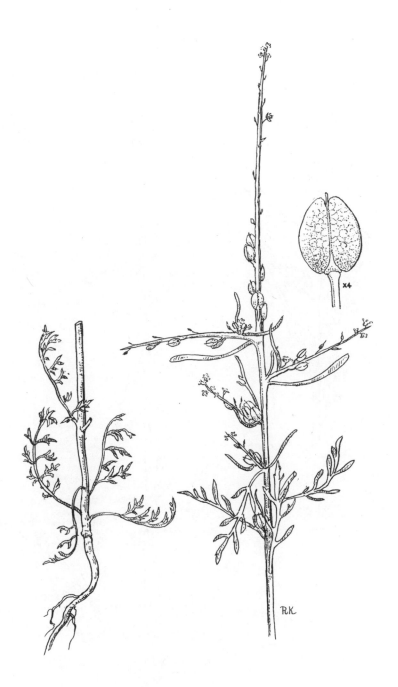

444. Lepidium spinescens DC. שַׁחֲלַיִם דּוּקַרְנִיִּים

445. Lepidium spinosum Ard. שַׁחֲלַיִם קוֹצָנִיִּים

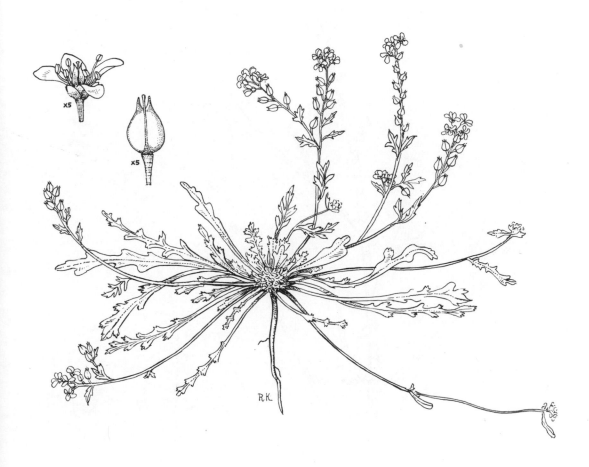

446. Lepidium aucheri Boiss.　שַׁחֲלַיִם שְׂרוּעִים

447. Lepidium sativum L.   שַׁחֲלַיִם תַּרְבּוּתִיִּים   a. Lepidium ruderale L.   שַׁחֲלֵי הָאַשְׁפּוֹת

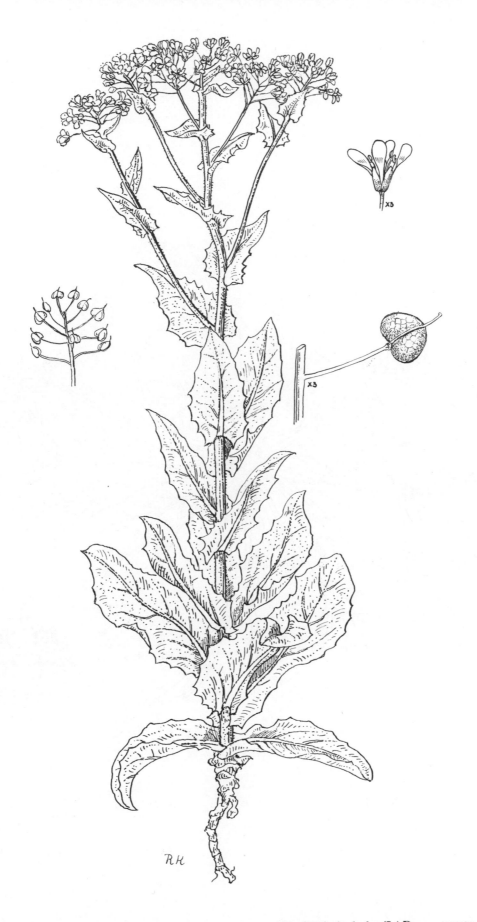

448. Cardaria draba (L.) Desv. קַרְדַּרְיָה מְצוּיָה

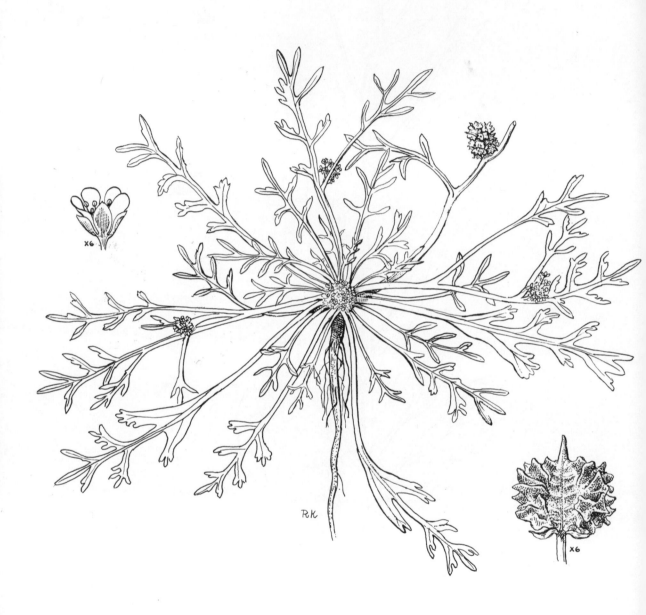

449. Coronopus squamatus (Forssk.) Aschers. שַׁחְלִיל שָׂרוּעַ

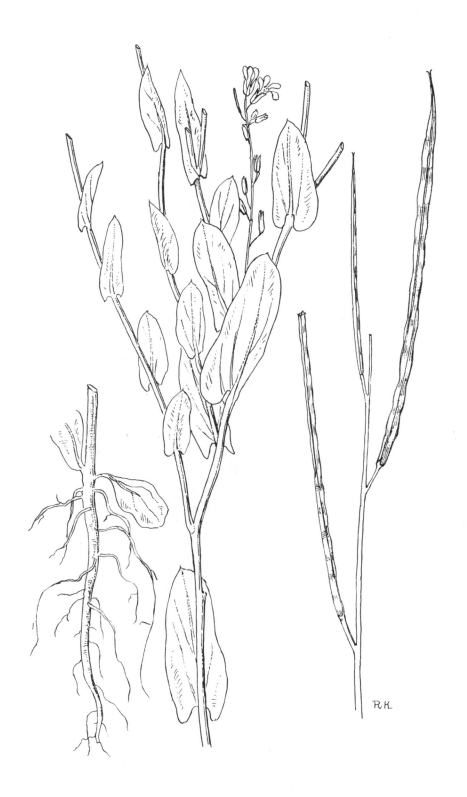

450. Conringia orientalis (L.) **Andrz.** אַרְכַּן מִזְרָחִי

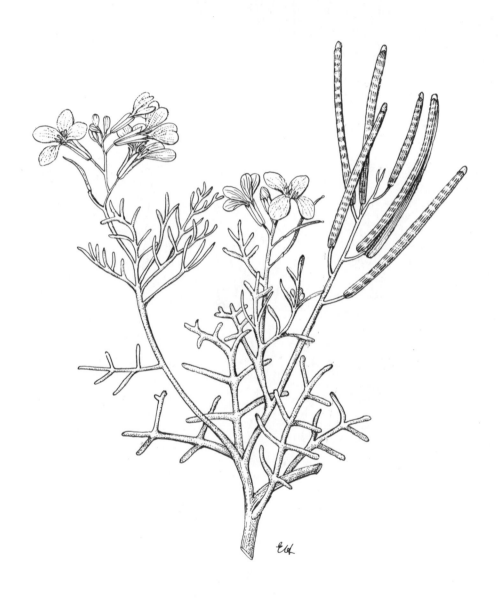

451. Pseuderucaria clavata (Boiss. et Reut.) O. E. Schulz שְׁלַחְלַח הָאַלָּה

452. Moricandia nitens (Viv.) Dur. et Barr.   מוֹרִיקַנְדְיָה מַבְרִיקָה

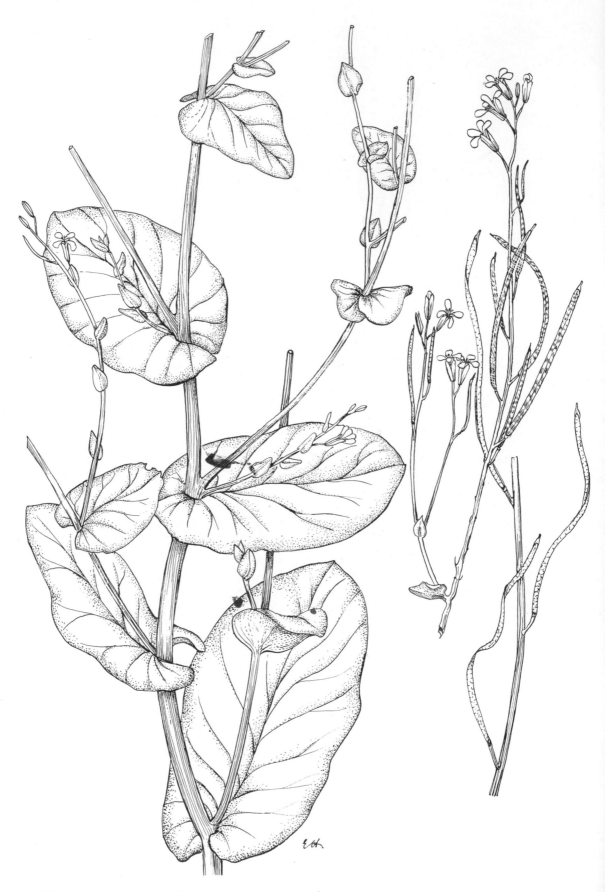

452a. Moricandia sinaica (Boiss.) Boiss. מוֹרִיקַנְדִּיַּת סִינַי

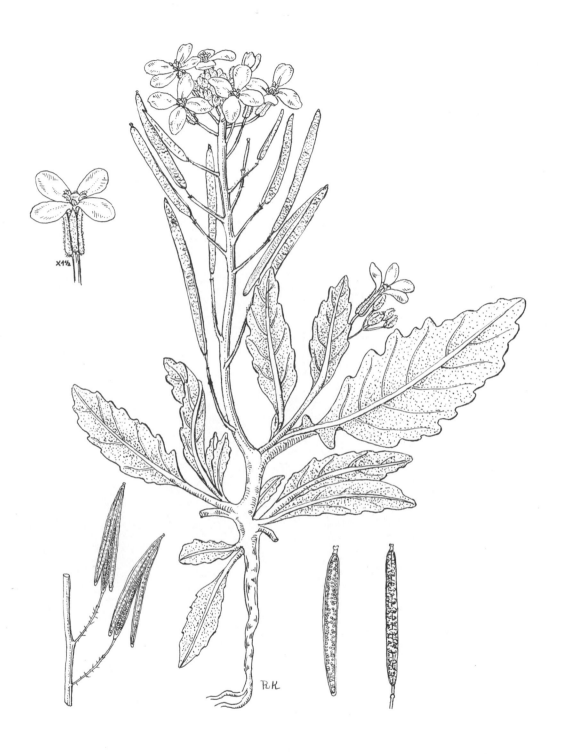

453. Diplotaxis acris (Forssk.) Boiss. טוֹרַיִם מִדְבָּרִיִּים

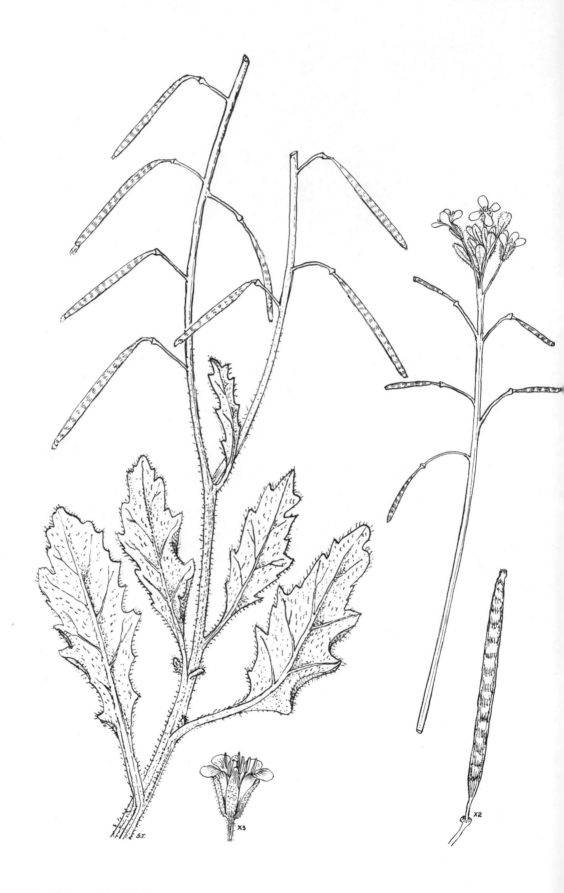

454. Diplotaxis harra (Forssk.) Boiss. טוּרַיִם זִיפָנִיִּים

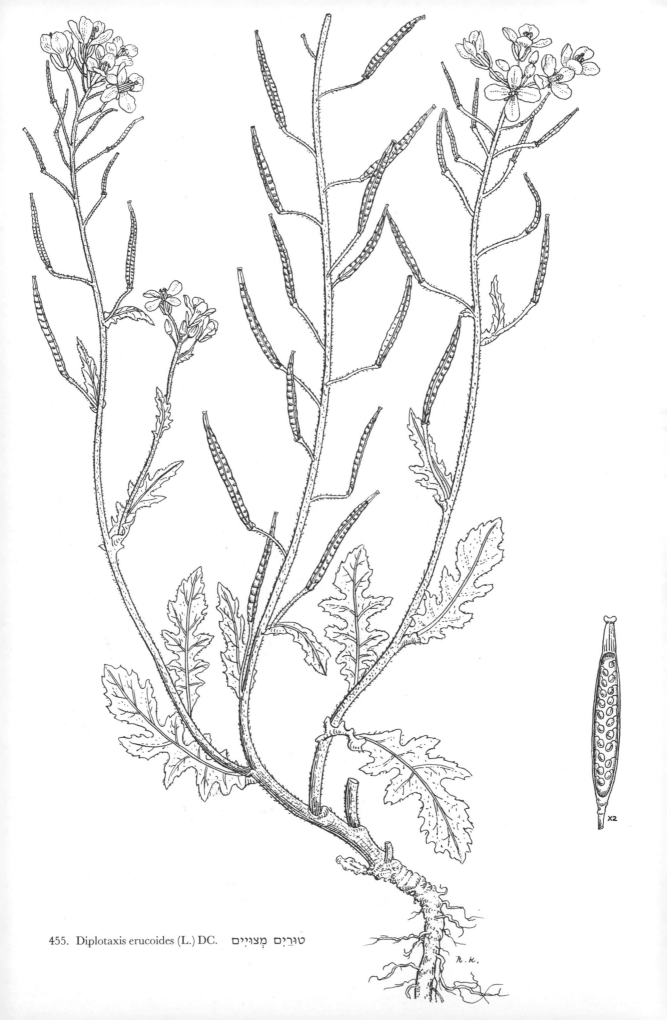

455. Diplotaxis erucoides (L.) DC. טוּרַיִם מְצוּיִים

456. Diplotaxis viminea (L.) DC.   טוּרַיִם קְטַנִּים

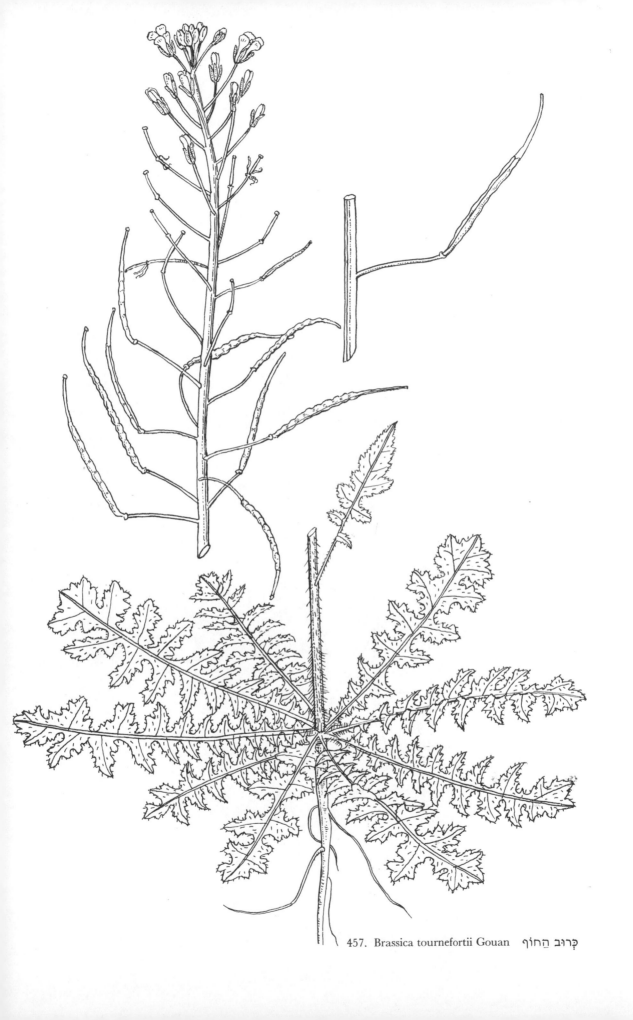

457. Brassica tournefortii Gouan   כְּרוּב הַחוֹף

458. Brassica nigra (L.) Koch כְּרוּב שָׁחוֹר

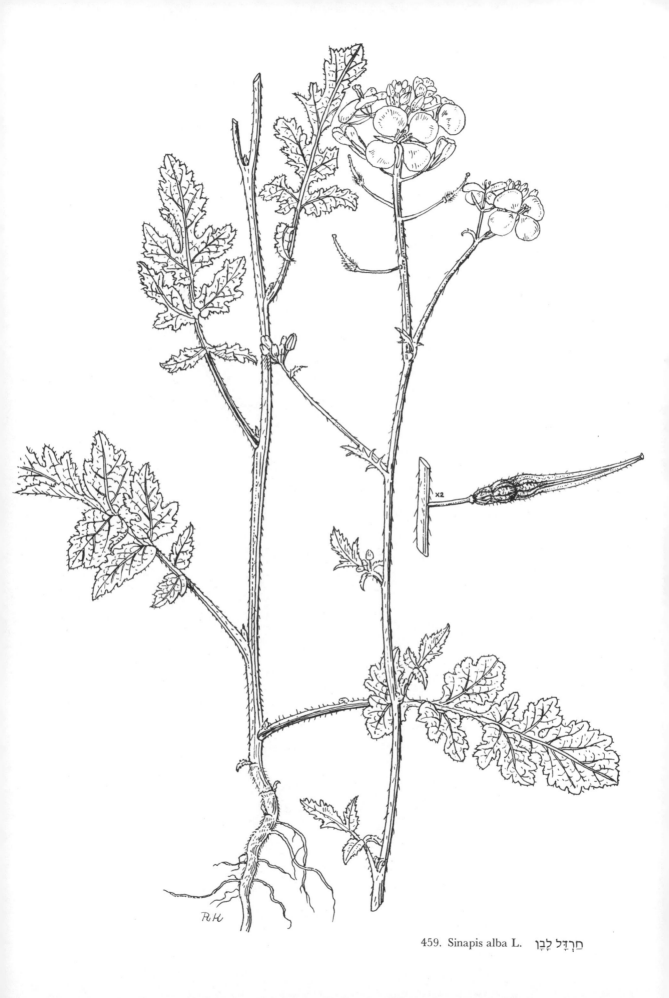

459. Sinapis alba L.   חַרְדָּל לָבָן

460. Sinapis arvensis L.　חַרְדַּל הַשָּׂדֶה

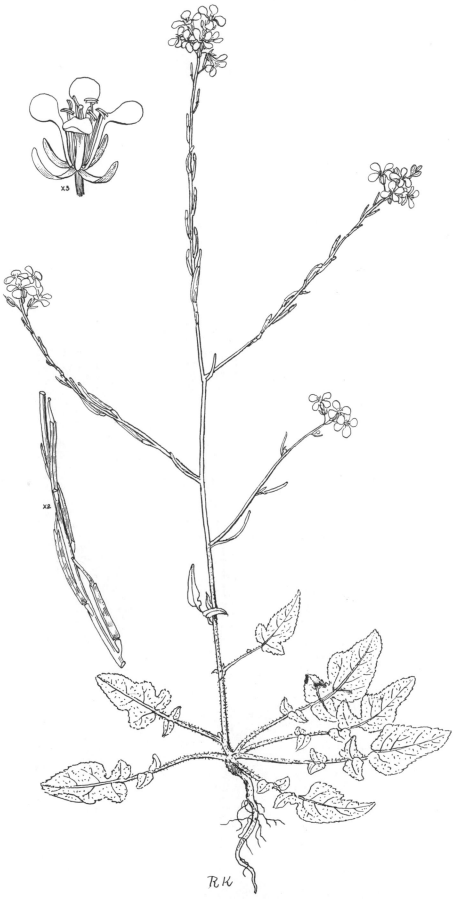

461. Hirschfeldia incana (L.) Lagrèze-Fossat לִפְתִּית מְצוּיָה

462. Eruca sativa Mill. בֶּן־חַרְדָּל מָצוּי

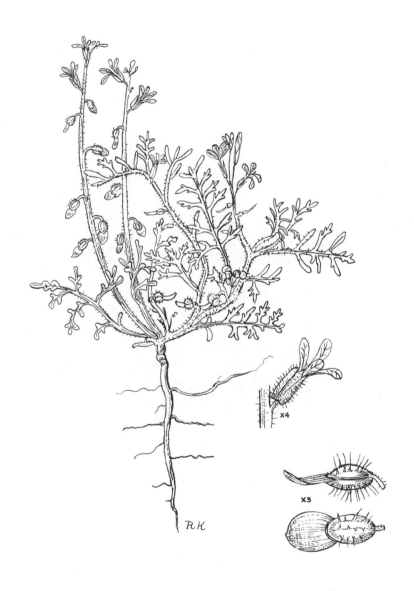

463. Carrichtera annua (L.) DC. כַּפִּיּוֹת שְׂעִירוֹת

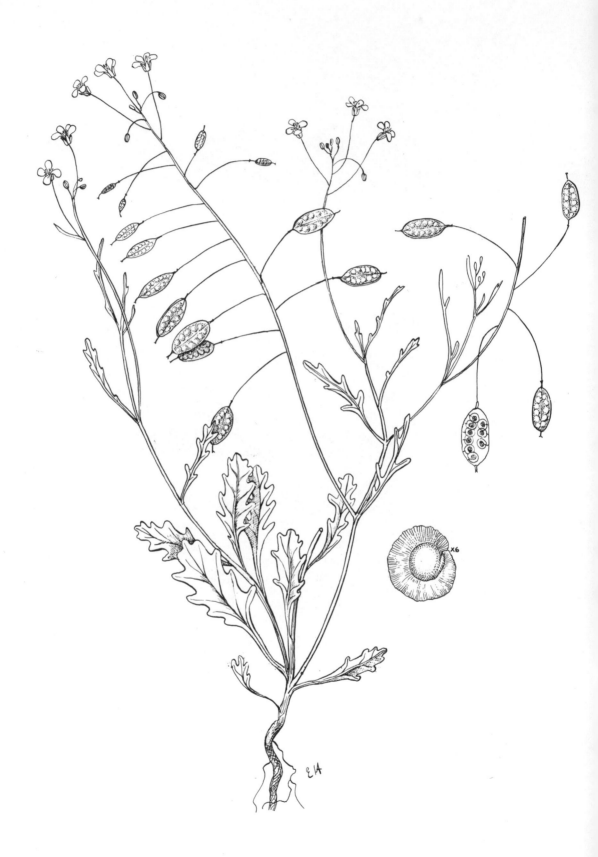

464. Savignya parviflora (Del.) Webb סָבִינְיָה עֲדִינָה

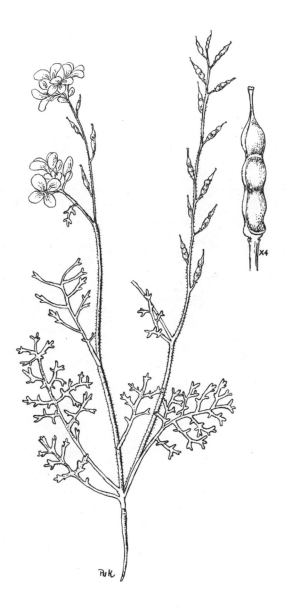

465. Reboudia pinnata (Viv.) O. E. Schulz בֶּן־שֶׁלַח מְנֻצֶּה

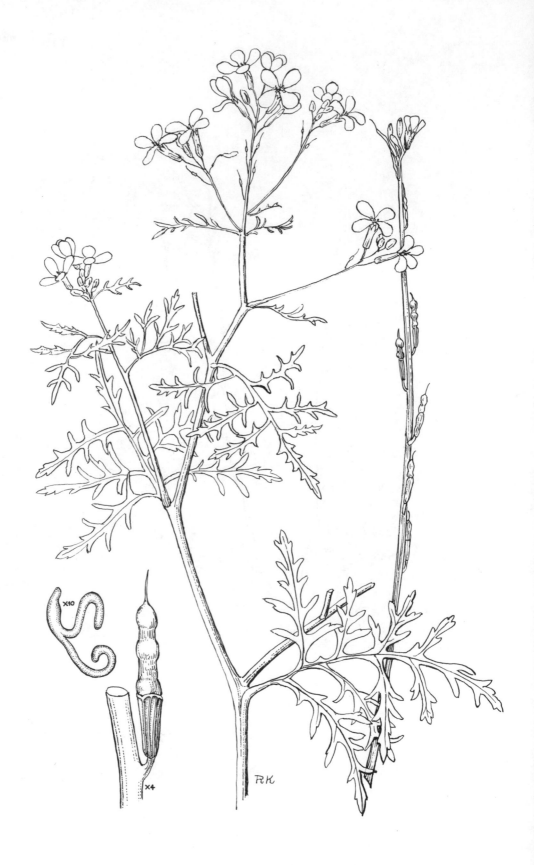

466. Erucaria hispanica (L.) Druce שְׁלַח סְפָרַדִּי

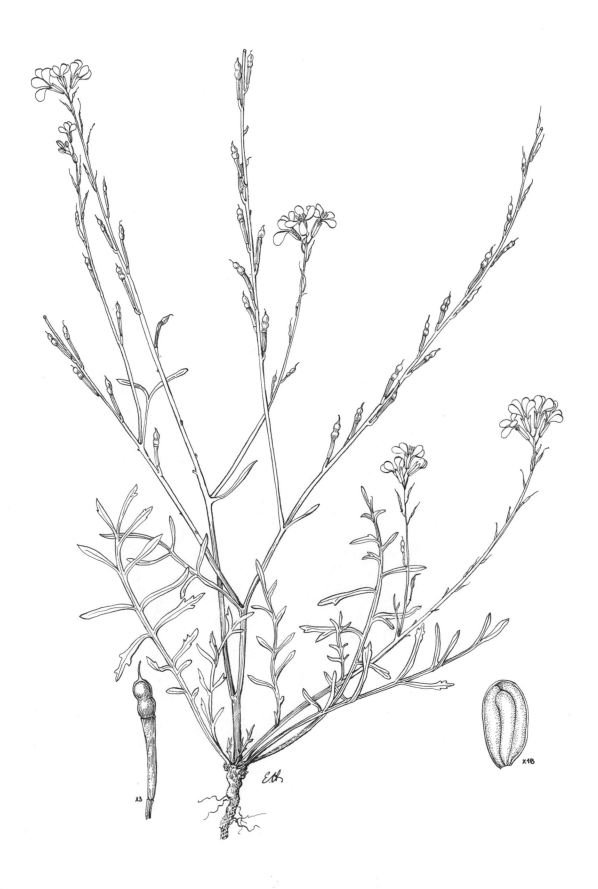

467. Erucaria boveana Coss. שְׁלַח הָעֲרָבוֹת

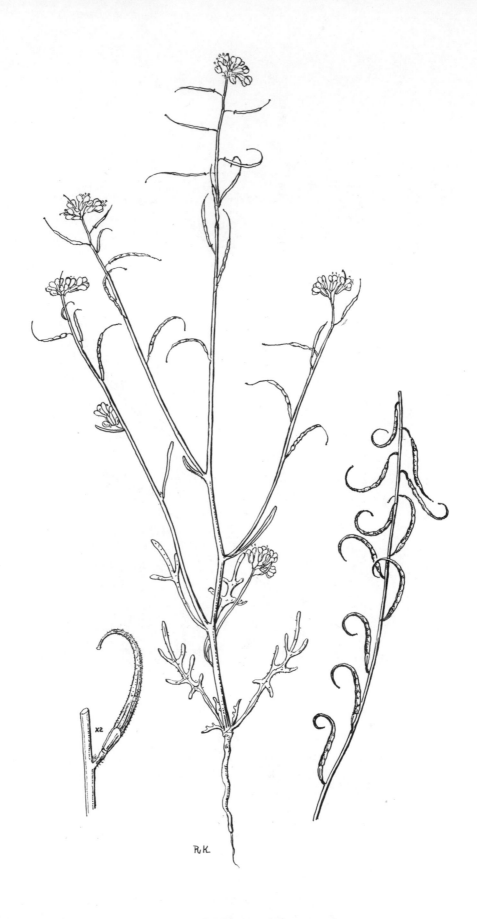

468. Erucaria uncata (Boiss.) Aschers. et Schweinf. שְׁלַח מְאֻנְקָל

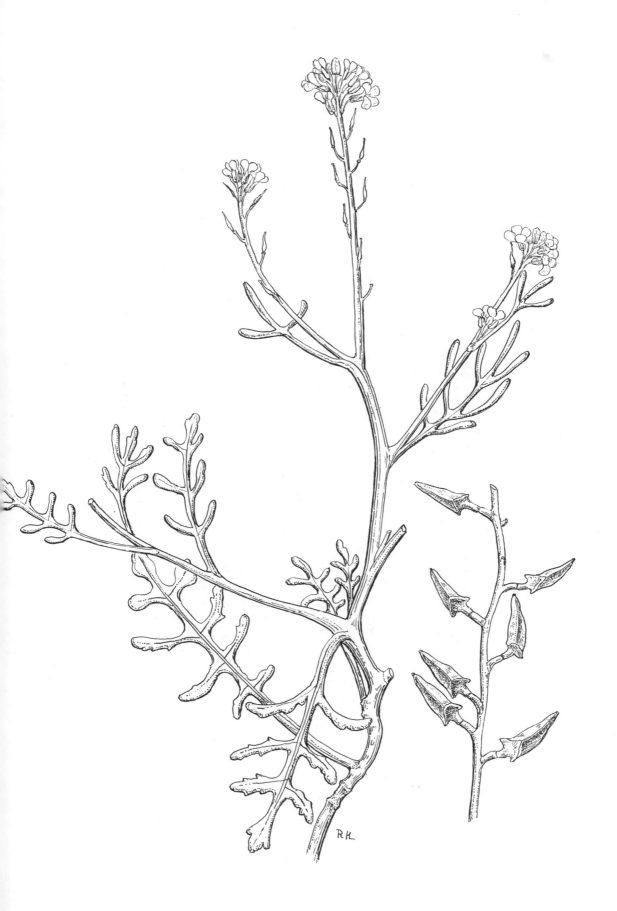

469. Cakile maritima Scop. דּוּפֶרֶק חוֹפִי

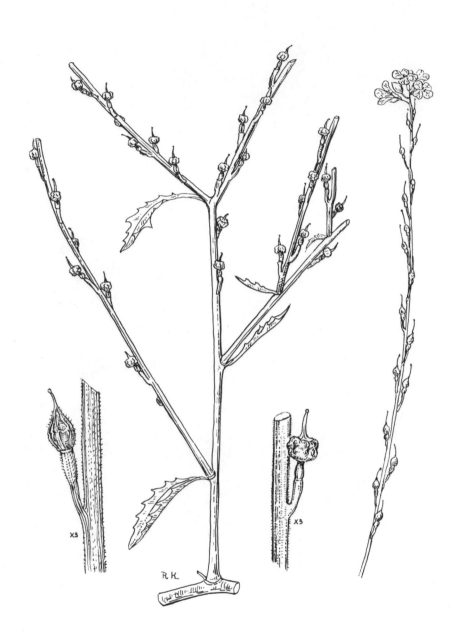

470. Rapistrum rugosum (L.) All.   בַּקְבּוּקוֹן מְקֻמָּט

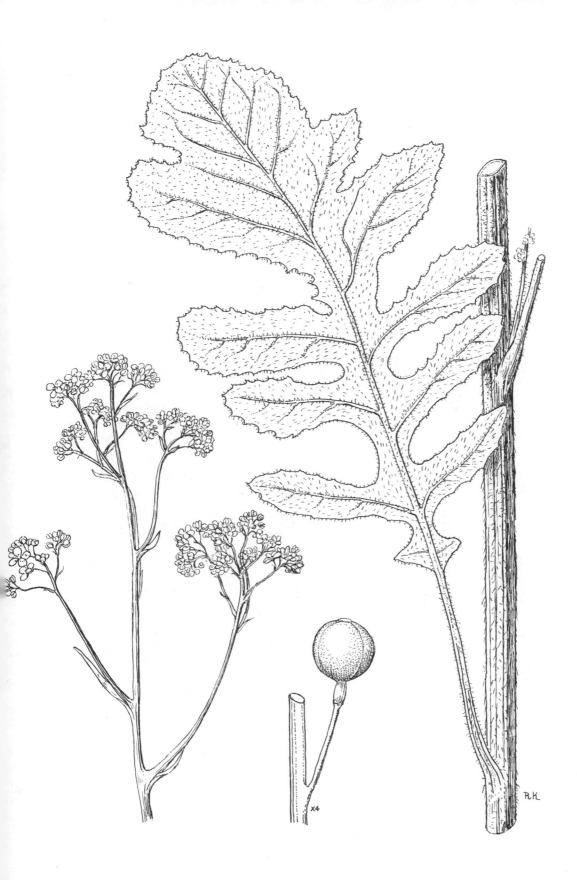

471. Crambe orientalis L. כְּרַבָּה מִזְרָחִית

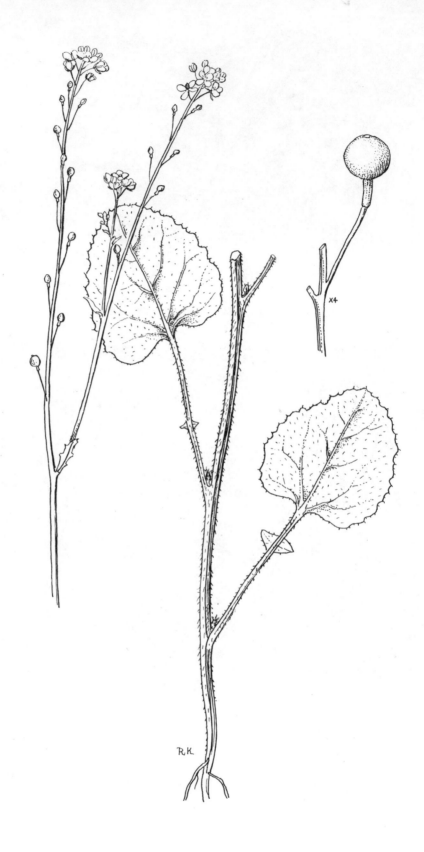

472. Crambe hispanica L. כְּרַבָּה סְפָרַדִּית

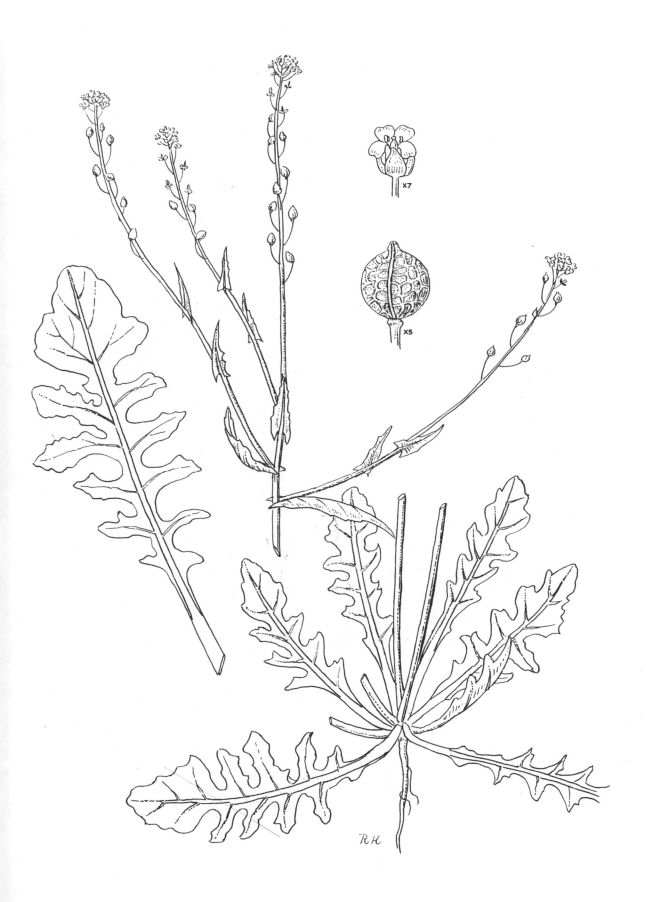

473. Calepina irregularis (Asso) Thell. חַלְבִּינָה מְרֻשֶּׁתֶת

474. Zilla spinosa (L.) Prantl סְלוֹן קוֹצָנִי

475. Raphanus raphanistrum L.   צְנוֹן מָצוּי

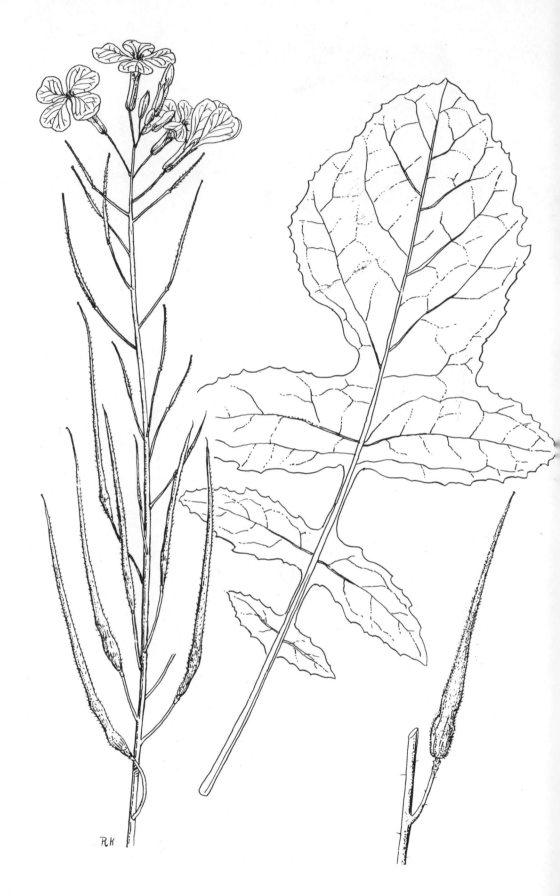

476. Raphanus rostratus DC. צְנוֹן פִּגְיוֹנִי

477   Raphanus aucheri Boiss.   צְנוֹן מְשֻׁלְשָׁל

478. Enarthrocarpus arcuatus Labill. מַחְרֹזֶת קַשְׁתִּית

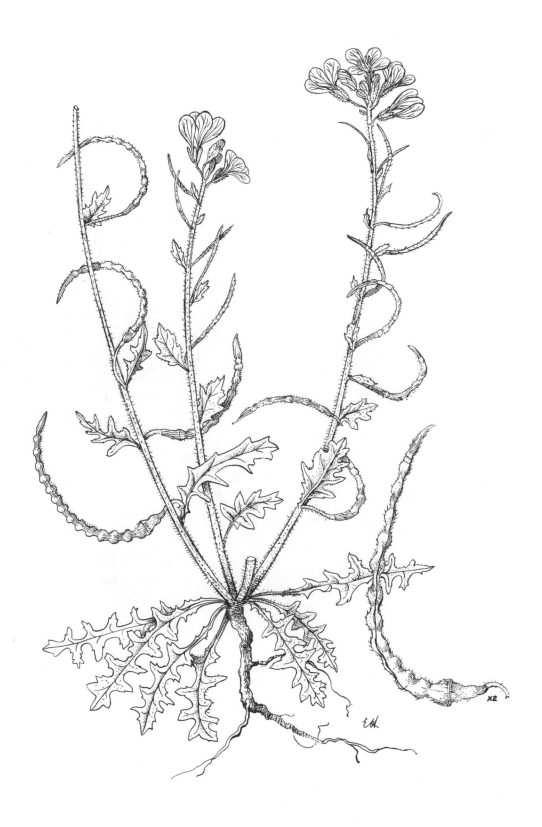

479. *Enarthrocarpus strangulatus* Boiss. מַחרֹזֶת מְשֻׁנֶּצֶת

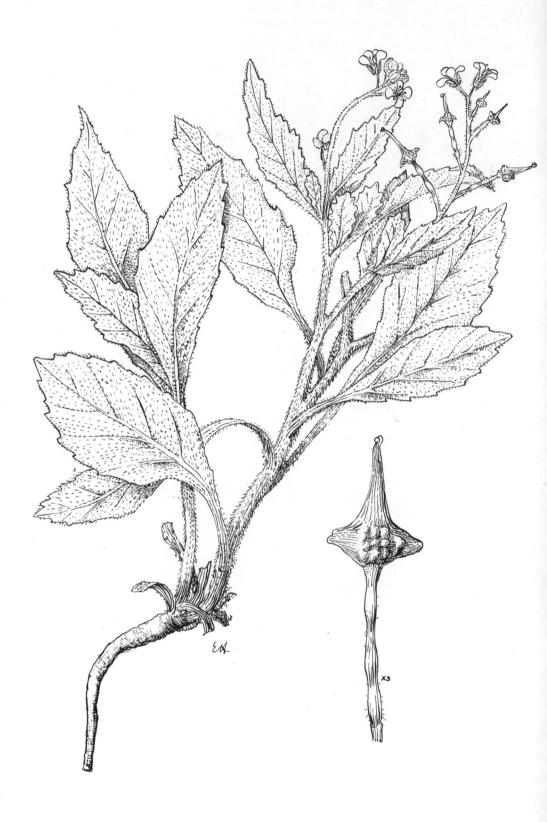

480. Cordylocarpus muricatus Desf. אֶבְרַיִם מְגֻבְשָׁשִׁים

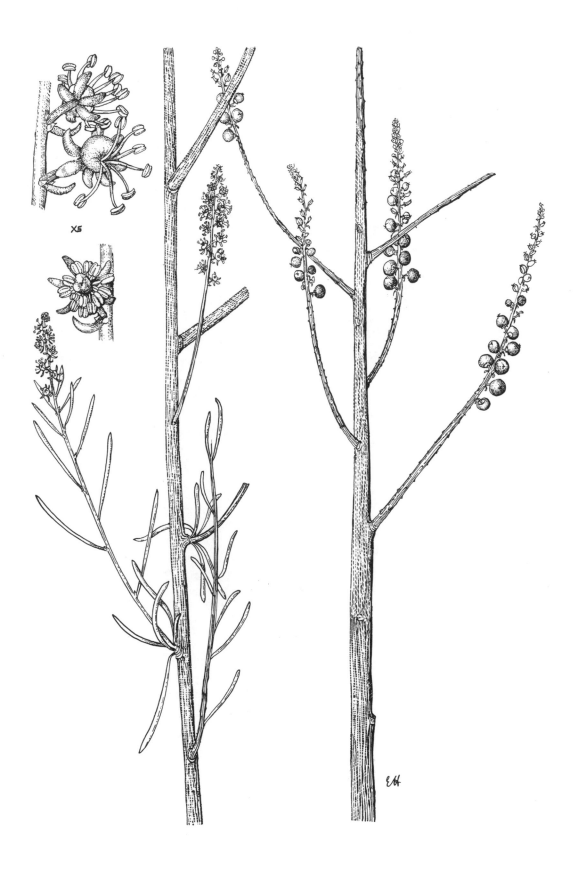

481. Ochradenus baccatus Del. רִכְפְּתָן מִדְבָּרִי

482. Oligomeris subulata (Del.) Boiss.　בַּת־רִכְפָּה מַרְצְעָנִית

483. Reseda alba L.   רִכְפָּה לְבָנָה

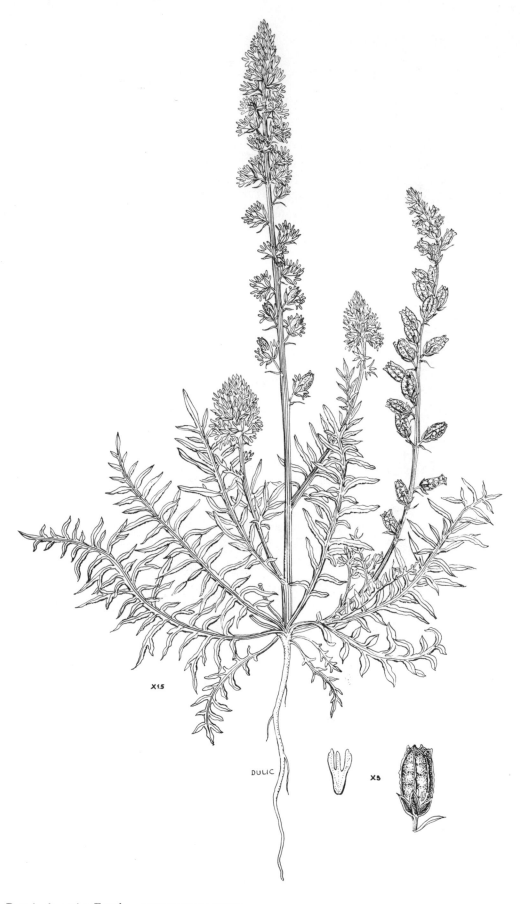

484. Reseda decursiva Forssk. רִכְפָּה קְטַנַּת־פְּרָחִים

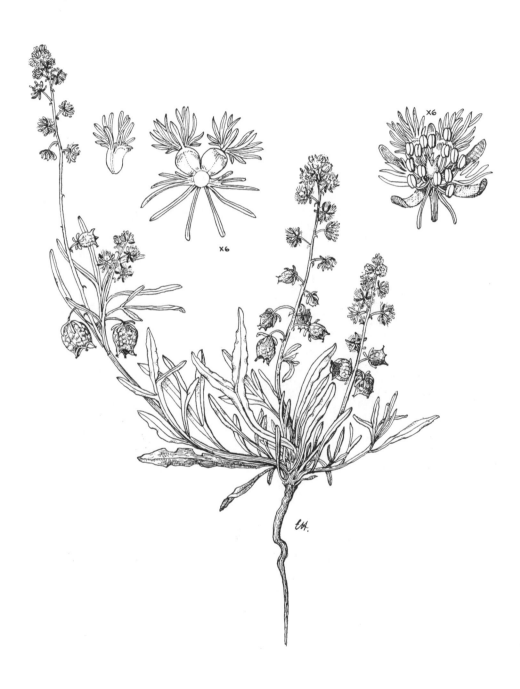

485. Reseda arabica Boiss. רִכְפָּה עֲרָבִית

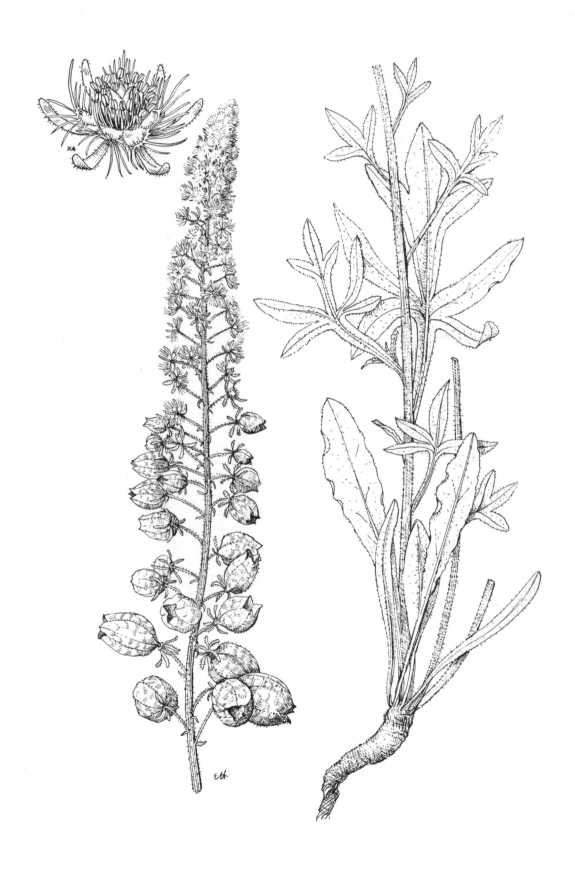

486. Reseda alopecuros Boiss. רִכְפָּה גְּדוֹלָה

487. Reseda orientalis (Müll.) Boiss.   רִכְפָּה מִזְרָחִית

488. Reseda lutea L. רִכְפָּה צְהֻבָּה

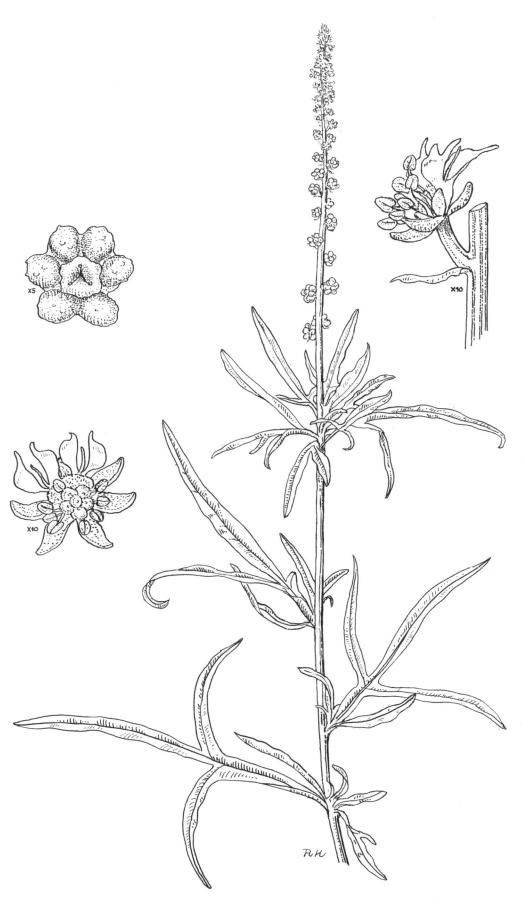

489. Reseda globulosa Fisch. et Mey. רִכְפָּה כְּרֵסָנִית

490. **Reseda stenostachya Boiss.** רִכְפָּה דַּקַּת־שִׁבֹּלֶת

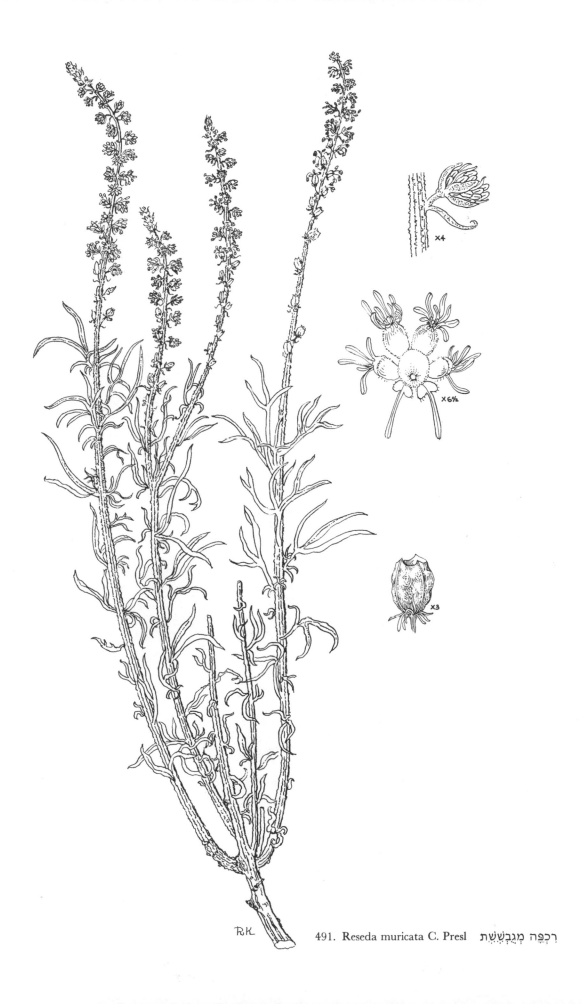

491. Reseda muricata C. Presl רִכְפָּה מְגֻבְשֶׁשֶׁת

492. Reseda boissieri Müll. רִכְפַּת בּוֹאַסְיֶה   a. Reseda maris-mortui Eig רַכְפַּת יָם־הַמֶּלַח

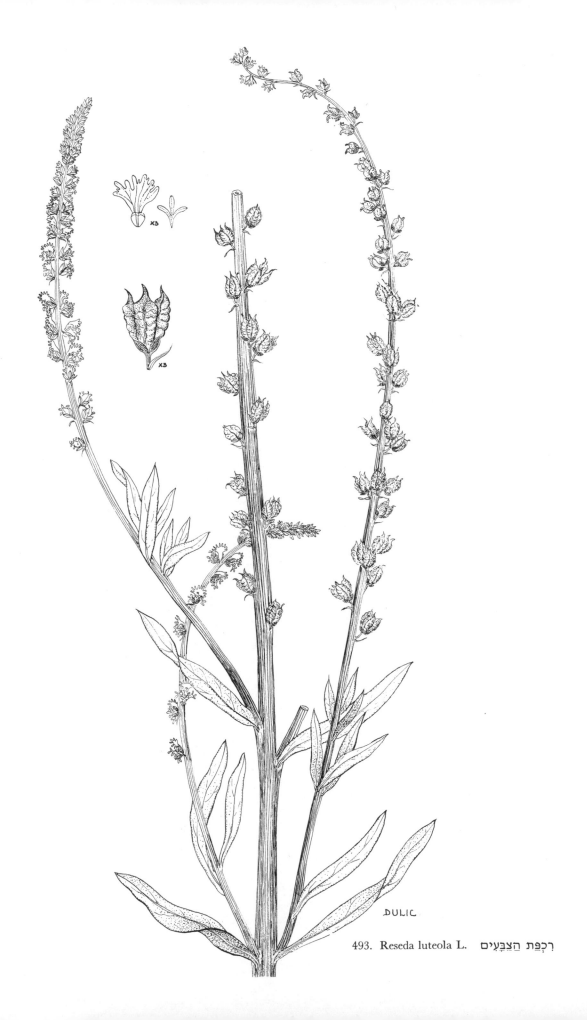

DULIC

493. Reseda luteola L. רִכְפַּת הַצַּבָּעִים

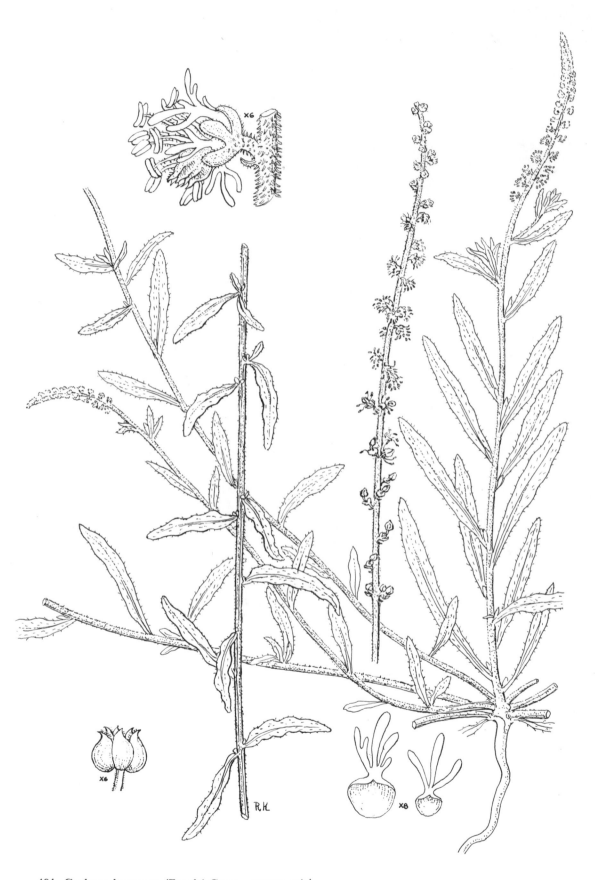

494. Caylusea hexagyna (Forssk.) Green שִׁשָּׁן מַאֲפִיר

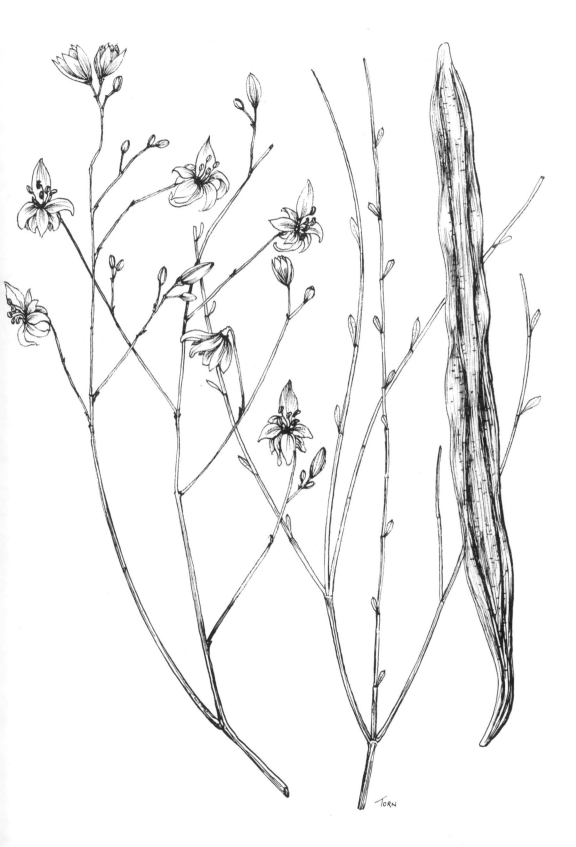

495. Moringa peregrina (Forssk.) Fiori מוֹרִינְגָּה רָתְמִית

LIST OF PLATES WITH EXPLANATIONS

1   **Equisetum telmateia Ehrh.** — Branching sterile stem; part of the latter; part of fertile stem with spike of sporangiophores; sporangiophore.
2   **Equisetum ramosissimum Desf.** — Habit; part of branch showing teeth; sporangiophore.
3   **Ophioglossum lusitanicum L.** — Habit; part of sporophyll; longitudinal section of the latter.
4   **Cheilanthes fragrans (L. f.) Swartz** — Habit; enlarged lobes of leaf, showing sori and pseudo-indusia.
5   **Cheilanthes catanensis (Cosent.) H. P. Fuchs** — Habit; lobe of leaf with sori.
6   **Adiantum capillus-veneris L.** — Habit; leaflet with sori and pseudo-indusia.
7   **Pteris vittata L.** — Habit; enlarged segments with sori and pseudo-indusia.
8   **Anogramma leptophylla (L.) Link** — Habit; segment of leaf with naked sori; part of segment with sporangia; sporangium.
9   **Thelypteris palustris Schott** — Habit; segment of leaf with sori; lobes of segment with revolute margin and more or less confluent sori; sorus with indusium.
10 **Asplenium adiantum-nigrum L.** — Habit; segment of leaf with sori and indusia.
11 **Ceterach officinarum DC.** — Habit; lobe of leaf with sorus and scales.
12 **Phyllitis sagittata (DC.) Guinea et Heywood** — Habit; sori and indusia (leaf on left).
13 **Dryopteris villarii (Bellardi) H. Woynar ex Schinz et Thell. var. australis (Ten.) Maire** — Habit; segment with sori; sorus with sporangia and indusium.
14 **Polypodium vulgare L. var. serratum Willd.** — Habit; part of leaf segment with naked sori.
15 **Marsilea minuta L.** — Habit; enlarged sporocarps.
16 **Pinus halepensis Mill.** — Branches with leaves and mature cone; cone of staminate flowers.
17 **Cupressus sempervirens L. var. horizontalis (Mill.) Gordon** — Branch with mature cones; branch with cones of staminate flowers.
18 **Juniperus oxycedrus L.** — Branch with mature, drupe-like cones; branch with cones of staminate flowers; the same enlarged; leaf, showing upper surface.
19 **Juniperus phoenica L.** — Branch with mature drupe-like cones; branch with cones of staminate flowers.
20 **Ephedra alata Decne.** — Branches with staminate and ovulate cones; ovulate cone and a single winged bract; staminate cone.
21 **Ephedra alte C. A. Mey.** — Branches with staminate and ovulate cones; staminate cone; staminate flower; ovulate cone with single seed.
22 **Ephedra campylopoda C. A. Mey.** — Branches with staminate and ovulate cones (staminate cones, bearing ovulate flowers at apex); staminate flower; ovulate cone with two flowers.
23 **Ephedra peduncularis Boiss.** — Branches with staminate and ovulate cones; ovulate cones with two flowers each; staminate flower; part of branch with scabrous ridges.
24 **Salix acmophylla Boiss.** — Branches with staminate and pistillate catkins; staminate and pistillate flower with hairy bracts; open capsule.
25 **Salix alba L. var. alba.** — Branch with staminate catkin; pistillate catkin; staminate flower with hairy bract; stamen; open capsule.
26 **Salix pseudo-safsaf A. Camus et Gomb.** — Branches with staminate and fruiting

catkins; part of branch showing stipules and bud; staminate flower; pistillate flower; open capsule.

27 **Salix triandra L.** — Branch with staminate catkins; staminate flower; open capsule.

28 **Salix acmophylla × alba (hybrid).** — Branch with staminate catkins; staminate flower.

29 **Populus euphratica Oliv.** — Branch with various leaves; branches with staminate and pistillate catkins; staminate flowers (left); pistillate flower; open capsule; seed.

30 **Quercus boissieri Reut. var. boissieri.** — Branch; acorn.

31 **Quercus ithaburensis Decne. var. ithaburensis.** — Branch with mature acorn; staminate and pistillate flower.

32 **Quercus calliprinos Webb var. calliprinos.** — Branch with many staminate and one pistillate catkin; branch with mature acorns; staminate and pistillate flower.

33 **Ulmus canescens Melv.** — Branch with leaves; flowering twig; enlarged flower and fruit.

34 **Ficus pseudo-sycomorus Decne.** — Branch with leaves and mature "figs".

35 **Urtica hulensis Feinbr.** — Branch with leaves and staminate spikes; part of pistillate inflorescence; pistillate flower; staminate flower; part of stem showing stipules.

36 **Urtica urens L.** — Flowering plant; staminate flower; pistillate flower; part of stem showing stipules and bases of petioles.

37 **Urtica dubia Forssk.** — Flowering branch; part of staminate spike; part of stem showing stipules and bases of petioles.

38 **Urtica pilulifera L.** — Flowering branch; branch with staminate and pistillate inflorescences; staminate flower; pistillate flower; fruit and seed; part of stem showing stipules and bases of petioles.

39 **Parietaria diffusa Mert. et Koch** — Flowering branch; cluster of mixed flowers (central pistillate and lateral hermaphrodite); mature pistillate flower.

40 **Parietaria lusitanica L.** — Flowering plant; flowering branch (somewhat enlarged); cluster of mixed flowers (central pistillate and lateral hermaphrodite).

41 **Parietaria alsinifolia Del.** — Flowering plant; axillary flower cluster showing the large bracts; staminate, pistillate and hermaphrodite flowers.

42 **Forsskaolea tenacissima L.** — Flowering branch; cluster with 6 involucral bracts containing many staminate flowers and few pistillate ones (centre); staminate flower; naked pistillate flower.

43 **Osyris alba L.** — Fruiting branch; group of staminate flowers; pistillate flower.

44 **Thesium bergeri Zucc.** — Flowering plant; flower with bract and bracteoles; fruit.

45 **Thesium humile Vahl** — Flowering plant; flower with bract and bracteoles; fruit.

46 **Loranthus acaciae Zucc.** — Flowering branch; flower.

47 **Viscum cruciatum Sieb. ex Boiss.** — Branches (parasiting on an olive tree branch) with fruits and pistillate flowers; branch with pistillate flowers; cluster of same; branch with staminate flowers (left above); staminate flower with anthers concrescent with tepals.

48 **Aristolochia sempervirens L.** — Flowering branch; fruit.

49 **Aristolochia parvifolia Sibth. et Sm.** — Plant with flowers and fruits.

50 **Aristolochia billardieri Jaub. et Sp. var. galilaea Zoh.** — Flowering branch; rhizome; fruit.

51 **Aristolochia maurorum L.** — Flowering branch; longitudinal section of flower, showing the stamens adnate to style.

52 **Aristolochia paecilantha Boiss.** — Flowering branch; fruit.

53 **Cytinus hypocistis (L.) L.** — Plant parasiting on root of cistus; staminate and pistillate flowers.

54 **Cynomorium coccineum L.** — Habit; stem bearing a dense inflorescence; staminate flowers; stamen; pistillate flower.

55 **Polygonum equisetiforme Sibth. et Sm.** — Branches with leaves and flowers; flower; fruit enclosed in perianth.

56 **Polygonum palaestinum Zoh. var. palaestinum.** — Vegetative and flowering branches; flowers; fruit enclosed in perianth with spreading upper parts of tepals; naked fruit.

57 **Polygonum maritimum L.** — Flowering plant; flower; fruit.

58 **Polygonum patulum M. B.** — Branch with leaves and flowers; flower; fruit enclosed in perianth; naked fruit.

59 **Polygonum arenastrum Bor.** — Branch bearing leaves and flowers; axillary flower cluster; flowers; fruit.

60 **Polygonum lapathifolium L.** — Flowering branch; part of stem with ochreae; flower; fruit enclosed in perianth; naked fruit.

61 **Polygonum salicifolium Brouss. ex Willd.** — Flowering branch; fruiting branch with ochreoles; stem showing ochreae; margin of leaf; fruit.

62 **Polygonum acuminatum Kunth** — Branch with leaves and flowers; part of leaf showing indumentum; flower.

63 **Polygonum lanigerum R. Br.** — Vegetative and flowering branches; part of leaf showing indumentum; flower.

64 **Polygonum senegalense Meissn.** Flowering branch; leaf with ochrea; flower; pistil; fruit.

65 **Rheum palaestinum Feinbr.** — Stem with flowers and fruits; leaf; root; flower; young and mature fruit.

66 **Rumex tingitanus L.** — Flowering and fruiting branches; flowers and fruit.

67 **Rumex tuberosus L.** — Vegetative stem; flowering branch; fruiting branch; flower; fruit.

68 **Rumex vesicarius L.** — Fruiting plant; fruit.

69 **Rumex cyprius Murb.** — Flowering and fruiting plant; flower; fruit.

70 **Rumex pictus Forssk.** — Flowering plant; flower; fruit.

71 **Rumex occultans Sam.** — Flowering branch; fruiting branch; fruit.

72 **Rumex rothschildianus Aarons. ex Evenari** — Fruiting plant; fruit.

73 **Rumex crispus L. var. unicallosus Peterm.** — Fruiting branch; fruit; lower leaf.

74 **Rumex conglomeratus Murr.** — Fruiting branch; fruit; lower leaf.

75 **Rumex pulcher L. ssp. anodontus (Hausskn.) Rech. f.** — Leaf; fruiting branch; fruit.

76 **Rumex cassius Boiss.** — Fruiting plant; fruit.

77 **Rumex dentatus L.** — Fruiting plant; fruit.

78 **Rumex maritimus L.** — Plant in flower and fruit; fruit with and without valves.

79 **Rumex bucephalophorus L. var. papillosus Feinbr.** — Plant in flower and fruit; fruit; flower and fruit of **var. bucephalophorus.**

80 **Emex spinosa (L.) Campd.** — Stem with flowers above and fruit below; lower part of plant showing basal flowers, becoming later subterranean; staminate and pistillate flower; fruit; part of stem showing ochrea.

81 **Calligonum comosum L'Hér.** — Flowering branch; part of branch with leaves reduced to sheaths; flower; fruit.

82 **Atraphaxis spinosa L. var. sinaica Boiss.** — Vegetative branch; part of branch showing ochrea; fruit.

83 **Phytolacca americana L.** — Branch in flower and fruit; fruit.

84 **Commicarpus africanus (Lour.) Dandy** — Flowering and fruiting branch; fruit.

85 **Commicarpus verticillatus (Poir.) Standl.** — Lower part of stem; inflorescence; part of inflorescence (enlarged); fruit.

86 **Boerhavia repens L.** — Flowering plant; single flower with bracts.

87 **Glinus lotoides L. var. lotoides.** — Flowering branch; flower showing the 2-fid petals.

88 **Glinus lotoides L. var. dictamnoides (Burm. f.) Maire** — Flowering plant; leaf; flower (petals 0).

89 **Aizoon hispanicum L.** — Flowering plant; flower; open capsule.

90 **Aizoon canariense L.** — Plant in flower and fruit; flower; fruit.

91 **Trianthema pentandra L.** — Flowering branch; flower; fruit enclosed within perianth; open capsule.

92 **Mesembryanthemum crystallinum L.** — Flowering branch; flower.

93 **Mesembryanthemum nodiflorum L.** — Flowering plant; open capsule.

94 **Mesembryanthemum forsskalii Hochst. ex Boiss.** — Flowering plant.

95 **Portulaca oleracea L.** — Flowering branch; flower; open capsule; seed.

96 **Agrostemma githago L.** — Flowering plant.

97 **Agrostemma gracile Boiss.** — Flowering plant.

98 **Silene italica (L.) Pers.** — Flowering plant; petal; fruiting calyx; capsule; seed.

99 **Silene longipetala Vent.** — Plant in flower and fruit; petal; fruiting calyx; capsule; seed.

100 **Silene swertiifolia Boiss.** — Flowering and fruiting branch; capsule; seed.

101 **Silene vulgaris (Moench) Garcke** — Flowering and fruiting branches; petal; fruiting calyx; seed.

102 **Silene physalodes Boiss.** — Calyx and seed (right).

103 **Silene grisea Boiss.** — Flowering plant; petal; capsule; seed.

104 **Silene succulenta Forssk.** — Flowering branch; petal; fruiting calyx; capsule; seed.

105 **Silene hussonii Boiss.** — Flowering plant; flower; petal; capsule; seeds.

106 **Silene reinwardtii Roth** — Lower part of stem; inflorescence; flower; petal; fruiting calyx; capsule; seeds.

107 **Silene linearis Decne.** — Flowering plant; petal; fruiting calyx; capsule; seed.

108 **Silene modesta Boiss. et Bl.** — Flowering plant; petal; fruiting calyx.

109 **Silene aegyptiaca (L.) L.f.** — Flowering branch; petals; capsule; seed.

110 **Silene fuscata Link ex Brot.** — Plant in flower and fruit; petal; fruiting calyx; capsule; seed.

111 **Silene rubella L.** — Flowering plant; fruiting branch; petal; fruiting calyx; capsule.

112 **Silene sedoides Poir.** — Plant in flower and fruit; flower; petal; capsule; seed.

113 **Silene behen L.** — Plant in flower and fruit; petal; capsule; seed.

114 **Silene muscipula L.** — Plant in flower and fruit; petal; fruiting calyx; capsule; seed.

115 **Silene crassipes Fenzl** — Plant in flower and fruit; petal; fruiting calyx.

116 **Silene papillosa Boiss.** — Plant in flower and fruit; petal; fruiting calyx; capsule; seed.

117 **Silene telavivensis Zoh. et Plitm.** — Flowering and fruiting branch; flower; petal; capsule; seeds.

118 **Silene trinervis Banks et Sol.** — Flowering branch; flower; petal; fruiting calyx; capsule.

119 **Silene villosa Forssk. var. ismaelitica Schweinf.** — Flowering plant; petal; deflexed fruiting calyx; capsule; seed.

120 **Silene damascena Boiss. et Gaill.** — Flowering plant; petal; fruiting calyx; seed.

121 **Silene palaestina Boiss.** — Flowering and fruiting branches; petal; fruiting calyx; capsule.

122 **Silene arabica Boiss. var. viscida (Boiss.) Zoh.** (left) — Flowering plant; petal. a. (right above) **var. arabica.** — Flowering branch; capsule; seed.

123 **Silene arabica Boiss. var. moabitica Zoh.** — Flowering branch; petal; capsule; seeds.

124 **Silene vivianii Steud.** — Flowering plant; petal; fruiting calyx; capsule; seeds.

125 **Silene nocturna L.** — Plant in flower and fruit; petal; fruiting calyx; capsule; seeds.

126 **Silene gallica L.** — Flowering plant; flower; petal; fruiting calyx.

127 **Silene oxyodonta Barb.** — Flowering plant; flower; petal.

128 **Silene tridentata Desf.** — Fruiting plant; calyx; petal; capsule.

129 **Silene colorata Poir. ssp. colorata.** — Flowering plant; petal; capsule; seed.

130 **Silene apetala Willd. var. alexandrina Aschers.** — Fruiting branch; flower; petal; fruiting calyx; seed.

131 **Silene coniflora Nees** — Flowering plant; petal; fruiting calyx; capsule; seed.

132 **Silene conoidea L.** — Plant in flower and fruit; flower; capsule; seed.

133 **Silene macrodonta Boiss.** — Plant in flower; flower; petal; capsule; seeds.

134 **Gypsophila arabica Barkoudah** — Flowering plant; flower; fruit.

135 **Gypsophila viscosa Murr.** — Flowering plant; flower; petal; capsule.

136 **Gypsophila pilosa Huds.** — Flowering branch; flower; petal; fruiting calyx with capsule.

137 **Bolanthus filicaulis (Boiss.) Barkoudah** — Flowering plant; flower; petal.

138 **Ankyropetalum gypsophiloides Fenzl** — Flowering plant; flower; petal.

139 **Saponaria mesogitana Boiss.** — Flowering and fruiting branch; flower; petal; capsule.

140 **Vaccaria pyramidata Medik.** — Flowering plant; petal; fruiting calyx; capsule.

141 **Petrorhagia cretica (L.) P. W. Ball et Heywood** — Flowering plant; flower; calyx; petal.

141a **Petrorhagia arabica (Boiss.) P. W. Ball et Heywood** — Flowering plant; flower; petal.

142 **Petrorhagia velutina (Guss.) P. W. Ball et Heywood** — Flowering branch; flower cluster with bracts; calyx; petal.

143 **Dianthus pendulus Boiss. et Bl.** — Flowering branch; calyx with bracts; petal.

144 **Dianthus strictus Banks et Sol. var. strictus.** — Flowering branch; calyx with bracts; calyx tooth; petal.

145 **Dianthus polycladus Boiss.** — Flowering branch; calyx; part of it; petal.

146 **Dianthus tripunctatus Sibth. et Sm.** — Plant in flower and fruit; part of branch with leaves connate at base; fruiting calyx with bracts; petal.

147 **Dianthus cyri Fisch. et Mey.** — Flowering plant; calyx with bracts; petal.

148 **Dianthus judaicus Boiss.** — Flowering plant; petal.

149 **Dianthus sinaicus Boiss.** — Flowering plant; flower; petal; bract.

150 **Velezia rigida L. var. rigida.** — Flowering plant; flower; petal; fruiting calyx; seed.

151 **Arenaria deflexa Decne.** — Flowering plant; flower; fruiting calyx with open capsule; seed.

152 **Arenaria leptoclados (Reichb.) Guss.** — Flowering plant; flower.

153 **Arenaria tremula Boiss.** — Flowering plant; flower; fruiting calyx with capsule; seed.

154 **Minuartia mediterranea (Ledeb.) K. Maly** — Flowering plant; flower; capsule; seed.

155 **Minuartia hybrida (Vill.) Schischk. ssp. hybrida var. palaestina McNeill** — Flowering plant; flower; fruiting calyx; seed.

156 **Minuartia meyeri (Boiss.) Bornm.** — Flowering plant; flower; fruiting calyx with capsule.

157 **Minuartia globulosa (Labill.) Schinz et Thell.** — Flowering plant; flower; fruiting calyx.

158 **Minuartia decipiens (Fenzl) Bornm.** — Flowering plant; flower; fruiting calyx; seed.

159 **Minuartia picta (Sibth. et Sm.) Bornm.** — Plant in flower and fruit; fruiting calyx with capsule; seed.

160 **Minuartia formosa (Fenzl) Mattf. var. glabra Opphr.** — Flowering plant; flower; seed.

161 **Bufonia virgata Boiss.** — Flowering plant; flower; fruiting calyx with capsule; seed.

162 **Stellaria media (L.) Vill.** — Plant in flower and fruit; upper part of stem showing the one-sided row of hairs; fruiting calyx with closed and open capsule.

163 **Holosteum glutinosum (M.B.) Fisch. et Mey.** — Flowering plant; flower; fruiting calyx with open capsule.

164 **Holosteum umbellatum L.** — Flowering plant; flower; petal; fruiting calyx with open capsule.

165 **Cerastium dubium (Bast.) O. Schwarz** — Flowering plant; flower; fruiting calyx with open capsule.

166 **Cerastium dichotomum L.** — Flowering branch; flower; petal; fruiting calyx with open capsule; seeds.

167 **Cerastium glomeratum Thuill.** — Flowering plant; flower; fruiting calyx with open capsule; seed.

168 **Sagina apetala Ard.** — Flowering plant; part of stem with leaves; flower (petals 0); fruiting calyx with closed capsule.

169 **Spergula arvensis L.** — Plant in flower and fruit; flower; fruiting calyx with open capsule; seed.

170 **Spergula fallax (Lowe) Krause** — Plant in flower and fruit; flower; fruiting calyx with closed capsule; seed.

171 **Spergularia media (L.) C. Presl** — Plant in flower and fruit; flower; fruiting calyx with open capsule; seed.

172 **Spergularia salina J. et C. Presl** — Plant in flower and fruit; flower; fruiting calyx with open capsule; seed.

173 **Spergularia diandra (Guss.) Heldr. et Sart.** — Plant in flower and fruit; flower; fruiting calyx with capsule; seed.

174 **Spergularia rubra (L.) J. et C. Presl** — Plant in flower and fruit; flower; fruiting calyx with open capsule; seed.

175 **Spergularia bocconii (Sol. ex Scheele) Aschers. et Graebn.** — Plant in flower and fruit; part of stem with leaf and stipules; flowers in various stages; fruiting calyx with closed capsule.

176 **Telephium sphaerospermum Boiss.** — Plant in flower and fruit; part of stem with leaf and stipules; flower; fruiting calyx with capsule; seed.

177 **Polycarpon tetraphyllum (L.) L. var. tetraphyllum.** — Flowering and fruiting plant; open flower; capsule included in calyx.

178 **Polycarpon succulentum (Del.) J. Gay** — Flowering plant; flower.

179 **Polycarpaea repens (Forssk.) Aschers. et Schweinf.** — Flowering branch; part of flowering branch; flower.

180 **Robbairea delileana Milne-Redhead** — Plant in flower and fruit; flower; capsule; seed.

181 **Loeflingia hispanica L.** — Flowering plant; cluster of flowers; flower; sepal.

182 **Corrigiola litoralis L. ssp. litoralis.** — Flowering plant; part of stem showing stipules; part of stem showing flower glomerule; flower; capsule.

183 **Gymnocarpos decandrum Forssk.** — Flowering branch; closed and open flowers.

184 **Paronychia palaestina Eig** — Flowering plant; flower subtended by bracts; sepal.

185 **Paronychia sinaica Fresen. var. sinaica.** — Flowering plant; part of stem with leaves and stipules; flower; fruiting calyx.

186 **Paronychia argentea Lam.** — Flowering branch; flower subtended by bracts.

187 **Paronychia arabica (L.) DC.** — Flowering plant; flower subtended by bracts; open flowers; same dissected.

188 **Paronychia desertorum Boiss.** — Flowering plant; part of stem with leaves and stipules; flower; same dissected.

189 **Paronychia echinulata Chater** — Flowering plant; flower.

190 **Herniaria glabra L.** — Flowering plant; flower; capsule with calyx.

191 **Herniaria hirsuta L.** — Plant in flower and fruit; flower; fruiting calyx.

192 **Herniaria hemistemon J. Gay** — Flowering plant; flower.

193 **Sclerocephalus arabicus Boiss.** — Plant in flower and fruit; flower; fruiting head.

194 **Cometes abyssinica R. Br.** — Flowering and fruiting branch; flower; fruiting cyme.

195 **Pteranthus dichotomus Forssk.** — Plant in flower and fruit; flower; fruiting cyme borne on leaf-like peduncle.

196 **Beta vulgaris L. ssp. macrocarpa (Guss.) Thell.** — Flowering and fruiting branch; flowering and fruiting glomerules; flower.

197 **Chenopodium ambrosioides L.** — Flowering and fruiting branch; flower; fruiting calyx; fruit.

198 **Chenopodium polyspermum L.** — Flowering branch; flower; fruit.

199 **Chenopodium vulvaria L.** — Plant in fruit; flower.

200 **Chenopodium album L.** — Habit (two different forms); flower; fruit.

201 **Chenopodium opulifolium Schrad. ex Koch et Ziz** — Flowering branch; flower.

202 **Chenopodium murale L.** — Flowering and fruiting branch; flower; seed.

203 **Chenopodium rubrum L.** — Flowering and fruiting branch; 5-merous and 2-merous flowers; fruit.

204 **Atriplex halimus L.** — Vegetative branch; fruiting branch; fruiting valves of **var. halimus** and **var. schweinfurthii Boiss.**

205 **Atriplex stylosa Viv. var. stylosa.** — Flowering and fruiting branch; staminate flower; fruiting valves.

206 **Atriplex leucoclada Boiss. var. leucoclada.** — Branch; fruiting valves.

207 **Atriplex leucoclada Boiss. var. turcomanica (Moq.) Zoh.** — Flowering and fruiting branches; staminate flower; fruit of axillary glomerules (above); fruit of terminal spicate glomerules.

208 **Atriplex leucoclada Boiss. var. inamoena (Aellen) Zoh.** — Fruiting branch; fruiting valves.

209 **Atriplex nitens Schkuhr** — Flowering and fruiting branches.

210 **Atriplex dimorphostegia Kar. et Kir.** — Flowering and fruiting branch; flower; two forms of fruiting valves.

211 **Atriplex rosea L.** — Flowering branch; leaf; staminate flower; fruit; fruiting valves.

212 **Atriplex tatarica L.** — Flowering branch; leaf; fruiting valves.

213 **Atriplex lasiantha Boiss.** — Flowering and fruiting branch; staminate flower; fruiting valves, smooth and tuberculate.

214 **Atriplex hastata L. var. microtheca Schum.** — Flowering branch; lower leaf; fruiting valves.

215 **Atriplex semibaccata R. Br. var. melanocarpa Aellen** — Fruiting branch; fruiting valves.

216 **Halimione portulacoides (L.) Aellen** — Vegetative and flowering branches; fruiting valves.

217 **Panderia pilosa Fisch. et Mey.** — Flowering plant; flowers.

218 **Chenolea arabica Boiss.** — Flowering branch; flower.

219 **Bassia muricata (L.) Aschers.** — Plant in flower and fruit; part of stem; fruit enclosed in perianth.

220 **Bassia eriophora (Schrad.) Aschers.** — Flowering and fruiting branch; leaf; fruit enclosed in perianth.

221 **Kochia indica Wight** — Vegetative and flowering branches; flower.

222 **Halopeplis amplexicaulis (Vahl) Ung.-Sternb. ex Ces., Passer. et Gib.** — Flowering plant; part of inflorescence.

223 **Halocnemum strobilaceum (Pall.) M.B.** — Flowering and fruiting branch; flowering spike; flower; fruit enclosed in perianth; peltate bract.

224 **Arthrocnemum fruticosum (L.) Moq.** — Vegetative branch; part of spike with 3-flowered clusters; flower.

225 **Arthrocnemum perenne (Mill.) Moss** — Habit; vegetative branch; joint with 3-flowered clusters; flower.

226 **Arthrocnemum macrostachyum (Moric.) Moris et Delponte** — Flowering branch; part of vegetative branch; part of spike; flower.

227 **Salicornia europaea L.** — Habit; flowering branch with 3-flowered clusters; flower.

228 **Suaeda asphaltica (Boiss.) Boiss.** — Flowering branch; flowers on leaf petiole.

229 **Suaeda vera Forssk. ex J. F. Gmel. var. vera.** — Flowering branch; cross section of leaf; flower; fruit enclosed within perianth.

230 **Suaeda fruticosa Forssk. ex J. F. Gmel.** — Flowering branch; flower spike; leaf; cross section of latter; flower.

231 **Suaeda vermiculata Forssk. ex J. F. Gmel.** — Flowering branch; flower.

232 **Suaeda palaestina Eig et Zoh.** — Flowering branch; part of latter.

233 **Suaeda monoica Forssk. ex J. F. Gmel.** — Flowering branch; flower; fruit; cross section of leaf.

234 **Suaeda splendens (Pourr.) Gren. et Godr.** — Flowering plant; flowers in leaf axil.

235 **Suaeda aegyptiaca (Hasselq.) Zoh.** — Flowering branch; part of latter with solitary flowers in axils.

236 **Traganum nudatum Del.** — Flowering and fruiting branch; flower subtended by a bract and 2 bracteoles; flower showing protuberances on back of segments.

237 **Hammada negevensis Iljin et Zoh.** — Flowering plant; part of flowering branch; fruit.

238 **Hammada scoparia (Pomel) Iljin** — Fruiting branch; part of flowering branch; fruit.

239 **Hammada salicornica (Moq.) Iljin** — Fruiting branches; part of latter; flower.

240 **Hammada schmittiana (Pomel) Botsch.** — Flowering and fruiting branches; fruit.

241 **Hammada eigii Iljin** — Fruiting plant; part of fruiting branch; fruit.

242 **Haloxylon persicum Bge. var. idumaeum Zoh.** — Flowering branch; part of latter; fruit.

243 **Seidlitzia rosmarinus Bge. ex Boiss.** — Sterile branch; part of fruiting branch; fruit.

244 **Aellenia lancifolia (Boiss.) Ulbrich** — Flowering and fruiting branch; flower; fruit seen from above (right) and beneath (left).

245 **Aellenia autrani (Post) Zoh.** — Flowering and fruiting branches; flower; fruit seen from above (right) and beneath (left).

246 **Salsola kali L. var. crassifolia Reichb.** — Branch; parts of branches with flower and fruit.

247 **Salsola soda L.** — Sterile and flowering branches; flower; fruit enclosed in transversely keeled perianth segments.

248 **Salsola jordanicola Eig** — Young plant and fruiting branch; flowering branch; fruit.

249 **Salsola inermis Forssk.** — Flowering plant; fruiting branch; part of flowering branch; fruit.

250 **Salsola volkensii Schweinf. et Aschers.** — Flowering branch; flower; fruit.

251 **Salsola tetragona Del.** — Flowering and fruiting branches; flowers subtended by bracts and bracteoles; flower; young fruit with incipient wings on perianth segments; fruit.

252 **Salsola tetrandra Forssk.** — Part of flowering plant, bearing fleshy, scale-like leaves; flower subtended by bracts and bracteoles; flowers; fruit.

253 **Salsola longifolia Forssk.** — Fruiting branch; part of flowering branch; fruit.

254 **Salsola schweinfurthii Solms-Laub.** — Flowering and fruiting branches; leaf; young fruiting perianth; fruit.

255 **Salsola vermiculata L. var. villosa (Del. ex Roem. et Schult.) Moq.** — Sterile and fruiting branches; fruit.

256 **Salsola baryosma (Roem. et Schult.) Dandy var. viridis Zoh.** — Flowering and fruiting branches; flower; fruit.

257 **Noaea mucronata (Forssk.) Aschers. et Schweinf.** — Habit (fruiting and flowering); fruit; young leafy branch.

258 **Girgensohnia oppositiflora (Pall.) Fenzl** — Vegetative plant; flowering and fruiting branch; flowers and young fruits; fruit with winged perianth.

259 **Anabasis articulata (Forssk.) Moq.** — Flowering branch; part of latter; fruiting branch; fruit with winged perianth; naked fruit; embryo.

260 **Anabasis syriaca Iljin** — Flowering branch; part of latter; fruiting branch; young fruit without perianth; fruit with winged perianth.

261 **Anabasis setifera Moq.** — Flowering branch; part of latter; flower; naked fruit; winged perianth.

262 **Halotis pilosa (Moq.) Iljin** — Flowering branch; dissected flower, showing the vesicular appendages of anthers.

263 **Halogeton alopecuroides (Del.) Moq.** — Plant in flower and fruit; flower cluster; flower subtended by bracts and bracteoles; fruit with winged perianth.

264 **Amaranthus hybridus L.** — Upper part of flowering stem with spike-like inflorescences; leaf; flowers (pistillate and staminate).

265 **Amaranthus retroflexus L.** — Flowering plant; utricle enclosed in perianth.

266 **Amaranthus spinosus L.** — Flowering branch; flowers (pistillate and staminate); dehiscing utricle.

267 **Amaranthus palmeri S. Wats.** — Vegetative branch; pistillate and staminate spikes; pistillate flower; staminate flower; open utricle; seeds.

268 **Amaranthus arenicola J. M. Johnston** — Branch; pistillate and staminate spikes; pistillate flower subtended by bracts; staminate flower.

269 **Amaranthus blitoides S. Wats.** — Flowering branch; staminate flower; open utricle showing seed.

270 **Amaranthus albus L.** — Flowering branch; fruiting branch; flower; utricle; seed.

271 **Amaranthus graecizans L. var. graecizans.** — Plant in flower; utricles, young and dehiscing.

272 **Amaranthus gracilis Desf.** — Flowering branch; utricle; seed.

273 **Aerva persica (Burm. f.) Merr. var. bovei (Webb) Chiov.** — Flowering branch; spike with flowers. **var. persica** — flower; leaf.

274 **Digera muricata (L.) Mart.** — Flowering branch; flower with and without perianth; utricle.

275 **Achyranthes aspera L. var. sicula L.** — Flowering branch; flower; utricle naked, enclosed in perianth and subtended by bracts.

276 **Alternanthera sessilis (L.) DC.** — Flowering branch; flower; utricle; seed.

277 **Alternanthera pungens Kunth** — Flowering branch; flowers.

278 **Laurus nobilis L.** — Branch with staminate flowers; fruiting branch; staminate flower; pistillate flower with staminodes; stamen with anther cells opening by valves and nectar glands at base.

279 **Nigella unguicularis (Poir.) Spenn.** — Plant in flower and fruit; petal; capsule.

280 **Nigella arvensis L. var. submutica Bornm.** — Plant in flower and fruit; flower; 2-lipped petals with 2-lobed lower lip.

281 **Nigella ciliaris DC.** — Flowering plant; sepal and 2-lipped petal with 2-lobed lower lip; fruit; open carpel.

282 **Delphinium ithaburense Boiss.** — Flowering plant; part of branch with 3-follicled fruit; flower.

283 **Delphinium peregrinum L.** — Flowering plant; flower; 3-follicled fruit.

284 **Consolida rigida (DC.) Bornm.** — Flowering branch; part of fruiting branch; 3 flowers (seen from different angles); follicle; seed.

285 **Consolida flava (DC.) Schrödgr.** — Plant in flower and fruit; flowers; follicle.

286 **Consolida scleroclada (Boiss.) Schrödgr. var. scleroclada.** — Plant in flower and fruit; flower.

287 **Anemone coronaria L.** — Flowering plant; fruiting scape.

288 **Clematis cirrhosa L.** — Flowering and fruiting branches.

289 **Clematis flammula L.** — Flowering branch; fruit.

290 **Ranunculus ficaria L. ssp. ficariiformis (F. W. Schultz) Rouy et Fouc.** — Flowering plant with flowers of 3 sepals and many petals and with fruiting scape; achene.

291 **Ranunculus damascenus Boiss. et Gaill.** — Plant in flower and fruit; achene.

292 **Ranunculus paludosus Poir.** — Plant in flower and fruit; achene.

293 **Ranunculus millefolius Banks et Sol.** — Flowering plant.

294 **Ranunculus macrorhynchus Boiss.** — Flowering plant; fruiting head; achene.

295 **Ranunculus asiaticus L. var. asiaticus.** — Flowering plant; fruiting head; achene.

296 **Ranunculus constantinopolitanus (DC.) Urv.** — Basal part of plant; flowering and fruiting branches; achene.

297 **Ranunculus cornutus DC.** — Flowering and fruiting branch; achene.

298 **Ranunculus marginatus Urv. var. marginatus.** — Plant in flower and fruit; achene.

299 **Ranunculus marginatus Urv. var. scandicinus (Boiss.) Zoh.** — Plant in flower and fruit; fruiting head; achene.

300 **Ranunculus muricatus L.** — Plant in flower and fruit; achene.

301 **Ranunculus chius DC.** — Plant in flower and fruit; fruiting head; achene.

302 **Ranunculus arvensis L. var. arvensis.** — Plant in flower and fruit; fruiting head; achene.

303 **Ranunculus sceleratus L.** — Plant in flower and fruit; achene.

304 **Ranunculus ophioglossifolius Vill.** — Flowering plant; flowering and fruiting branch; achene.

305 **Ranunculus aquatilis L. ssp. heleophilus (Arv.-Touv.) Rikli** — Flowering branch; leaf; petal showing nectary; achene.

306 **Ranunculus saniculifolius Viv.** — Flowering and fruiting branch.

307 **Ranunculus sphaerospermus Boiss. et Bl.** — Flowering and fruiting branch; leaf; achene.

308 **Ranunculus trichophyllus Chaix** — Flowering and fruiting branch; petals; fruiting head.

309 **Ceratocephala falcata (L.) Pers.** — Flowering and fruiting plants; flower; part of fruiting head; achenes (3-celled).

310 **Adonis aleppica Boiss.** — Flowering and fruiting branch; achene.

311 **Adonis aestivalis L. var. aestivalis.** — Flowering branch; flower; fruiting head; achene. **a.** — Achene of **A. aestivalis var. palaestina (Boiss.) Zoh.**

312 **Adonis cupaniana Guss.** — Flowering and fruiting branch; fruiting head; achene.

313 **Adonis dentata Del.** — Flowering and fruiting branch; fruiting head; achene.

314 **Adonis annua L.** — Flowering and fruiting branch; fruiting head; achene.

315 **Leontice leontopetalum L.** — Flowering stem; lower leaves; flower; sepal, nectary scale and stamen; fruit.

316 **Bongardia chrysogonum (L.) Sp.** — Flowering stem; leaves; subterranean tuber with lower part of stem.

317 **Cocculus pendulus (J. R. et G. Forst.) Diels** — Flowering and fruiting branch; staminate and pistillate flowers; fruit.

318 **Nymphaea alba L.** — Leaf, flowers and fruit.

319 **Nymphaea caerulea Savigny** — Leaves and flowers.

320 **Nuphar lutea (L.) Sm.** (Subterrestrial form). — Leaves, flowers and fruit.

321 **Ceratophyllum demersum L.** — Leafy branch; leaf segment; staminate flower; fruit.

322 **Ceratophyllum submersum L.** — Leafy branch; leaf segment; staminate flower; fruit.

323 **Paeonia mascula (L.) Mill.** — Flowering branch; open follicles showing seeds.

324 **Hypericum hircinum L.** — Flowering branch; fruit.

325 **Hypericum serpyllifolium Lam.** — Flowering branch; flower; fruit.

326 **Hypericum hyssopifolium Chaix** — Flowering plant; flower.

327 **Hypericum acutum Moench** — Flowering branch; fruit.

328 **Hypericum triquetrifolium Turra** — Flowering branch; flower; leaf; fruit.

329 **Hypericum lanuginosum Lam.** — Flowering plant; flower; fruit.

330 **Papaver subpiriforme Fedde** — Flowering and fruiting branches; petals; stigmatic disk.

331 **Papaver carmeli Feinbr.** — Flowering and fruiting branches; capsule; stigmatic disk.

332 **Papaver syriacum Boiss. et Bl.** — Plant in flower and fruit; leaf; flower; capsules; stigmatic disks.

333 **Papaver humile Fedde ssp. sharonense Feinbr.** — Flowering and fruiting branch; leaf; capsule; stigmatic disk.

334 **Papaver polytrichum Boiss. et Ky.** — Flowering plant; fruiting branch; stigmatic disk.

335 **Papaver argemone L. var. argemone.** — Plant with flowers and capsules.

336 **Papaver hybridum L.** — Fruiting plant; branches with bud and flower; capsule.

337 **Roemeria hybrida (L.) DC.** — Plant in flower and fruit.

338 **Roemeria procumbens Aarons. et Opphr.** — Fruiting plant; petal.

339 **Glaucium corniculatum (L.) J. H. Rud.** — Flowering branch; fruit.

340 **Glaucium arabicum Fresen.** — Plant in flower and fruit; fruit.

341 **Glaucium grandiflorum Boiss. et Huet var. grandiflorum.** — Flowering and fruiting branch.

342 **Glaucium aleppicum Boiss. et Hausskn.** — Flowering branch; lower leaf; fruit.

343 **Glaucium flavum Crantz** — Flowering branch; lower leaf; fruit.

344 **Hypecoum procumbens L.** — Plant in flower and fruit; flower.

345 **Hypecoum imberbe Sm.** — Flowering plant; branch with fruit; outer petal; fruit.

346 **Hypecoum aegyptiacum (Forssk.) Aschers. et Schweinf.** — Plant in flower and fruit; flowers; fruit.

347 **Hypecoum geslinii Coss. et Kral.** — Plant in flower and fruit; flower.

348 **Hypecoum pendulum L.** — Plant in flower and fruit; flower; inner petal.

349 **Ceratocapnos palaestinus Boiss.** — Flowering and fruiting branch; flower; nutlet and capsular fruit.

350 **Fumaria judaica Boiss.** — Flowering and fruiting branch; flower; young fruit.

351 **Fumaria macrocarpa Parl.** — Flowering and fruiting branch; flower; fruit.

352 **Fumaria capreolata L.** — Flowering and fruiting branch; flower; fruit.

353 **Fumaria thuretii Boiss.** — Flowering plant; fruiting raceme; flower; young fruit.

354 **Fumaria kralikii Jord.** — Flowering branch; flower; young fruit.

355 **Fumaria densiflora DC. var. densiflora.** — Flowering and fruiting branch; flower; fruit.

356 **Fumaria parviflora Lam.** — Flowering and fruiting branches; flower; fruit.

357 **Maerua crassifolia Forssk. var. maris-mortui Zoh.** — Flowering branch; flower.

358 **Capparis spinosa L. var. aegyptia (Lam.) Boiss.** — Flowering branch; fruit borne on a long gynophore.

359 **Capparis ovata Desf. var. palaestina Zoh.** — Flowering branch.

360 **Capparis cartilaginea Decne.** — Branch bearing leaves and buds; flowers (face and side view); posterior sepal; fruit (all natural size).

361 **Capparis decidua (Forssk.) Edgew.** — Flowering and fruiting branches; flower.

362 **Cleome droserifolia (Forssk.) Del.** — Flowering branch; flower; flower dissected; sepal (left below); petals; fruit.

363 **Cleome trinervia Fresen.** — Flowering and fruiting branch; flower.

364 **Cleome arabica L.** — Flowering and fruiting branch; leaf; flower.

365 **Sisymbrium runcinatum Lag. var. runcinatum.** — Plant in flower and fruit; fruit.

366 **Sisymbrium irio L.** — Plant in flower and fruit; flower.

367 **Sisymbrium damascenum Boiss. et Gaill.** — Plant in flower and fruit; fruit.

368 **Sisymbrium bilobum (C. Koch) Grossh.** — Plant in flower and fruit; calyx.

369 **Sisymbrium orientale L.** — Plant in flower and fruit; flower.

370 **Sisymbrium erysimoides Desf.** — Plant in flower and fruit; flower; fruit.

371 **Sisymbrium officinale (L.) Scop. var. officinale.** — Plant in flower and fruit.

372 **Descurainia sophia (L.) Webb ex Prantl var. sophia.** — Plant in flower and fruit; flower; fruit.

373 **Arabidopsis pumila (Steph. ex Willd.) Busch** — Plant in flower and fruit; flower; stamens and pistil; fruit.

374 **Ochthodium aegyptiacum (L.) DC.** — Flowering and fruiting branch; leaf; fruit.

375 **Myagrum perfoliatum L.** — Flowering and fruiting branch; fruit.

376 **Texiera glastifolia (DC.) Jaub. et Sp.** — Plant in flower and fruit.

377 **Isatis microcarpa J. Gay ex Boiss. var. blepharocarpa Aschers.** — Plant in flower and fruit; fruit.

378 **Isatis lusitanica L.** — Plant in flower and fruit; fruit.

379 **Schimpera arabica Hochst. et Steud. ex Boiss. var. arabica.** — Flowering and fruiting branches; flower; fruit.

380 **Erysimum repandum L.** — Plant in flower and fruit; fruit.

381 **Erysimum crassipes Fisch. et Mey.** —- Plant in flower and fruit; fruit.

382 **Erysimum oleifolium J. Gay** — Plant in flower and fruit; branch with contorted fruit.

383 **Hesperis pendula DC.** — Plant in flower; part of branch showing the two forms of hairs; fruiting branch.

384 **Nasturtiopsis arabica Boiss.** — Plant in flower and fruit; flower; fruit.

385 **Stigmatella longistyla Eig** — Plant in flower and fruit; fruit.

386 **Malcolmia africana (L.) R. Br.** — Plant in flower and fruit; petal.

387 **Malcolmia chia (L.) DC.** — Plant in flower and fruit.

388 **Malcolmia crenulata (DC.) Boiss.** — Plant with flowers and young fruit; mature fruit.

389 **Eremobium aegyptiacum (Spreng.) Aschers. et Schweinf.** — Plant in flower and fruit; flower; fruit.

390 **Torularia torulosa (Desf.) O. E. Schulz** — Plant in flower and fruit; flower; branch with contorted fruit; fruit.

391 **Maresia nana (DC.) Batt.** — Plant in flower and fruit; flower.

392 **Maresia pulchella (DC.) O. E. Schulz** — Plant in flower and fruit.

393 **Maresia pygmaea (Del.) O. E. Schulz** — Plant in flower and fruit.

394 **Leptaleum filifolium (Willd.) DC.** — Plant in flower and fruit; fruit.

395 **Matthiola arabica Boiss.** — Flowering plant; fruiting branches.

396 **Matthiola tricuspidata (L.) R. Br.** — Plant in flower and fruit; leaf.

397 **Matthiola aspera Boiss. var. aspera.** — Flowering plant; fruit.

398 **Matthiola parviflora (Schousb.) R. Br.** — Plant in flower and fruit; fruiting branch.

399 **Matthiola longipetala (Vent.) DC. var. bicornis (Sibth. et Sm.) Zoh.** — Plant in flower; fruiting branch.

400 **Matthiola livida (Del.) DC. var. livida.** — Plant in flower; fruiting branch.

401 **Morettia philaeana (Del.) DC.** — Flowering and fruiting branch; leaf; petals; style and stigmas; fruiting branch.

402 **Morettia canescens Boiss.** — Flowering and fruiting branch; sterile branch; petal; stamen; upper part of fruit showing style and stigmas; fruiting branch.

403 **Morettia parviflora Boiss.** — Flowering and fruiting branch; flower; petal; stamen; fruit.

404 **Notoceras bicorne (Sol.) Caruel** — Plant in flower and fruit; fruiting branch; fruit.

405 **Chorispora purpurascens (Banks et Sol.) Eig** — Plant in flower and fruit; fruit.

406 **Anastatica hierochuntica L.** — Flowering plant; flower; fruiting plant; fruit.

407 **Rorippa amphibia (L.) Bess.** — Flowering and fruiting branch; fruit.

408 **Nasturtium officinale R. Br.** — Plant in flower and fruit; fruit.

409 **Cardamine hirsuta L.** — Plant in flower and fruit; fruit.

410 **Arabis verna (L.) R. Br.** — Plant in flower; fruiting branch.

411 **Arabis nova Vill.** — Plant in flower and fruit; flower; fruit.

412 **Arabis aucheri Boiss.** — Fruiting plant; flowering branch; flower.

413 **Arabis turrita L.** — Stem and leaves; fruiting branch.

414 **Turritis laxa (Sibth et Sm.) Hay.** — Flowering branch; fruiting branch; lower leaf.

415 **Farsetia aegyptiaca Turra var. aegyptiaca.** — Sterile, flowering and fruiting branches; **a.** — fruit of **var. aegyptiaca; b.** — fruit of **var. ovalis (Boiss.) Post.**

416 **Ricotia lunaria (L.) DC.** — Flowering plant; fruiting branch.

417 **Fibigia clypeata (L.) Medik. var. clypeata.** — Flowering plant; leaf; flower; fruiting branch; fruit.

418 **Alyssum meniocoides Boiss. var. aureum (Fenzl) Zoh.** — Plant in flower and fruit; fruit.

419 **Alyssum linifolium Steph. ex Willd.** — Plant in flower and fruit; petal; stamens; fruit.

420 **Alyssum damascenum Boiss. et Gaill.** — Fruiting plant with a few flowers; flower; petal; fruit.

421 **Alyssum dasycarpum Steph. ex Willd.** — Plant in flower and fruit; petal; stamen; fruit.

422 **Alyssum homalocarpum (Fisch. et Mey.) Boiss.** — Plant in flower and fruit; petals; stamen; fruiting branch; fruit; seed.

423 **Alyssum iranicum Hausskn. ex Baumg.** — Plant in flower and fruit; flower; petal; stamen; fruiting branch; fruit.

424 **Alyssum minus (L.) Rothm.** — Plant in flower and fruit; petal; stamen; fruit (small) — **var. minus**; fruit (larger) — **var. strigosum (Banks et Sol.) Zoh.**

425 **Alyssum marginatum Steud. ex Boiss.** — Plant in flower and fruit; petal; stamen; fruiting raceme.

426 **Lobularia libyca (Viv.) Webb et Berth.** — Plant in fruit and flower; seed.

427 **Lobularia arabica (Boiss.) Muschl.** — Plant in flower and fruit; flower; fruit; seed.

428 **Clypeola jonthlaspi L. var. lasiocarpa Guss.** — Plant in flower and fruit; fruit.

429 **Clypeola aspera (Grauer) Turrill** — Plant in flower and fruit; fruit.

430 **Clypeola lappacea Boiss.** — Plant in flower and fruit; fruit.

431 **Erophila verna (L.) Bess. ssp. praecox (Stev.) Walters** — Plant in flower and fruit; petal; fruit.

432 **Erophila minima C. A. Mey.** — Plant in flower and fruit; flower; petal; fruit.

433 **Camelina hispida Boiss.** — Plant in fruit; flower; fruit.

434 **Neslia apiculata Fisch., Mey. et Avé-Lall.** — Flowering and fruiting branch; fruit.

435 **Capsella bursa-pastoris (L.) Medik. var. bursa-pastoris.** — Plant in flower and fruit.

436 **Hymenolobus procumbens (L.) Nutt. ex Torr. et A. Gray** — Plant in flower and fruit; flower; fruit.

437 **Thlaspi arvense L.** — Plant in flower and fruit.

438 **Thlaspi perfoliatum L.** — Plant in flower and fruit; flower; fruit.

439 **Aethionema carneum (Banks et Sol.) Fedtsch.** — Plant in flower and fruit; flower; stamens; fruit.

440 **Aethionema heterocarpum J. Gay** — Plant in flower; branch with two forms of fruit; petal; connate and separate stamens; disk-like and urceolate fruits.

441 **Iberis odorata L.** — Plant in flower and fruit; flower; fruit.

442 **Biscutella didyma L. var. ciliata (DC.) Hal.** — Plant in flower and fruit; flower; fruit.

443 **Lepidium latifolium L.** — Plant with flowering and fruiting branches; fruit.

444 **Lepidium spinescens DC.** — Plant in flower and fruit; fruit.

445 **Lepidium spinosum Ard.** — Plant in flower; fruiting branch; fruit.

446 **Lepidium aucheri Boiss.** — Plant in flower and fruit; flower; fruit.

447 **Lepidium sativum L.** — Plant in flower and fruit. **a. Lepidium ruderale L.** — Fruiting branch; fruit.

448 **Cardaria draba (L.) Desv.** — Plant in flower; fruiting raceme; flower; fruit.

449 **Coronopus squamatus (Forssk.) Aschers.** — Plant in flower and fruit; flower; fruit.

450 **Conringia orientalis (L.) Andrz.** — Plant with flowering and fruiting branches.

451 **Pseuderucaria clavata (Boiss. et Reut.) O. E. Schulz** — Flowering and fruiting branch.

452 **Moricandia nitens (Viv.) Dur. et Barr.** — Branch with flowers and fruit; flower; fruit.

452a **Moricandia sinaica (Boiss.) Boiss.** — Plant in flower and fruit.

453 **Diplotaxis acris (Forssk.) Boiss.** — Plant in flower and fruit; flower; fruit; branch with dehiscing fruit.

454 **Diplotaxis harra (Forssk.) Boiss. var. harra.** — Flowering and fruiting branches; flower; fruit.

455 **Diplotaxis erucoides (L.) DC. var. erucoides.** — Plant in flower and fruit; fruit.

456 **Diplotaxis viminea (L.) DC. var. viminea.** — Plant in flower and fruit; lower leaf; flower.

457 **Brassica tournefortii Gouan** — Plant in flower and fruit; fruit.

458 **Brassica nigra (L.) Koch var. nigra.** — Fruiting and flowering branches; leaf; fruit. **a. var. bracteolata (Fisch. et Mey.) Sp. ex Coss.** — Fruiting branch; fruit.

459 **Sinapis alba L. var. alba.** — Plant in flower; fruit.

460 **Sinapis arvensis L. var. orientalis (L.) Koch et Ziz** — Plant in flower and fruit (somewhat reduced in size); fruit.

461 **Hirschfeldia incana (L.) Lagrèze-Fossat** — Plant with flowers and young fruit; flower; fruiting branch.

462 **Eruca sativa Mill.** — Plant in flower; fruiting branch; fruit of **var. sativa (a)** and **var. eriocarpa (Boiss.) Post (b).**

463 **Carrichtera annua (L.) DC.** — Plant in flower and fruit; flower; fruit.

464 **Savignya parviflora (Del.) Webb** — Plant in flower and fruit; seed.

465 **Reboudia pinnata (Viv.) O. E. Schulz var. liocarpa O. E. Schulz** — Plant in flower and fruit; fruit.

466 **Erucaria hispanica (L.) Druce var. polysperma (Boiss.) Zoh.** — Flowering and fruiting branches; fruit; embryo showing length of cotyledons.

467 **Erucaria boveana Coss. var. boveana.** — Plant in flower and fruit; embryo showing length of cotyledons and radicle.

468 **Erucaria uncata (Boiss.) Aschers. et Schweinf. var. uncata.** — Plant in flower and fruit; fruiting branch; fruit of **var. dasycarpa O. E. Schulz** (left).

469 **Cakile maritima Scop.** — Flowering branch; fruiting branch.

470 **Rapistrum rugosum (L.) All.** — Flowering and fruiting branches; fruit of **var. rugosum** (with conical upper segment) and **var. orientale (L.) Arcang.** (with depressed-globular upper segment).

471 **Crambe orientalis L.** — Part of branch with leaf; flowering branch; fruit.

472 **Crambe hispanica L. var. hispanica.** — Lower part of plant; flowering and fruiting branch; fruit.

473 **Calepina irregularis (Asso) Thell.** — Plant in flower and fruit; leaf; flower; fruit.

474 **Zilla spinosa (L.) Prantl var. spinosa.** — Lower part of plant; flowering branch; petal; fruit.

475 **Raphanus raphanistrum L.** — Flowering and fruiting branches; lower leaf.

476 **Raphanus rostratus DC. var. pugioniformis (Boiss.) O. E. Schulz** — Flowering and fruiting branch; lower leaf; fruit.

477 **Raphanus aucheri Boiss.** — Plant in flower and fruit; fruit.

478 **Enarthrocarpus arcuatus Labill.** — Flowering and fruiting branches; lower leaf.

479 **Enarthrocarpus strangulatus Boiss.** — Plant in flower and fruit; fruit.

480 **Cordylocarpus muricatus Desf. var. palaestinus Eig ex Zoh.** — Plant in flower and fruit; fruit.

481 **Ochradenus baccatus Del.** — Branch with staminate flowers; branch with pistillate flowers and fruit; staminate flowers (above); pistillate flower (with rudimentary stamens).

482 **Oligomeris subulata (Del.) Boiss.** — Plant in flower; flower; capsule.

483 **Reseda alba L.** — Leaf-bearing branch; flowering and fruiting branches; flower; capsule.

484 **Reseda decursiva Forssk.** — Plant (slightly enlarged) in flower and fruit; petal; capsule.

485 **Reseda arabica Boiss.** — Plant in flower and fruit; flower; corolla; one of the upper petals.

486 **Reseda alopecuros Boiss.** — Lower part of plant; flowering and fruiting branch; flower.

487 **Reseda orientalis (Müll.) Boiss.** — Lower part of plant; flowering and fruiting branches; corolla; capsule.

488 **Reseda lutea L. var. lutea.** — Plant in flower and fruit; one of the upper petals; capsule.

489 **Reseda globulosa Fisch. et Mey.** — Flowering and fruiting branch; flower (side view); flower (face view); capsule.

490 **Reseda stenostachya Boiss.** — Branch in flower and fruit; flower; corolla; capsule.

491 **Reseda muricata C. Presl** — Plant in flower and fruit; flower; corolla; capsule.

492 **Reseda boissieri Müll.** — Plant in flower and fruit; corolla (above); capsule of **var. boissieri** (right); capsule of **var. pendula Plitm. et Zoh.** (left). **a.** — Corolla of **R. maris-mortui Eig.**

493 **Reseda luteola L.** — Flowering and fruiting branches; petals; capsule.

494 **Caylusea hexagyna (Forssk.) Green** — Plant in flower; flower; petals; fruit.

495 **Moringa peregrina (Forssk.) Fiori** — Flowering branch; leaf; fruit.

INDEX OF PLATES

Achyranthes aspera   275
Adiantum capillus-veneris   6
Adonis aestivalis   311
  aleppica   310
  annua   314
  cupaniana   312
  dentata   313
Aellenia autrani   245
  lancifolia   244
Aerva persica   273
Aethionema carneum   439
  heterocarpum   440
Agrostemma githago   96
  gracile   97
Aizoon canariense   90
  hispanicum   89
Alternanthera pungens   277
  sessilis   276
Alyssum damascenum   420
  dasycarpum   421
  homalocarpum   422
  iranicum   423
  linifolium   419
  marginatum   425
  meniocoides   418
  minus   424
Amaranthus albus   270
  arenicola   268
  blitoides   269
  gracilis   272
  graecizans   271
  hybridus   264
  palmeri   267
  retroflexus   265
  spinosus   266
Anabasis articulata   259
  setifera   261
  syriaca   260
Anastatica hierochuntica   406
Anemone coronaria   287
Ankyropetalum gypsophiloides   138
Anogramma leptophylla   8
Arabidopsis pumila   373

Arabis aucheri   412
  nova   411
  turrita   413
  verna   410
Arenaria deflexa   151
  leptoclados   152
  tremula   153
Aristolochia billardieri   50
  maurorum   51
  paecilantha   52
  parvifolia   49
  sempervirens   48
Arthrocnemum fruticosum   224
  macrostachyum   226
  perenne   225
Asplenium adiantum-nigrum   10
Atraphaxis spinosa   82
Atriplex dimorphostegia   210
  halimus   204
  hastata   214
  lasiantha   213
  leucoclada var. inamoena   208
  leucoclada var. leucoclada   206
  leucoclada var. turcomanica   207
  nitens   209
  rosea   211
  semibaccata   215
  stylosa   205
  tatarica   212
Bassia eriophora   220
  muricata   219
Beta vulgaris   196
Biscutella didyma   442
Boerhavia repens   86
Bolanthus filicaulis   137
Bongardia chrysogonum   316
Brassica nigra   458
  tournefortii   457
Bufonia virgata   161
Cakile maritima   469
Calepina irregularis   473
Calligonum comosum   81
Camelina hispida   433

Capparis cartilaginea 360
    decidua 361
    ovata 359
    spinosa 358
Capsella bursa-pastoris 435
Cardamine hirsuta 409
Cardaria draba 448
Carrichtera annua 463
Caylusea hexagyna 494
Cerastium dichotomum 166
    dubium 165
    glomeratum 167
Ceratocapnos palaestinus 349
Ceratocephala falcata 309
Ceratophyllum demersum 321
    submersum 322
Ceterach officinarum 11
Cheilanthes catanensis 5
    fragrans 4
Chenolea arabica 218
Chenopodium album 200
    ambrosioides 197
    murale 202
    opulifolium 201
    polyspermum 198
    rubrum 203
    vulvaria 199
Chorispora purpurascens 405
Clematis cirrhosa 288
    flammula 289
Cleome arabica 364
    droserifolia 362
    trinervia 363
Clypeola aspera 429
    jonthlaspi 428
    lappacea 430
Cocculus pendulus 317
Cometes abyssinica 194
Commicarpus africanus 84
    verticillatus 85
Conringia orientalis 450
Consolida flava 285
    rigida 284
    scleroclada 286
Cordylocarpus muricatus 480
Coronopus squamatus 449
Corrigiola litoralis 182
Crambe hispanica 472
    orientalis 471

Cupressus sempervirens 17
Cynomorium coccineum 54
Cytinus hypocistis 53
Delphinium ithaburense 282
    peregrinum 283
Descurainia sophia 372
Dianthus cyri 147
    judaicus 148
    pendulus 143
    polycladus 145
    sinaicus 149
    strictus 144
    tripunctatus 146
Digera muricata 274
Diplotaxis acris 453
    erucoides 455
    harra 454
    viminea 456
Dryopteris villarii 13
Emex spinosa 80
Enarthrocarpus arcuatus 478
    strangulatus 479
Ephedra alata 20
    alte 21
    campylopoda 22
    peduncularis 23
Equisetum ramosissimum 2
    telmateia 1
Eremobium aegyptiacum 389
Erophila minima 432
    verna 431
Eruca sativa 462
Erucaria boveana 467
    hispanica 466
    uncata 468
Erysimum crassipes 381
    oleifolium 382
    repandum 380
Farsetia aegyptiaca 415
Fibigia clypeata 417
Ficus pseudo-sycomorus 34
Forsskaolea tenacissima 42
Fumaria capreolata 352
    densiflora 355
    judaica 350
    kralikii 354
    macrocarpa 351
    parviflora 356
    thuretii 353

Girgensohnia oppositiflora   258
Glaucium aleppicum   342
  arabicum   340
  corniculatum   339
  flavum   343
  grandiflorum   341
Glinus lotoides var. dictamnoides   88
  lotoides var. lotoides   87
Gymnocarpos decandrum   183
Gypsophila arabica   134
  pilosa   136
  viscosa   135
Halimione portulacoides   216
Halocnemum strobilaceum   223
Halogeton alopecuroides   263
Halopeplis amplexicaulis   222
Halotis pilosa   262
Haloxylon persicum   242
Hammada eigii   241
  negevensis   237
  salicornica   239
  schmittiana   240
  scoparia   238
Herniaria glabra   190
  hemistemon   192
  hirsuta   191
Hesperis pendula   383
Hirschfeldia incana   461
Holosteum glutinosum   163
  umbellatum   164
Hymenolobus procumbens   436
Hypecoum aegyptiacum   346
  geslinii   347
  imberbe   345
  pendulum   348
  procumbens   344
Hypericum acutum   327
  hircinum   324
  hyssopifolium   326
  lanuginosum   329
  serpyllifolium   325
  triquetrifolium   328
Iberis odorata   441
Isatis lusitanica   378
  microcarpa   377
Juniperus oxycedrus   18
  phoenica   19
Kochia indica   221
Laurus nobilis   278

Leontice leontopetalum   315
Lepidium aucheri   446
  latifolium   443
  sativum   447
  spinescens   444
  spinosum   445
Leptaleum filifolium   394
Lobularia arabica   427
  libyca   426
Loeflingia hispanica   181
Loranthus acaciae   46
Maerua crassifolia   357
Malcolmia africana   386
  chia   387
  crenulata   388
Maresia nana   391
  pulchella   392
  pygmaea   393
Marsilea minuta   15
Matthiola arabica   395
  aspera   397
  livida   400
  longipetala   399
  parviflora   398
  tricuspidata   396
Mesembryanthemum crystallinum   92
  forsskalii   94
  nodiflorum   93
Minuartia decipiens   158
  formosa   160
  globulosa   157
  hybrida   155
  mediterranea   154
  meyeri   156
  picta   159
Morettia canescens   402
  parviflora   403
  philaeana   401
Moricandia nitens   452
  sinaica   452a
Moringa peregrina   495
Myagrum perfoliatum   375
Nasturtiopsis arabica   384
Nasturtium officinale   408
Neslia apiculata   434
Nigella arvensis   280
  ciliaris   281
  unguicularis   279
Noaea mucronata   257

Notoceras bicorne 404
Nuphar lutea 320
Nymphaea alba 318
  caerulea 319
Ochradenus baccatus 481
Ochthodium aegyptiacum 374
Oligomeris subulata 482
Ophioglossum lusitanicum 3
Osyris alba 43
Paeonia mascula 323
Panderia pilosa 217
Papaver argemone 335
  carmeli 331
  humile 333
  hybridum 336
  polytrichum 334
  subpiriforme 330
  syriacum 332
Parietaria alsinifolia 41
  diffusa 39
  lusitanica 40
Paronychia arabica 187
  argentea 186
  desertorum 188
  echinulata 189
  palaestina 184
  sinaica 185
Petrorhagia arabica 141a
  cretica 141
  velutina 142
Phyllitis sagittata 12
Phytolacca americana 83
Pinus halepensis 16
Polycarpaea repens 179
Polycarpon succulentum 178
  tetraphyllum 177
Polygonum acuminatum 62
  arenastrum 59
  equisetiforme 55
  lanigerum 63
  lapathifolium 60
  maritimum 57
  palaestinum 56
  patulum 58
  salicifolium 61
  senegalense 64
Polypodium vulgare 14
Populus euphratica 29
Portulaca oleracea 95

Pseuderucaria clavata 451
Pteranthus dichotomus 195
Pteris vittata 7
Quercus boissieri 30
  calliprinos 32
  ithaburensis 31
Ranunculus aquatilis ssp. heleophilus 305
  arvensis 302
  asiaticus 295
  chius 301
  constantinopolitanus 296
  cornutus 297
  damascenus 291
  ficaria ssp. ficariiformis 290
  macrorhynchus 294
  marginatus var. marginatus 298
  marginatus var. scandicinus 299
  millefolius 293
  muricatus 300
  ophioglossifolius 304
  paludosus 292
  saniculifolius 306
  sceleratus 303
  sphaerospermus 307
  trichophyllus 308
Raphanus aucheri 477
  raphanistrum 475
  rostratus 476
Rapistrum rugosum 470
Reboudia pinnata 465
Reseda alba 483
  alopecuros 486
  arabica 485
  boissieri 492
  decursiva 484
  globulosa 489
  lutea 488
  luteola 493
  muricata 491
  orientalis 487
  stenostachya 490
Rheum palaestinum 65
Ricotia lunaria 416
Robbairea delileana 180
Roemeria hybrida 337
  procumbens 338
Rorippa amphibia 407
Rumex bucephalophorus 79
  cassius 76

Rumex (cont.)
  conglomeratus 74
  crispus 73
  cyprius 69
  dentatus 77
  maritimus 78
  occultans 71
  pictus 70
  pulcher 75
  rothschildianus 72
  tingitanus 66
  tuberosus 67
  vesicarius 68
Sagina apetala 168
Salicornia europaea 227
Salix acmophylla × alba 28
  alba 25
  pseudo-safsaf 26
  triandra 27
Salsola baryosma 256
  inermis 249
  jordanicola 248
  kali 246
  longifolia 253
  schweinfurthii 254
  soda 247
  tetragona 251
  tetrandra 252
  vermiculata 255
  volkensii 250
Saponaria mesogitana 139
Savignya parviflora 464
Schimpera arabica 379
Sclerocephalus arabicus 193
Seidlitzia rosmarinus 243
Silene aegyptiaca 109
  apetala 130
  arabica var. moabitica 123
  arabica var. viscida 122
  behen 113
  colorata 129
  coniflora 131
  conoidea 132
  crassipes 115
  damascena 120
  fuscata 110
  gallica 126
  grisea 103
  hussonii 105

  italica 98
  linearis 107
  longipetala 99
  macrodonta 133
  modesta 108
  muscipula 114
  nocturna 125
  oxyodonta 127
  palaestina 121
  papillosa 116
  physalodes 102
  reinwardtii 106
  rubella 111
  sedoides 112
  succulenta 104
  swertiifolia 100
  telavivensis 117
  tridentata 128
  trinervis 118
  villosa 119
  vivianii 124
  vulgaris 101
Sinapis alba 459
  arvensis 460
Sisymbrium bilobum 368
  damascenum 367
  erysimoides 370
  irio 366
  officinale 371
  orientale 369
  runcinatum 365
Spergula arvensis 169
  fallax 170
Spergularia bocconii 175
  diandra 173
  media 171
  rubra 174
  salina 172
Stellaria media 162
Stigmatella longistyla 385
Suaeda aegyptiaca 235
  asphaltica 228
  fruticosa 230
  monoica 233
  palaestina 232
  splendens 234
  vera 229
  vermiculata 231
Telephium sphaerospermum 176

אֲבִיבִית בֵּינוֹנִית (431): צמח נושא פרחים ופרי ; עלה כותרת ; פרי.

אֲבִיבִית זְעִירָה (432): צמח נושא פרחים ופרי ; פרח ; עלה כותרת ; פרי.

אָבְרָה אֲרָכַת־עָלִים (7): הצמח כולו ; אונות מוגד־לות נושאות צברים וציפיות מדומות.

אֶבְרִים מְגֻבְשָׁשִׁים (480): צמח נושא פרחים ופרי ; פרי.

אַגְרוֹסְטֶמַת הַשָּׂדוֹת (96): צמח בפריחה.

אַגְרוֹסְטֶמָה עֲדִינָה (97): צמח בפריחה.

אַדְמוֹנִית הַחֹרֶשׁ (323): ענף פורח ; מפוחית פתוחה על זרעיה.

אֹהַל הַגְּבִישִׁים (92): ענף פורח ; פרח.

אֹהַל מְגֻשָּׁם (94): צמח בפריחה.

אֹהַל מָצוּי (93): צמח בפריחה ; הלקט פתוח.

אוּלְמוּס שָׂעִיר (33): ענף נושא עלים ; ענף פורח ; פרח ופרי מוגדלים.

אִיסָטִיס מָצוּי (378): צמח נושא פרחים ופרי ; פרי.

אִיסָטִיס קְטַן־פֶּרִי (377): צמח נושא פרחים ופרי ; פרי.

אָכָם אֲמִתִּי (229): ענף פורח ; חתך־רוחב של עלה ; פרח ; פרי בתוך עטיף.

אָכָם אֶרֶצִישְׂרָאֵלִי (232): ענף פורח ; חלק של אותו ענף.

אָכָם חַד־בֵּיתִי (233): ענף פורח ; פרח ; פרי ; חתך־רוחב של עלה.

אָכָם חוֹפִי (234): צמח בפריחה ; פרחים בחיק עלה.

אָכָם מִדְבָּרִי (228): ענף פורח ; פרחים על פטו־טרת של עלה.

אָכָם מִצְרִי (235): ענף פורח ; חלק של ענף פורח עם פרחים חיקיים בודדים.

אָכָם שִׂיחָנִי (230): ענף פורח ; שיבולת של פר־חים ; עלה ; חתך־רוחב של עלה ; פרח.

אָכָם תּוֹלָעָנִי (231): ענף פורח ; פרח.

אַלּוֹן הַתָּבוֹר (31): ענף נושא בלוט בשל ; פרח אבקני ופרח עלייני.

אַלּוֹן הַתּוֹלָע (30): ענף ; בלוט.

אַלּוֹן מָצוּי (32): ענף נושא הרבה עגילים אבקניים ועגיל עלייני אחד ; ענף נושא בלוטים בשלים ; פרח אבקני ופרח עלייני.

אֱלִיסוֹן דַּמֶּשְׂקָאִי (420): צמח נושא פרי עם פרחים מספר ; פרח ; עלה כותרת ; פרי.

אֱלִיסוֹן זָעִיר (419): צמח נושא פרחים ופרי ; עלה כותרת ; אבקנים ; פרי.

אֱלִיסוֹן מָלוּל (425): צמח נושא פרחים ופרי ; עלה כותרת ; אבקן ; תפריה.

אֱלִיסוֹן מָצוּי (424): צמח נושא פרחים ופרי ; עלה כותרת ; אבקן ; פרי ; פרי של זן זִיפָנִי (הגדול).

אֱלִיסוֹן סַגַלְגַּל (421): צמח נושא פרחים ופרי ; עלה כותרת ; אבקן ; פרי.

אֱלִיסוֹן פַּרְסִי (423): צמח נושא פרחים ופרי ; פרח ; עלה כותרת; ענף נושא פרי ; אבקן ; פרי.

אֱלִיסוֹן קֵרֵחַ (418): צמח נושא פרחים ופרי ; פרי.

אֱלִיסוֹן רָקוּעַ (422): צמח נושא פרחים ופרי ; עלי כותרת ; אבקן ; ענף נושא פרי ; פרי ; זרע.

אַלְמָוֶת אֶרֶצִישְׂרָאֵלִי (184): צמח בפריחה ; פרח בחיק חפים ; עלה גביע.

אַלְמָוֶת הַכֶּסֶף (186): ענף נושא פרחים ; פרח בחיק חפים.

אַלְמָוֶת סִינַי (185): צמח בפריחה ; חלק מהגבעול עם עלים ועלי־לוואי ; פרח ; גביע פורה.

אַלְמָוֶת עֲדָשְׁתִּי (188): צמח בפריחה ; חלק של גבעול עם עלים ועלי־לוואי ; פרח סגור ופרח חתוך לאורכו.

אַלְמָוֶת עֲרָבִי (187): צמח בפריחה ; פרח בחיק חפים ; פרח פתוח.

אַלְמָוֶת שְׁכֵנִי (189): צמח בפריחה ; פרח.

אֶלְנְיָה אַזְמְלָנִית (244): ענף נושא פרחים ופרי ; פרח ; פרי במבט מלמעלה (מימין) ומלמטה (משמאל).

אֶלְנְיָה נָאָה (245): ענפים נושאי פרחים ופרי ; פרח ; פרי במבט מלמעלה (מימין) ומלמטה (משמאל).

אָמִיךְ קוֹצָנִי (80): גבעול עם פרחים למעלה ופירות למטה ; חלק תחתון של הצמח הנושא בבסיסו פרחים השוקעים מתחת לפני האדמה ; פרח אבקני ועלייני ; פרי ; חלק של גבעול עם שופר.

אַסְפָּלֶנְיוּם שָׁחוֹר (10): הצמח כולו ; קטע עם צברים וציפיות.

אַסְפָּרַגּוֹלַת הַשָּׂדֶה (169): צמח נושא פרחים ופרי ; פרח ; גביע פורה עם הלקט פתוח ; זרע.

אַסְפָּרַגּוֹלָה רָפָה (170): צמח נושא פרחים ופרי ; פרח ; גביע פורה עם הלקט סגור ; זרע.

אַסְפָּרַגּוֹלַרְיָה אֲדֻמָּה (174): צמח נושא פרחים ופרי ; פרח ; גביע פורה עם הלקט פתוח ; זרע.

אַסְפָּרַגּוֹלַרְיַת בּוֹקוֹן (175): צמח נושא פרחים ופרי ; פרחים בדרגות שונות ; חלק מגבעול עם עלים ועלי-לוואי ; גביע פורה עם הלקט סגור.

אַסְפָּרַגּוֹלַרְיָה דּו-אַבְקָנִית (173): צמח נושא פרחים ופרי ; פרח ; גביע פורה עם הלקט ; זרע.

אַסְפָּרַגּוֹלַרְיָה מְלוּחָה (172): צמח נושא פרחים ופרי ; פרח ; גביע פורה עם הלקט פתוח ; זרע.

אַסְפָּרַגּוֹלַרְיָה מְלוּלָה (171): צמח נושא פרחים ופרי ; פרח ; גביע פורה עם הלקט פתוח ; זרע.

אֶפְרוּרִית מְצוּיָה בַּעֲלַת כּוֹתֶרֶת (87): ענף נושא פרחים ; פרח בעל עלי כותרת שסועים.

אֶפְרוּרִית מְצוּיָה חַסְרַת כּוֹתֶרֶת (88): צמח נושא פרחים ; עלה ; פרח.

אַרַבִּיס אֲבִיבִי (410): צמח בפריחה ; ענף נושא פרי.

אַרַבִּיס אוֹשָׁה (412): צמח בפריחה ; ענף פורח ; פרח.

אַרַבִּיס אָזוּן (411): צמח נושא פרחים ופרי ; פרח ; פרי.

אַרַבִּיס נָאֶה (413): גבעול ועלים ; ענף נושא פרי.

אֶרִיסִימוֹן גָּלוֹנִי (380): צמח נושא פרחים ופרי ; פרי.

אֶרִיסִימוֹן זֵיתָנִי (382): צמח נושא פרחים ופרי ; ענף עם פירות מפותלים.

אֶרִיסִימוֹן תָּמִים (381): צמח נושא פרחים ופרי ; פרי.

אַרְכָּבִית אֶרֶצִישְׂרְאֵלִית (56): ענפים ויגטאטיביים וענפים פורחים ; פרחים ; פרי בתוך העטיף עם עלי כותרת פרושים בחלקם העליון ; פרי עירום.

אַרְכָּבִית הַחוֹף (57): צמח בפריחה ; פרח ; פרי.

אַרְכָּבִית הַכְּתָמִים (60): ענף פורח ; חלק של גב- עול עם שופר ; פרח ; פרי סגור בעטיף ; פרי בלי עטיף.

אַרְכָּבִית הַצַּפֵּרִים (59): ענף נושא עלים ופרחים ; קבוצת פרחים חיקיים ; פרח ; פרי.

אַרְכָּבִית חַד-שְׁנָתִית (58): ענף נושא עלים ופר- חים ; פרח ; פרי סגור בעטיף ; פרי בלי עטיף.

אַרְכָּבִית מְחֻדֶּדֶת (62): ענף נושא עלים ופרחים ; חלק של עלה עם כסות שערות ; פרח.

אַרְכָּבִית מְשֻׁנְשֶׁנֶת (61): ענף פורח ; ענף נושא פרי עם שופרית ; גבעול עם שופרים ; שפת העלה ; פרי.

אַרְכָּבִית סְנֶגְלִית (64): ענף פורח ; עלה עם שופר ; פרח ; עלי ; פרי.

אַרְכָּבִית צְמִירָה (63): ענף ויגטאטיבי וענף פורח ; חלק של עלה עם כסות שערות ; פרח.

אַרְכָּבִית שְׁבַטְבַּטִית (55): ענפים נושאי עלים ופר- חים ; פרח ; פרי סגור בעטיף.

אַרְכָּן מִזְרָחִי (450): ענפים נושאי פרחים ופרי.

אֶרֶן יְרוּשָׁלַיִם (16): ענפים נושאי עלים ואצטרו- בלים בשלים ; אצטרובל של פרחים אבקניים.

אֲרֶנַרְיַת הַסְּלָעִים (151): צמח בפריחה ; פרח ; גביע פורה עם הלקט פתוח ; זרע.

אֲרֶנַרְיָה מְצוּיָה (152): צמח בפריחה ; פרח.

אֲרֶנַרְיָה נִימִית (153): צמח בפריחה ; פרח ; גביע פורה עם הלקט ; זרע.

בַּאֲשָׁן עֲגָל-עָלִים (362): ענף פורח ; פרח ; פרח חתוך ; עלה גביע (משמאל למטה) ; עלי כותרת ; פרי.

בָּאֲשָׁן שְׁלֹשֶׁת־הָעוֹרְקִים (363): ענף נושא פרחים ופרי ; פרח.

בָּאֲשָׁן עֲרָבִי (364): ענף נושא פרחים ופרי ; עלה ; פרח.

בּוֹלַנְתּוּס דַּק־גִּבְעוֹל (137): צמח בפריחה ; פרח ; עלה כותרת.

בּוּפוֹנְיָה אֲשׁוּנָה (161): צמח בפריחה ; פרח ; גביע פורה עם הלקט ; זרע.

בּוּרַבְיָה זוֹחֶלֶת (86): צמח בפריחה ; פרח יחיד עם חפים.

בִּינִית הַמִּדְבָּר (394): צמח נושא פרחים ופרי ; פרי.

בַּלוּטָנִית אַפְרִיקָנִית (84): ענף נושא פרחים ופרי ; פרי.

בַּלוּטָנִית הַדּוּרִים (85): חלק תחתון של הגבעול ; תפרחת ; חלק של תפרחת (מוגדל) ; פרי.

בֶּן־חַרְדָּל מָצוּי (462): צמח בפריחה ; ענף נושא פרי ; פירות של זן טיפוסי (b) ושל זן צָמִיר (a).

בֶּן־מֶלַח מַכְחִיל (226): ענף פורח ; חלק של ענף ויגטאטיבי ; חלק של שיבולת ; פרח.

בֶּן־מֶלַח רַב־שָׁנָתִי (225): הצמח כולו ; ענף ויג־ טאטיבי ; מפרק עם אגודה תלת־פרחית ; פרח.

בֶּן־מֶלַח שִׂיחָנִי (224): ענף ויגטאטיבי ; חלק של שיבולת עם אגודות תלת־פרחיות ; פרח.

בֶּן־פֶּרֶג סָגֹל (337): צמח נושא פרח ופרי.

בֶּן־פֶּרֶג שָׂרוּעַ (338): צמח נושא פרי ; עלה כו־ תרת.

בֶּן־שֶׁלַח מְנֻצֶּה (465): צמח נושא פרחים ופרי ; פרי.

בַּסְיָה צְמִירָה (220): ענף נושא פרחים ופירות ; עלה ; פרי בתוך העטיף.

בַּסְיָה שְׁפָנִית (219): צמח נושא פרחים ופרי ; חלק של גבעול ; פרי בתוך העטיף.

בִּצָן דּוֹקְרָנִי (277): ענף פורח ; פרחים.

בִּצָן מַכְסִיף (276): ענף פורח; פרח ; שקיק ; זרע.

בַּקְבּוּקוֹן מְקֻמָּט (470): ענפים נושאי פרחים ופי־ רות ; פרי של זן מקומט (עם פרק עליון קונוסי,

וזן מִזְרָחִי (עם פרק עליון כדורי־לחוץ).

בַּר־דָּרְבָּן אָשׁוּן (284): ענף פורח ; חלק של ענף פורח ; שלושה פרחים (מזוויות שונות); מפוחית ; זרע.

בַּר־דָּרְבָּן הַסִּירָה (286): צמח נושא פרחים ופרי ; פרח.

בַּר־דָּרְבָּן צָהֹב (285): צמח נושא פרחים ופרי ; פרחים ; מפוחית.

בַּר־נוּרִית חֶרְמֵשִׁי (309): צמחים נושאי פרחים ופירות ; פרח ; חלק של קרקפת פירות; פרודות (3־תאיות).

בַּר־עַשְׁנָן אֶרֶצִישְׂרָאֵלִי (349): ענף נושא פרחים ופרי ; פרח ; פרי הלקטי ופרי אגוזיתי.

בְּרוֹשׁ מָצוּי (17): ענף נושא אצטרובלים בשלים ; ענף נושא אצטרובלים של פרחים אבקניים.

בְּרִית אֲדָמָה (139): ענף נושא פרחים ופירות ; פרח ; עלה כותרת ; הלקט.

בַּת־מִדְבָּר מִצְרִית (389): צמח נושא פרחים ופרי ; פרח ; פרי.

בַּת־רִכְפָּה מַרְצָעָנִית (482): צמח פורח ; פרח ; הלקט.

גִּירְגֶּנְסוֹנְיָה נֶגֵדִית (258): צמח ויגטאטיבי ; ענף נושא פרחים ופירות ; פרחים ופירות צעירים ; פרי עם עטיף מכונף.

גֻּלְנִית קֵרַחַת (376): צמח נושא פרחים ופרי.

גָּפוּף קוֹצָנִי (82): ענף ויגטאטיבי ; חלק של ענף עם שופר ; פרי.

גֻּפְסָנִית דְּבִיקָה (135): צמח בפריחה ; פרח ; עלה כותרת ; הלקט.

גֻּפְסָנִית עֲרָבִית (134): צמח בפריחה ; פרח ; פרי.

גֻּפְסָנִית שְׂעִירָה (136): ענף נושא פרחים ; פרח ; עלה כותרת ; גביע פורה עם הלקט.

גַּרְגִּיר הַנְּחָלִים (408): צמח נושא פרחים ופרי ; פרי.

גַּרְגִּרְיוֹן עֲרָבִי (384): צמח נושא פרחים ופרי ; פרח ; פרי.

גַּרְעִית נָאָה (12): הצמח כולו ; צברים וציפיות בעלה (משמאל).

דְּבְקוֹן הַזַּיִת (47): ענף נושא פירות ופרחים עליי־
ניים (טפיל על ענף עץ זית) ; ענף בעל פרחים
עלייניים ; קבוצת פרחים עלייניים ; ענף בעל
פרחים אבקניים (משמאל למעלה) ; פרח אבקני
בעל מאבקים מעורים בעלי העטיף.

דָכְנַף רֵיחָנִי (441): צמח נושא פרחים ופרי ;
פרח ; פרי.

דּוּפְרִית מְכֻרְבֶּלֶת (439): צמח נושא פרחים ופרי ;
פרח ; אבקנים קצרים וארוכים ; פרי.

דּוּפְרִית תְּמִימָה (440): צמח בפריחה ; ענף עם
שתי צורות פרי ; עלה כותרת ; אבקנים מאוחים
ומפורדים ; פירות דמויי־דיסקוס ופירות דמויי־
כד.

דּוּפְרֶק חוֹפִי (469): ענף פורח ; ענף נושא פרי.

דּוּקֶרֶן מִדְבָּרִי (404): צמח נושא פרחים ופרי ;
ענף נושא פרי ; פרי.

דִּיגֵרָה מְטֹרֶגֶת (274): ענף פורח ; פרח עם הע־
טיף ובלעדיו ; שקיק.

דְּמוּמִית אֲרַם־צוֹבָא (310): ענף נושא פרח ופרי ;
פרודה.

דְּמוּמִית הַשָּׂדֶה (314): ענף נושא פרח ופרי ; קר־
קפת של פירות ; פרודה.

דְּמוּמִית מְשֻׁנֶּנֶת (313): ענף נושא פרחים ופרי ;
קרקפת של פירות ; פרודה.

דְּמוּמִית עֲבַת־שִׁבֹּלֶת (311): ענף פורח ; פרח ;
קרקפת של פירות ; פרודה. a - פרודה של זן
ארצישראלי.

דְּמוּמִית קְטַנַּת־פֶּרִי (312): ענף נושא פרחים ופרי ;
קרקפת של פירות ; פרודה.

דַּנְדַּנָּה רְפוּאִית (11): הצמח כולו ; אונה של עלה
עם צבר וקשקשים.

דֶּסְקוּרֶנְיָה מְנֻצָּה (372): צמח נושא פרחים ופרי ;
פרח ; פרי.

דָּרְבָנִית הַתָּבוֹר (282): צמח בפריחה ; חלק של
ענף עם פירות בעלי שלוש מפוחיות ; פרח.

דָּרְבָנִית סְגֻלָּה (283): צמח בפריחה ; פרח ; פרי
בעל שלוש מפוחיות.

דַּרְכָּנִית מְקֻפַּחַת (192): צמח בפריחה ; פרח.

דַּרְכָּנִית קֵרַחַת (190): צמח בפריחה ; פרח ;
הלקט עם גביע.

דַּרְכָּנִית שְׂעִירָה (191): צמח נושא פרחים ופרי ;
פרח ; גביע פורה.

הָלוֹטִיס שָׂעִיר (262): ענף פורה ; פרח חתוך
לאורכו, שבו נראים הזיזים המשולחפים של
המאבקים.

הָלוֹפֶפְלִיס חוֹבֵק (222): ענף פורח ; חלק של
תפרחת.

הָרְגוּג הַשָּׁטִים (46): ענף פורח ; פרח.

וֶלֶזְיָה אַשּׁוּנָה (150): צמח בפריחה ; פרח ; עלה
כותרת ; גביע פורה ; זרע.

זִיזִים חֲשׂוּפִים (236): ענף נושא פרחים ופרי ;
פרח בחיק חפה ושתי חפיות ; פרח (עם בליטות
על אונות העטיף).

זַלְזֶלֶת הַקִּנּוֹקְנוֹת (288): ענפים נושאי פרחים ופי־
רות.

זַלְזֶלֶת מְנֻצָּה (289): ענף פורח ; פרי.

חֲטוֹטָרָן מָצוּי (374): ענף נושא פרחים ופרי ;
עלה ; פרי.

חִיעַד סְפָרַדִּי (89): צמח בפריחה ; פרח ; הלקט
פתוח.

חִיעַד קָנָרִי (90): צמח נושא פרחים ופרי ; פרח ;
פרי.

חַלְבִּינָה מְרֻשֶּׁתֶת (473): צמח נושא פרחים ופרי ;
עלה ; פרח ; פרי.

חָלוּק עָבֶה (141): צמח בפריחה ; פרח ; גביע ;
עלה כותרת.

חָלוּק עֲרָבִי (141a): צמח בפריחה; פרח; עלה
כותרת.

חָלוּק שָׂעִיר (142): ענף פורח; קבוצת פרחים
עם חפים ; גביע ; עלה כותרת.

חֲלוּקָה הָרָרִית (44): צמח בפריחה ; פרח עם
חפה וחפיות ; פרי.

חֲלוּקָה נַסִּית (45): צמח בפריחה ; פרח עם חפה
וחפיות ; פרי.

חַמְדַּת אָיָג (241): צמח נושא פרי ; חלק מענף
נושא פרי ; פרי.

חֻמְדַת הַמִּדְבָּר (238): ענף נושא פרי ; חלק של ענף פורח ; פרי.

חֻמְדַת הַגֶּבַע (237): צמח בפריחה ; חלק של ענף פורח ; פרי.

חֻמְדַת הַשִּׂיחַ (239): ענפים נושאי פרי ; פרקים נושאי פרי ; פרח.

חֻמְדָה נָאָה (240): ענפים נושאי פרחים ופירות ; פרי.

חֶמְאַת הָאֲוִירוֹן (72): צמח נושא פרי ; פרי.

חֶמְאַת הַחוֹף (78): צמח נושא פרחים ופרי ; פרי עם קשוות ובלעדיהן.

חֶמְאַת הַחֹרֶשׁ (76): צמח נושא פרי ; פרי.

חֶמְאַת הַפִּקְעַת (67): גבעול ויגטאטיבי ; ענף פורח ; ענף נושא פרי ; פרח ופרי.

חֶמְאָה וְרֻדָּה (69): צמח נושא פרחים ופרי ; פרח ופרי.

חֶמְאָה יָפָה (75): עלה ; ענף נושא פרי ; פרי.

חֶמְאָה מְגֻבֶּבֶת (74): ענף נושא פרי ; פרי.

חֶמְאָה מְגֻידֶּת (70): צמח פורח ; פרח ופרי.

חֶמְאָה מְסֻלְסֶלֶת (73): ענף נושא פרי ; פרי.

חֶמְאָה מְרֻוְקֶנִית (66): ענפים נושאי פרחים וענפים נושאי פרי ; פרח ופרי.

חֶמְאָה מְשֻׁלְחֶפֶת (68): צמח נושא פרי ; פרי מוגדל.

חֶמְאָה מְשֻׁנֶּנֶת (77): צמח נושא פרי ; פרי.

חֶמְאָה עֲטוּיָה (71): ענף פורח ; ענף נושא פרי ; פרי.

חֶמְאַת רֹאשׁ־הַסּוּס זַן שָׂעִיר (79): צמח נושא פרחים ופרי ; פרי ; פרח ופרי של זן טיפוסי.

חָפָנִים מְצוּיִּים (438): צמח נושא פרחים ופרי ; פרח ; פרי.

חָפָנִים נְדִירִים (437): צמח נושא פרחים ופרי.

חַרְדַּל הַשָּׂדֶה (460): צמח נושא פרחים ופרי (מוקטן מעט) ; פרי.

חַרְדָּל לָבָן (459): צמח בפריחה ; פרי.

חַרְטֹמִית עֲרָבִית (379): ענפים נושאי פרחים ופירות ; פרח ; פרי.

חֲשֵׁפוֹנִית עֲדִינָה (8): הצמח כולו ; קטע של עלה

עם צבר עירום ; קטע עם מנבגים ; מנבג.

טוּרַיִם זִיפָנִיִּים (454): ענפים נושאי פרחים ופירות ; פרח ; פרי.

טוּרַיִם מִדְבָּרִיִּים (453): צמח נושא פרחים ופרי ; פרח ; פרי ; ענף עם פירות נפתחים.

טוּרַיִם מְצוּיִּים (455): צמח נושא פרחים ופירות ; פרי.

טוּרַיִם קְטַנִּים (456): צמח נושא פרחים ופרי ; עלה תחתון ; פרח.

טוּרִית רָפָה (414): ענף בפריחה ; ענף נושא פרי ; עלה תחתון.

טֶלֶפִין כַּדּוּרִי (176): צמח נושא פרחים ופרי ; חלק של גבעול עם עלה ועלי־לוואי ; פרח ; גביע פורח עם הלקט ; זרע.

טֹפֶל אָדֹם (54): מראה כללי ; גבעול נושא תפרחת צפופה ; פרחים אבקניים ; אבקן ; פרח עלייני.

יַלְקוּט הָרוֹעִים (435): צמח נושא פרחים ופרי.

יַלְקוּטוֹן שָׂרוּעַ (436): צמח נושא פרחים ופרי ; פרח ; פרי.

יַפְרוּק הַמִּדְבָּר (259): ענף פורח ; חלק של ענף נושא פרחים ; ענף נושא פרי ; פרי בתוך עטיף מכונף ; פרי חשוף ; עובר.

יַפְרוּק זִיפָנִי (261): ענף פורח ; חלק של ענף פורח ; פרח ; פרי עם עטיף מכונף ובלעדיו.

יַפְרוּק תְּלַת־כְּנָפִי (260): ענף פורח ; חלק ממנו ; ענף נושא פרי ; פרי צעיר בלי העטיף ; פרי עם עטיף מכונף.

יַרְבּוּז חוֹלִי (268): ענף ; שיבולים של פרחים אבקניים ועלייניים ; פרח עלייני בחיק חפים ; פרח אבקני.

יַרְבּוּז יְוָנִי (271): צמח בפריחה ; שקיק צעיר ושקיק נפתח.

יַרְבּוּז יָרֹק־שִׁבֹּלֶת (264): חלק עליון של גבעול פורח עם תפרחת דמוית־שיבולת ; עלה ; פרחים (אבקניים ועלייניים).

יַרְבּוּז לָבָן (270): ענף פורח ; ענף נושא פרי ; פרח ; שקיק ; זרע.

יַרְבּוּז מְפֻשָּׁל (265): צמח בפריחה ; שקיק בתוך מעטפת.

יַרְבּוּז עָדִין (272): ענף פורח ; שקיק ; זרע.

יַרְבּוּז פַּלְמֶר (267): ענף ויגטאטיבי ; שיבולים עם פרחים אבקניים ועלייניים ; פרח עלייני ; פרח אבקני ; שקיק פתוח ; זרעים.

יַרְבּוּז קוֹצָנִי (266): ענף פורח ; פרחים (אבקניים ועלייניים) ; שקיק נפתח.

יַרְבּוּז שָׂרוּעַ (269): ענף פורח ; פרח אבקני · שקיק פתוח עם זרעים.

כּוֹכָבִית מְצוּיָּה (162): צמח נושא פרחים ופרי ; חלק עליון של גבעול, שבו נראית שורה חד־צדדית של שערות ; גביע פורה עם הלקט סגור ופתוח.

כַּלָּנִית מְצוּיָּה (287): צמח בפריחה ; עמוד תפ־רחת נושא פרי.

כְּנוֹלֵיאָה עֲרָבִית (218): ענף פורח ; פרח.

כְּנָפָן קוֹצָנִי (195): צמח נושא פרחים ופרי ; פרח ; קבוצת פירות הנישאת על עוקץ דמוי־עלה.

כַּף־אַוָּז אֲדֻמָּה (203): ענף נושא פרחים ופירות ; פרח בן חמישה אברים ופרח בן שני אברים ; פרי.

כַּף־אַוָּז גְדוֹשָׁה (198): ענף פורח ; פרח ; פרי.

כַּף־אַוָּז הָאַשְׁפּוֹת (202): ענף נושא פרחים ופי־רות ; פרח ; זרע.

כַּף־אַוָּז הַגִּנּוֹת (201): ענף פורח ; פרח.

כַּף־אַוָּז לְבָנָה (200): מראה כללי של שתי צורות ; פרח ; פרי.

כַּף־אַוָּז מַבְאִישָׁה (199): צמח נושא פירות ; פרח.

כַּף־אַוָּז רֵיחָנִית (197): ענף נושא פרחים ופרי ; פרחים ; גביע פורה ; פרי.

כְּרֵבָה מִזְרָחִית (471): חלק של ענף בעל עלים ; ענף פורח ; פרי.

כְּרֵבָה סְפָרַדִּית (472): חלק תחתון של צמח ; ענף נושא פרחים ופרי ; פרי.

כַּרְבַּלְתָּן הַשָּׂדוֹת (316): גבעול פורח ; עלים ; פקעת תת־קרקעית עם חלק תחתון של גבעול.

כַּפִּיּוֹת שְׂעִירוֹת (463): צמח נושא פרחים ופרי ; פרח ; פירות.

כְּרוּב הַחוֹף (457): צמח נושא פרחים ופרי ; פרי.

כְּרוּב שָׁחוֹר זַן טִיפּוֹסִי (458): ענפים נושאי פרחים ופירות ; עלה ; פרי. – a זַן חָפְנִי : ענפים נושאי פרי ; פרי.

כַּרְמְלִית נָאָה (416): צמח בפריחה ; ענף נושא פרי.

כָּתְלִית זְעִירָה (41): צמח בפריחה ; פרח חיקי ; קבוצת פרחים שבה נראים החפים הגדולים ; פרח אבקני ; פרח עלייני ודו־מיני.

כָּתְלִית יְהוּדָה (39): ענף פורח ; קבוצת פרחים מעורבת (המרכזי – עלייני, הצדדי – דו־מיני) ; פרח עלייני.

כָּתְלִית פּוֹרְטוּגָלִית (40): צמח בפריחה ; ענף פו־רח (מוגדל מעט) ; קבוצת פרחים מעורבת (המרכזי – עלייני, הצדדיים – דו־מיניים).

לֶבֶד פַּרְסִי זַן בּוֹבֶּה (273): ענף פורח ; שיבולת עם פרחים ; פרח ; עלה (זַן טיפוסי).

לֶפְלִינְגְיָה סְפָרַדִּית (181): צמח בפריחה ; אגודה של פרחים ; פרח ; עלה גביע.

לְפָתִית מְצוּיָּה (461): צמח נושא פרחים ופירות צעירים ; פרח ; ענף נושא פרי.

לְשׁוֹן־אֶפְעֶה קְטַנָּה (3): הצמח כולו ; חלק של ספורופיל ; חתך־אורך בספורופיל.

מַגְלִית גְדוֹלַת־פְּרָחִים (345): צמח בפריחה ; ענף נושא פירות ; עלה כותרת חיצוני ; פרי.

מַגְלִית הַדָּרוֹם (347): צמח נושא פרחים ופרי ; פרח.

מַגְלִית מִצְרִית (346): צמח נושא פרחים ופרי ; פרחים ; פרי.

מַגְלִית מְשֻׁלְשֶׁלֶת (348): צמח נושא פרחים ופרי ; פרח ; עלה כותרת פנימי.

מַגְלִית שְׂרוּעָה (344): צמח נושא פרחים ופרי ; פרח.

מוֹרְטִיָה מְחֻסְפֶּסֶת (401): ענף נושא פרחים ופרי ; עלה ; עלי כותרת ; עמוד עלי וצלקות ; ענף נושא פרי.

מוֹרְטָיָה מַלְבִּינָה (402): ענף נושא פרחים ופרי; ענף סטירילי; עלה כותרת; אבקן; חלק עליון של פרי עם עמוד עלי וצלקות; ענף נושא פרי.

מוֹרְטָיָה קְטַנַּת־פְּרָחִים (403): ענף נושא פרחים ופרי; פרח; עלה כותרת; אבקן; פרי.

מוֹרִינְגָּה רְתָמִית (495): ענף פורח; עלה; פרי.

מוֹרִיקַנְדְיָה מַבְרִיקָה (452): ענף נושא פרחים ופירות; פרח; פרי.

מוֹרִיקַנְדְיַת סִינַי (452a): צמח נושא פרחים ופרי.

מַחְרוֹזֶת מְשֻׁנֶּצֶת (479): צמח נושא פרחים ופרי; פרי.

מַחְרוֹזֶת קַשְׁתִּית (478): ענפים נושאי פרחים ופי־רות; עלה תחתון.

מִיאַגְרוֹן אָזוֹן (375): ענף נושא פרחים ופרי; פרי.

מַלּוּחַ דּוּ־פְּרִי (210): ענף נושא פרחים ופרי; פרח; שתי צורות של קשוות הפרי.

מַלּוּחַ הֶהָרִים (211): ענף פורח; עלה; פרח אבקני; פרי; קשוות הפרי.

מַלּוּחַ הָעֲנָבוֹת (215): ענף פורח; קשוות הפרי.

מַלּוּחַ טָטָרִי (212): ענף פורח; עלה; קשוות הפרי.

מַלּוּחַ מַבְרִיק (209): ענפים נושאי פרחים ופירות.

מַלּוּחַ מַלְבִּין זַן אִי־נָעִים (208): ענפים נושאי פר־חים ופירות; פרח אבקני; פרי של אגודות חיקיות (למעלה); פרי של אגודות משובלות.

מַלּוּחַ מַלְבִּין זַן טוּרְקְמֶנִי (207): ענפים נושאי פר־חים ופירות; פרח אבקני; פרי של אגודות חיקיות (למעלה); פרי של אגודות משובלות קיצוניות.

מַלּוּחַ מַלְבִּין זַן טִיפּוֹסִי (206): ענף; קשוות הפרי.

מַלּוּחַ מְפֻשָּׁק (214): ענף פורח; עלה תחתון; קשוות הפרי.

מַלּוּחַ קְטַן־עָלִים (205): ענף נושא פרחים ופרי; פרח אבקני; קשוות הפרי.

מַלּוּחַ קֵפֵּחַ (204): ענף ויגטאטיבי; ענף נושא פרי; קשוות הפרי של שני זנים.

מַלּוּחַ שָׂעִיר־פֶּרַח (213): ענף נושא פרחים ופי־רות; פרח אבקני; קשוות הפרי: חלקות ומגובששות.

מַלּוּחִית הָרַגְלָה (216): ענפים ויגטאטיביים וענפים פורחים; קשוות הפרי.

מִלְחִית אֲרֻכַּת־עָלִים (253): ענף נושא פרי; חלק של ענף פורח; פרי.

מִלְחִית אֲשׁוּנָה (255): ענפים ויגטאטיביים וענפים נושאי פירות; פרי.

מִלְחִית אַשְׁלְגָנִית (246): ענף; חלקים של ענפים נושאי פרחים ופרי.

מִלְחִית הַבְּרִית (247): ענפים ויגטאטיביים וע־נפים פורחים; פרח; פרי חבוי בעטיף שאונו־תיו בעלות קרין־רוחב.

מִלְחִית הַיַּרְדֵּן (248): צמח צעיר וענף נושא פרי; ענף פורח; פרי.

מִלְחִית הַיְשִׁימוֹן (254): ענפים נושאי פרחים ופי־רות; עלה; עטיף מכיל פרי צעיר; פרי.

מִלְחִית חוּמָה (249): צמח בפריחה; ענף נושא פירות; חלק של ענף פורח; פרי.

מִלְחִית מַבְאִישָׁה (256): ענפים נושאי פרחים ופי־רות; פרח; פרי.

מִלְחִית מְרֻבַּעַת (251): ענפים נושאי פרחים ופי־רות; פרחים עם חפים וחפיות; פרח; פרי צעיר בעל עטיף מכונף במקצת; פרי.

מִלְחִית עֲדִינָה (250): ענף פורח; פרח; פרי.

מִלְחִית קַשְׂקַשָּׁנִית (252): חלק מצמח פורח נושא עלים בשרניים דמויי־קשקשים; פרח עם חפים וחפיות; פרחים; פרי.

מְלֵחָנִית הָעֲרָבוֹת (263): צמח נושא פרחים ופרי; אגודת פרחים; פרח בחיק חפים וחפיות; פרי בעטיף מכונף.

מְלָלָנִית מִצְרִית (426): צמח נושא פרחים ופרי; זרע.

מְלָלָנִית עֲרָבִית (427): צמח נושא פרחים ופרי; פרח; פרי; זרע.

מַלְקוֹלְמְיָה אַפְרִיקָנִית (386): צמח נושא פרחים ופרי; עלה כותרת.

מַלְקוֹלְמְיָה הֲרָרִית (387): צמח נושא פרחים ופרי.

מַלְקוֹלְמִיָה חֲרוּקָה (388): צמח נושא פרחים ופי־רות צעירים ; פרי בשל.

מַנְתּוּר הַמִּדְבָּר (400): צמח בפריחה ; ענף נושא פרי.

מַנְתּוּר מְחֻסְפָּס (397): צמח בפריחה ; פרי.

מַנְתּוּר מָצוּי (399): צמח בפריחה ; ענף נושא פרי.

מַנְתּוּר עֲרָבִי (395): צמח בפריחה ; ענפים נושאי פירות.

מַנְתּוּר קְטַן־פְּרָחִים (398): צמח נושא פרחים ופרי ; ענף נושא פרי.

מַנְתּוּר שְׁלֹשֶׁת־הַחֻדִּים (396): צמח נושא פרחים ופרי ; עלה.

מַעֲרִיב מְשֻׁלְשָׁל (383): צמח בפריחה ; חלק של ענף בעל שתי צורות של שערות ; ענף נושא פרי.

מְצִלְתַּיִם מְצוּיִים (442): צמח נושא פרחים ופרי ; פרח ; פרי.

מְרוּאָה עֲבַת־עָלִים (357): ענף בפריחה ; פרח.

מְרָסִיָה זְעִירָה (391): צמח נושא פרחים ופרי ; פרח.

מְרָסִיָה יְפֵהפִיָּה (392): צמח נושא פרחים ופרי.

מְרָסִיָה נָסִית (393): צמח נושא פרחים ופרי.

מַרְסִילֵאָה זְעִירָה (15): הצמח כולו ; ספורוקרפים מוגדלים.

מִשְׁקְפֵי הַזְּקֵנָה (417): צמח בפריחה ; עלה ; פרח ; ענף נושא פרי ; פרי.

נוֹאִית קוֹצָנִית (257): צמח נושא פרחים ופרי ; פרי ; ענף צעיר נושא עלים.

נוּפָר צָהֹב (צורה כמעט יבשתית) (320): עלים ; פרחים ; פרי.

נוּרִית אַסִיָה (295): צמח בפריחה ; קרקפת של פירות ; פרודה.

נוּרִית אַרְסִית (303): צמח נושא פרחים ופרי ; פרודה.

נוּרִית דַּמַּשְׂקָאִית (291): צמח נושא פרחים ופרי ; פרודה.

נוּרִית הַבִּצּוֹת (304): צמח בפריחה ; ענף נושא פרחים ופרי ; פרודה.

נוּרִית הַזִּיזִים (300): צמח נושא פרחים ופרי ; פרו־דה.

נוּרִית הַלֵּב (290): צמח בפריחה ; פרח בעל שלו־שה עלי גביע ועלי כותרת רבים ; עמוד נושא פרי ; פרודה.

נוּרִית הַמַּיִם (305): ענף פורח ; עלה ; עלה כותרת עם צופן ; פרודה.

נוּרִית הַמָּלָל זַן טִיפּוֹסִי (298): צמח נושא פרח ופרי ; פרודה.

נוּרִית הַמָּלָל זַן גָּזוּר (299): צמח נושא פרחים ופרי ; קרקפת של פירות ; פרודה.

נוּרִית הַמַּקּוֹר (294): צמח בפריחה ; קרקפת של פירות; פרודה.

נוּרִית הַקֶּרֶן (297): ענף נושא פרחים ופרי ; פרו־דה.

נוּרִית הַשָּׂדֶה (302): צמח נושא פרחים ופרי ; קרקפת של פירות ; פרודה.

נוּרִית יְרוּשָׁלַיִם (293): צמח בפריחה.

נוּרִית כַּדּוּרִית (307): ענף נושא פרח ופרי ; עלה ; פרודה.

נוּרִית מְנֻצָּפֶנֶת (292): צמח נושא פרח ופרי ; פרו־דה.

נוּרִית נִימִית (308): ענף נושא פרחים ופרי ; עלי כותרת ; קרקפת של פירות.

נוּרִית עֲגֻלַּת־עָלִים (306): ענף נושא פרחים ופרי.

נוּרִית קֻשְׁטָא (296): חלק תחתון של צמח ; ענפים נושאי פרחים ופירות ; פרודה.

נוּרִית קְטַנָּה (301): צמח נושא פרח ופרי ; קרקפת של פירות ; פרודה.

נִימְפֵיאָה לְבָנָה (318): עלה ; פרח ופרי.

נִימְפֵיאָה תְּכֻלָּה (319): עלים ופרחים.

סַבּוֹנִית הַשָּׂדֶה (140): צמח בפריחה ; עלה כו־תרת ; גביע פורה ; הלקט.

סָבִינְיָה עֲדִינָה (464): צמח נושא פרחים ופרי ; זרע.

סָגִינָה זְעִירָה (168): צמח בפריחה ; חלק של גבעול נושא עלים ; פרח ; גביע פורה עם הלקט סגור.

סַהֲרוֹן מְשֻׁלְשָׁל (317): ענף נושא פרחים ופירות; פרחים אבקניים ועלייניים; פרי.

סָוָד אִצְטְרֻבָּלִי (223): ענף נושא פרחים ופרי; שיבולת פרחים; פרח; פרי בתוך העטיף; חפה תריסני.

סֵידְלִיצִיָה רוֹזְמָרִין (243): ענף ויגטאטיבי; חלק של ענף נושא פרי; פרי.

סְכִיכוֹן דָּבִיק (164): צמח בפריחה; פרח; עלה כותרת; גביע פורה עם הלקט פתוח.

סְכִיכוֹן מְשָׁנָן (163): צמח בפריחה; פרח; גביע פורה עם הלקט פתוח.

סֵלוֹן קוֹצָנִי (474): חלק תחתון של צמח; ענף פורה; עלה כותרת; פרי.

סֵלֶק מָצוּי (196): ענף נושא פרחים ופרי; אגודת פרחים ופירות; פרח.

סַפְלוּל הַגָּלִיל (50): ענף בפריחה; קנה שורש; פרי.

סַפְלוּל הַחֹרֶשׁ (48): ענף פורח; פרי.

סַפְלוּל הַשָּׂדֶה (51): ענף פורח; חתך־אורך של פרח, שבו נראה עירוי האבקנים בעמוד העלי.

סַפְלוּל סַגֹּונִי (52): ענף פורח; פרי.

סַפְלוּל קָטָן (49): צמח נושא פרחים ופירות.

סִרְפַּד הַחוּלָה (35): ענף נושא עלים ושיבולים אבקניות; חלק של התפרחת העליינית; פרח אבקני; פרח עלייני; חלק של גבעול נושא עלי־לוואי.

סִרְפַּד הַכַּדּוּרִים (38): ענף פורח; ענף נושא תפ־רחות אבקניות ועלייניות; פרח אבקני; פרח עלייני; פרי וזרע; חלק של גבעול נושא עלי־לוואי.

סִרְפַּד צוֹרֵב (36): צמח בפריחה; פרח אבקני; פרח עלייני; חלק של גבעול בעל עלי־לוואי; חלק מפטוטרות ועוקצי תפרחות.

סִרְפַּד קָרוּמִי (37): ענף פורח; חלק של שיבולת אבקנית; חלק של שיבולת עליינית; חלק של גבעול עם עלה־לוואי; בסיס של פטוטרות ועוקצי תפרחות.

עֲגֶנֶן נִימִי (138): צמח בפריחה; פרח; עלה כו־תרת.

עַר אָצִיל (278): ענף נושא פרחים אבקניים; ענף נושא פרי; פרח אבקני; פרח עלייני עם סטאמינודים; אבקן עם תאי־מאבק פתוחים על־ידי קשוות ובלוטות צוף בבסיס.

עֲרָבָה לְבָנָה (25): ענף נושא עגיל אבקני; עגיל עלייני; פרח אבקני עם חפה שעיר; אבקן; הלקט פתוח.

עֲרָבָה מְדֻמָּה (26): ענפים נושאי עגילים אבקניים ועלייניים; חלק של ענף עם עלי־לוואי וניצן; פרח אבקני; פרח עלייני; הלקט פתוח.

עֲרָבָה מְחֻדֶּדֶת (24): ענפים נושאי עגילים אבקניים ועלייניים; פרח אבקני ועלייני עם חפים שעי־רים; הלקט פתוח.

עֲרָבָה מְחֻדֶּדֶת לְבָנָה (בֶּן־כִּלְאַיִם) (28): ענף נושא עגילים אבקניים; פרח אבקני.

עֲרֶבַת שְׁלֶשֶׁת־הָאֲבְקָנִים (27): ענף נושא עגילים אבקניים; פרח אבקני; הלקט פתוח.

עֲרְטָל מִדְבָּרִי (183): ענף פורח; פרחים סגורים ופתוחים.

עֲרְטָנִית הַשָּׂדוֹת (315): גבעול בפריחה; עלים תחתונים; פרח; עלה גביע, קשקש צופני ואבקן; פרי.

עֲרְעָר אָדֹם (19): ענף נושא אצטרובלים בשלים דמויי בית־גלעין; ענף נושא אצטרובלים של פרחים אבקניים.

עֲרְעָר אַרְזִי (18): ענף נושא אצטרובלים בשלים דמויי בית־גלעין; ענף נושא אצטרובלים של פרחים אבקניים; כנ״ל, אך מוגדל; עלה בצדו העליון.

עֲשְׁנָן גְּדַל־פֶּרִי (351): ענף נושא פרחים ופרי; פרח; פרי.

עֲשְׁנָן יְהוּדָה (350): ענף נושא פרחים ופרי; פרח; פרי צעיר.

עֲשְׁנָן מְטֻפָּס (352): ענף נושא פרחים ופרי; פרח; פרי.

אינדכס לציורי הצמחים

xxxii

עַשְׁנָן צָפוּף (355): ענף נושא פרחים ופרי ; פרח ;
פרי.

עַשְׁנָן קָטָן (356): ענפים נושאי פרחים ופירות;
פרח ; פרי.

עַשְׁנַן קְרָלִיק (354): ענף פורח ; פרח ; פרי צעיר.

עַשְׁנַן תִּירֶה (353): צמח פורח ; אשכול פירות ;
פרח ; פרי צעיר.

פּוֹרְסְקָלֵיאָה שְׁבִירָה (42): ענף פורח ; קבוצה של
שישה חפי מעטפת, המכילה הרבה פרחים אב־
קניים ומעט עלייניים (במרכז) ; פרח אבקני ;
פרח עלייני בלי עטיף.

פִּיטוֹלַקָה אֲמֵרִיקָנִית (83): ענף פורח נושא פרי ;
פרי.

פִּיקוֹס בַּת־שִׁקְמָה (34): ענף נושא עלים ופגות
בשלות.

פָּרָג אַגָּסְנִי (330): ענפים נושאי פרחים ופירות ;
עלי כותרת ; דיסקוס הצלקת.

פָּרָג הַכַּרְמֶל (331): ענפים נושאי פרחים ופירות ;
הלקט ; דיסקוס הצלקת.

פָּרָג זִיפָנִי (336): צמח נושא פרי ; ענפים עם ניצן
ופרח ; הלקט.

פָּרָג מָאֳרָךְ (335): צמח נושא פרחים והלקטים.

פָּרָג נָחוּת (333): ענף פורח נושא פרי ; עלה ;
הלקט ; דיסקוס הצלקת.

פָּרָג סוּרִי (332): צמח פורח נושא פרי ; עלה ;
פורח ; הלקטים ; דיסקוס הצלקת.

פָּרָג סָמוּר (334): צמח בפריחה ; ענף נושא פרי ;
דיסקוס הצלקת.

פְּרֵגָה אֲדֻמָּה (341): ענף נושא פרחים ופרי.

פְּרֵגַת אֲרַם־צוֹבָא (342): ענף פורח ; עלה תחתון ;
פרי.

פְּרֵגָה מַקְרִינָה (339): ענף פורח ; פרי.

פְּרֵגָה עֲרָבִית (340): צמח נושא פרח ופרי ; פרי.

פְּרֵגָה צְהֻבָּה (343): ענף פורח ; עלה תחתון ; פרי.

פְּרִיָּנִית שְׂרוּעָה (179): ענף פורח ; חלק מענף
פורח ; פרח.

פַּרְסְטָיָה מִצְרִית (415): ענפי־עלים ; ענפים נושאי

פרחים ופירות; a - פרי של זן טיפוסי; b - פרי
של זן בֵּיצָנִי.

פֶּרַע אֵזוֹבִי (326): צמח בפריחה ; פרח.

פֶּרַע מְחֻדָּד (327): ענף פורח ; פרי.

פֶּרַע מְסֻלְסָל (328): ענף פורח ; פרח ; עלה ;
פרי.

פֶּרַע צָמִיר (329): צמח בפריחה ; פרח ; פרי.

פֶּרַע קְטַן־עָלִים (325): ענף פורח ; פרח ; פרי

פֶּרַע רֵיחָנִי (324): ענף פורח ; פרי.

פִּרְקָן עֶשְׂבּוֹנִי (227): הצמח כולו ; ענף פורח עם
אגודות תלת־פרחיות ; פרח.

פְּרִקְרָק פַּרְסִי (242): ענף פורח ; חלק של ענף
פורח ; פרי.

צְלוֹקִית אֲדֹם (385): צמח נושא פרחים ופירות;
פרי.

צְלָלִית אֲשׁוּנָה (158): צמח בפריחה ; פרח ; גביע
פורח ; זרע.

צְלָלִית הַדּוּרָה (160): צמח בפריחה ; פרח ; זרע.

צְלָלִית הַחֹרֶשׁ (157): צמח בפריחה ; פרח ; גביע
פורה.

צְלָלִית הַכִּלְאַיִם (155): צמח בפריחה ; פרח ;
גביע פורה ; זרע.

צְלָלִית יָם־תִּיכוֹנִית (154): צמח בפריחה ; פרח ;
הלקט ; זרע.

צְלָלִית מִזְרָחִית (156): צמח בפריחה ; פרח ;
גביע פורה עם הלקט.

צְלָלִית נָאָה (159): צמח נושא פרחים ופרי ; גביע
פורה עם הלקט ; זרע.

צַלָּף בֵּיצָנִי (359): ענף פורח ; שני עלי הכותרת
האחוריים מהודקים בבסיס ויוצרים גומת צוף.

צַלָּף סְחוּסִי (360): ענף נושא עלים וניצנים ; פרח
(מבט מלפנים ומהצד) ; עלה גביע אחורי ; פרי
(הכול בגודל טבעי).

צַלָּף קוֹצָנִי (358): ענף פורח ; פרי הנישא על
גינופור ארוך.

צַלָּף רִתְמִי (361): ענפים נושאי פרחים ופירות ;
פרח.

צְנוֹן מָצוּי (475): ענפים נושאי פרחים ופירות ; עלה תחתון.

צְנוֹן מְשֻׁלְשָׁל (477): צמח נושא פרחים ופרי ; פרי.

צְנוֹן פִּגְיוֹנִי (476): ענף נושא פרחים ופרי ; עלה תחתון ; פרי.

צַפְצֶפֶת הַפְּרָת (29): ענף נושא עלים שונים ; ענפים נושאי עגילים אבקניים ועלייניים ; פרחים אבקניים (משמאל) ; פרח עלייני ; הלקט פתוח ; זרע.

צִפֹּרֶן הֶחָדִים (147): צמח בפריחה ; גביע עם חפים ; עלה כותרת.

צִפֹּרֶן חַד־שְׁנָתִי (146): צמח נושא פרח ופרי ; גביע פורה עם חפים ; עלה כותרת.

צִפֹּרֶן יְהוּדָה (148): צמח בפריחה ; עלה כותרת.

צִפֹּרֶן מְשֻׁלְשָׁל (143): ענף פורח ; גביע עם חפים ; עלה כותרת.

צִפֹּרֶן נָקוּד (144): ענף פורח ; גביע עם חפים ; שיני גביע ; עלה כותרת.

צִפֹּרֶן סִינַי (149): צמח בפריחה ; פרח ; עלה כותרת ; חפה.

צִפֹּרֶן עָנֵף (145): ענף פורח ; גביע ; חלק של גביע ; עלה כותרת.

צִפָּרְנִית אַדְמוּמִית (111): צמח בפריחה ; ענף נושא פרי ; עלה כותרת ; גביע פורה ; הלקט.

צִפָּרְנִית אִיטַלְקִית (98): צמח בפריחה ; עלה כותרת ; גביע פורה ; הלקט ; זרע.

צִפָּרְנִית אָפְרָה (103): צמח בפריחה ; עלה כותרת ; הלקט ; זרע.

צִפָּרְנִית אֶרֶצִישְׂרְאֵלִית (121): ענפים נושאי פרחים ופירות ; עלה כותרת ; גביע פורה ; הלקט.

צִפָּרְנִית בַּשָּׁרָנִית (104): ענף פורח ; עלה כותרת ; גביע פורה ; הלקט ; זרע.

צִפָּרְנִית גְּדוֹלָה (100): ענף נושא פרחים ופירות ; הלקט ; זרע.

צִפָּרְנִית גְּדוֹלַת־שְׁנַּיִם (133): צמח נושא פרחים ופרי ; פרח ; עלה כותרת ; הלקט ; זרעים.

צִפָּרְנִית דְּבִיקָה (114): צמח נושא פרחים ופרי ; עלה כותרת ; גביע פורה ; הלקט ; זרע.

צִפָּרְנִית דַּמֶּשְׂקָאִית (120): צמח בפריחה ; עלה כותרת ; גביע פורה ; זרע.

צִפָּרְנִית דַּקִּיקָה (107): צמח בפריחה ; עלה כותרת ; גביע פורה ; הלקט ; זרעים.

צִפָּרְנִית הוֹסוֹן (105): צמח בפריחה ; פרח ; עלה כותרת ; הלקט ; זרעים.

צִפָּרְנִית הַחוֹלוֹת (119): צמח בפריחה ; עלה כותרת ; גביע פורה, נטוי ; הלקט ; זרע.

צִפָּרְנִית זְעִירָה (112): צמח נושא פרחים ופרי ; פרח ; עלה כותרת ; הלקט ; זרע.

צִפָּרְנִית חַדַּת־שְׁנַּיִם (127): צמח בפריחה ; פרח ; עלה כותרת.

צִפָּרְנִית חוֹפִית (108): צמח בפריחה ; עלה כותרת ; גביע פורה.

צִפָּרְנִית כְּרֵסָנִית (113): צמח נושא פרחים ופרי ; עלה כותרת ; הלקט ; זרע.

צִפָּרְנִית לֵילִית (125): צמח נושא פרחים ופרי ; עלה כותרת ; גביע פורה ; הלקט ; זרעים.

צִפָּרְנִית מְגֻוֶּנֶת (129): צמח בפריחה ; עלה כותרת ; הלקט ; זרע.

צִפָּרְנִית מִדְבָּרִית (124): צמח בפריחה ; עלה כותרת ; גביע פורה ; הלקט ; זרעים.

צִפָּרְנִית מְחֹרֶצֶת (132): צמח נושא פרחים ופרי ; פרח ; הלקט ; זרע.

צִפָּרְנִית מְעֹרֶקֶת (131): צמח בפריחה ; עלה כותרת ; גביע פורה ; הלקט ; זרע.

צִפָּרְנִית מְפֻשֶּׁקֶת (99): צמח נושא פרחים ופרי ; עלה כותרת ; גביע פורה ; הלקט ; זרע.

צִפָּרְנִית מְצִיֶּצֶת (102): גביע ; זרע (מימין).

צִפָּרְנִית מְצִיֶּרֶת (106): חלק תחתון של גבעול ; תפרחת ; פרח ; עלה כותרת ; גביע פורה ; הלקט ; זרעים.

צִפָּרְנִית מִצְרִית (109): ענף פורח ; עלי כותרת ; הלקט ; זרע.

צִפָּרְנִית מְקֻפַּחַת (130): ענף נושא פרי ; פרח ; עלה כותרת ; גביע פורה ; זרע.

צִפָּרְנִית מְשֻׁנֶּנֶת (128): צמח בפריחה ; גביע ; עלה כותרת ; הלקט.

קַרְנוֹנִית לְקוּיָה (165): צמח בפריחה ; פרח ;
גביע פורה עם הלקט פתוח.

קַרְנוֹנִית מְדָקְרֶנֶת (166): ענף פורח ; פרח ; עלה
כותרת ; גביע פורה עם הלקט פתוח ; זרעים.

קַרְנָן טָבוּל (322): ענף נושא עלים ; קטע של עלה ;
פרח אבקני ; פרי.

קַרְנָן טָבוּעַ (321): ענף נושא עלים ; קטע עלה ;
פרח אבקני ; פרי.

רַב־גֻלָּה עֲרָבִית (193): צמח נושא פרחים ופרי ;
פרח ; קרקפת של פירות.

רַב־מֹץ מְחֻסְפָּס (275): ענף פורח ; פרח ; שקיק
בחיק חפים עם עטיף ובלעדיו.

רַב־פְּרִי בַשָּׂרָנִי (178): צמח בפריחה ; פרח.

רַב־פְּרִי מָצוּי (177): צמח נושא פרחים ופרי ;
פרח פתוח ; הלקט בחיק גביע.

רַב־רֶגֶל פָּשׁוּט (14): הצמח כולו ; חלק של אונה
עם צברים חשופים.

רְבַס הַמִּדְבָּר (65): גבעול נושא פרחים ופרי ;
עלה ; שורש ; פרח ; פרי צעיר ובשל.

רְגֵלַת הַגִּנָּה (95): ענף פורח ; פרח ; הלקט פתוח ;
זרע.

רוֹבֵּירִיאָה שְׂרוּעָה (180): צמח נושא פרחים ופרי ;
פרח ; הלקט ; זרע.

רוֹרִיפָּה טוֹבְעָנִית (407): ענף נושא פרחים ופרי ;
פרי.

רְכְפַּת בּוֹאַסְיֶה (492): צמח נושא פרחים ופרי ;
כותרת ; מימין – הלקט של זן טיפוסי, משמאל –
הלקט של זן מְשֻׁלְשָׁל.

רְכְפָּה גְדוֹלָה (486): חלק תחתון של צמח ; ענף
נושא פרחים ופרי ; פרח.

רְכְפָּה דַקַּת־שִׁבֹּלֶת (490): ענף נושא פרחים ופרי ;
פרח ; כותרת ; הלקט.

רְכְפַּת הַצַּבָּעִים (493): ענפים נושאי פרחים ופי־
רות ; עלי כותרת ; הלקט.

רְכְפַּת יַם־הַמֶּלַח (492a): כותרת.

רְכְפָּה כְּרֵסָנִית (489): ענף פורח נושא פרי ; פרח
(מהצד) ; פרח (מלפנים) ; הלקט.

צִפָּרְנִית נְפוּחָה (101): ענפים נושאי פרחים ופי־
רות ; עלה כותרת ; גביע פורה ; זרע.

צִפָּרְנִית עֲבַת־עֹקֶץ (115): צמח נושא פרחים
ופרי ; עלה כותרת ; גביע פורה.

צִפָּרְנִית עֲנֵפָה (118): ענף פורח ; פרח ; עלה
כותרת ; גביע פורה ; הלקט.

צִפָּרְנִית עֲרָבִית זַן דָּבִיק (122): צמח בפריחה ;
כותרת. a – זַן עֲרָבִי (מימין למעלה): ענף בפ־
ריחה ; הלקט ; זרע.

צִפָּרְנִית עֲרָבִית זַן מוֹאָבִי (123): ענף פורח ; עלה
כותרת ; הלקט ; זרעים.

צִפָּרְנִית שְׁחוּמָה (110): צמח נושא פרחים ופרי ;
עלה כותרת ; גביע פורה ; הלקט ; זרע.

צִפָּרְנִית שָׁרוֹנִית (116): צמח נושא פרחים ופרי ;
עלה כותרת ; גביע פורה ; הלקט ; זרע.

צִפָּרְנִית תֵּל־אָבִיבִית (117): צמח נושא פרחים
ופרי ; פרח ; עלה כותרת ; הלקט ; זרעים.

קוֹכִיָה הָדִית (221): ענפים ויגטאטיביים וענפים
פורחים ; פרח.

קָמֵלִינָה סְמוּרָה (433): צמח נושא פרי ; פרח ;
פרי.

קֶצַח הַצִּפֹּרֶן (279): צמח נושא פרח ופרי ; עלה
כותרת ; הלקט.

קֶצַח הַשָּׂדֶה (280): צמח נושא פרח ופרי ; פרח ;
עלי כותרת דו־שפתניים ששפתם התחתונה דו־
אונתית.

קֶצַח רִיסָנִי (281): צמח בפריחה ; על הגביע
ועלה כותרת דו־שפתני, ששפתו התחתונה דו־
אונתית ; עלה שחלה פתוח ; פרי.

קַרְדָּמִין שָׂעִיר (409): צמח נושא פרחים ופרי ;
פרי.

קַרְדַּרְיָה מְצוּיָה (448): צמח בפריחה ; ענף נושא
פרי ; פרח ; פרי.

קְרוּמִית שְׂעִירָה (217): צמח בפריחה ; פרחים.

קֶרֶן־יָעֵל סוּרִית (405): צמח נושא פרחים ופרי ;
פרי.

קַרְנוֹנִית דְּבִיקָה (167): צמח בפריחה ; פרח ;
גביע פורה עם הלקט פתוח ; זרע.

רִכְפָּה לְבָנָה (483): ענפים נושאי עלים ; ענפים פורחים נושאי פרי ; פרח ; הלקט.

רִכְפָּה מְגֻבְשֶׁשֶׁת (491): צמח נושא פרחים ופרי ; פרח ; עלה כותרת, הלקט.

רִכְפָּה מְזְרָחִית (487): חלק תחתון של צמח ; ענפים נושאי פרחים ופירות ; עלה כותרת ; הלקט.

רִכְפָּה עֲרָבִית (485): צמח נושא פרחים ופרי ; פרח ; כותרת ; אחד מעלי הכותרת העליונים.

רִכְפָּה צְהֻבָּה (488): צמח נושא פרחים ופרי ; אחד מעלי הכותרת העליונים ; הלקט.

רִכְפָּה קְטַנַּת־פְּרָחִים (484): צמח נושא פרחים ופרי ; עלה כותרת ; הלקט (הצמח מוגדל במקצת).

רִכְפָּתָן מִדְבָּרִי (481): ענף נושא פרחים אבקנים ; ענף נושא פרחים עליניים ופירות ; למעלה – פרחים אבקניים ; פרח עליני (עם אבקנים מנוונים).

רִמּוֹנִית הַלֹּטֶם (53): צמח טפיל על שורש של לוטם ; פרחים אבקנים ועליניים.

רְשִׁתּוֹן הַשָּׂדוֹת (434): ענף פורח נושא פרי ; פרי.

שַׁבְטֹבַט גָּדוֹל (1): גבעול עקר ; ענף ; חלק ממנו ; חלק מגבעול פורה עם שיבולת של נושאי מנבגים ; נושא המנבג.

שַׁבְטֹבַט עָנֵף (2): הצמח כולו ; חלק של ענף עם שיניים ; נושא המנבג.

שַׁבְטוֹט מְצָיָּץ (81): ענף פורח ; חלק ממנו עם עלים דמויי־נדנים ; פרח ; פרי.

שִׁבְטָן לָבָן (43): ענף נושא פרי ; קבוצת פרחים אבקניים ; פרח עליני.

שָׁבִיט חַבָּשִׁי (194): ענף נושא פרחים ופרי ; פרח ; חלק של תפריחה.

שׁוֹשַׁנַּת־יְרִיחוֹ אֲמִתִּית (406): צמח בפריחה ; פרח ; צמח נושא פרי ; פרי.

שַׁחֲלִיל שָׂרוּעַ (449): צמח נושא פרחים ופרי ; פרח ; פרי.

שַׁחֲלַיִם גְּבוֹהִים (443): ענפים נושאי פרחים ופירות ; פרי.

שַׁחֲלַיִם דּוֹקְרָנִיִּים (444): צמח נושא פרחים ופרי ; פרי.

שַׁחֲלֵי הָאַשְׁפּוֹת (447a): ענף נושא פרי ; פרי.

שַׁחֲלַיִם קוֹצָנִיִּים (445): צמח בפריחה ; ענף נושא פרי ; פרי.

שַׁחֲלַיִם שְׂרוּעִים (446): צמח נושא פרחים ופרי ; פרח ; פרי.

שַׁחֲלַיִם תַּרְבּוּתִיִּים (447): צמח נושא פרחים ופרי.

שֶׁלַח הָעֲרָבוֹת (467): צמח נושא פרחים ופרי ; עובר (שים לב לאורך הפסיגים והשורשון).

שֶׁלַח מְאֻנְקָל (468): צמח נושא פרחים ופרי ; ענף נושא פרי ; פרי של זן שעיר (משמאל).

שֶׁלַח סְפָרַדִּי (466): ענפים נושאי פרחים ופירות ; פרי ; עובר (שים לב לאורך הפסיגים).

שַׁלְחֲלַח הָאֵלָה (451): ענף פורח נושא פרי.

שְׁלִשִׁי מְחֻמָּשׁ (91): ענף פורח ; פרח ; פרי סגור בעטיף ; הלקט פתוח.

שֶׁנֶס הַמִּדְבָּר (390): צמח נושא פרחים ופרי ; פרח ; ענף נושא פירות מפותלים ; פרי.

שַׂעֲרוֹת שׁוּלַמִּית (6): הצמח כולו ; עלעל נושא צברים וציפית מדומה.

שַׁרְבִּיטַן הָעֲרָבָה (23): ענפים נושאי אצטרובלים זכריים ונקביים ; אצטרובלים נקביים בעלי שני פרחים ; פרח אבקני ; חלק של ענף עם צלעות מחוספסות.

שַׁרְבִּיטָן מְכֻנָּף (20): ענפים נושאי אצטרובלים זכריים ונקביים ; אצטרובל נקבי וחפה מכונף יחיד ; אצטרובל זכרי.

שַׁרְבִּיטָן מָצוּי (22): ענפים נושאי אצטרובלים זכריים ונקביים (האצטרובלים הזכריים נושאים פרחים נקביים בקצה) ; פרח אבקני ; אצטרובל נקבי עם שני פרחים.

שַׁרְבִּיטָן רִיסָנִי (21): ענפים נושאי אצטרובלים זכריים ונקביים ; אצטרובל אבקני ; פרח אבקני ; אצטרובל נקבי עם זרע יחיד.

שְׂרוֹכָנִית הַחוֹף (182): צמח בפריחה ; חלק של גבעול עם עלי־לוואי ; חלק של גבעול עם אגודות פרחים ; פרח ; הלקט.

שַׂרְכִיָה אַשּׁוּנָה (13): הצמח כולו ; קטע עם צב־
רים ; צבר עם מנבגים וציפית.

שַׂרְכִית הַבִּצָּה (9): הצמח כולו ; קטע של עלעל
עם צברים ; אונות עם שפה מופשלת וצברים
מתלכדים כמעט ; צבר עם ציפית.

שַׂרְכָּרֶךְ הַסְּלָעִים (5): הצמח כולו ; אונה של עלה
עם צברים.

שַׂרְכָרֶךְ רֵיחָנִי (4): הצמח כולו ; אונות מוגדלות
של עלה עם צברים וציפית מדומה.

שֵׁשָׁן מַאֲפִיר (494): צמח בפריחה ; פרח ; עלי
כותרת ; הלקט.

תּוּדְרָה דַּמַּשְׂקָאִית (367): צמח נושא פרחים
ופרי.

תּוּדְרָה מִזְרָחִית (369): צמח נושא פרחים ופרי ;
פרח.

תּוּדְרָה מְעֻבָּה (370): צמח נושא פרחים ופרי ;
פרח ; פרי.

תּוּדְרָה מְצִיצֵת (365): צמח נושא פרחים ופרי ;
פרי.

תּוּדְרָה נָאָה (368): צמח נושא פרחים ופרי ;
גביע.

תּוּדְרָה סִיָּנִית (366): צמח נושא פרחים ופרי ;
פרח.

תּוּדְרָה רְפוּאִית (371): צמח נושא פרחים ופרי.

תּוּדְרָנִית קְטַנָּה (373): צמח נושא פרחים ופרי ;
פרח ; אבקנים ועלי ; פרי.

תְּרִיסָנִית מְחֻדֶּדֶת (430): צמח נושא פרחים
ופרי.

תְּרִיסָנִית מְלוּלָה (428): צמח נושא פרחים ופרי ;
פרי.

תְּרִיסָנִית שְׂכַנִית (429): צמח נושא פרחים ופרי ;
פרי.